CW01261010

新装版 好きになる数学入門　4 図形を変換する —— 線形代数

新装版

好きになる数学入門

宇沢弘文 著

4

図形を変換する
―― 線形代数

岩波書店

本シリーズは『好きになる数学入門』シリーズ全6巻(初版1998〜2001年)の判型を変更し,新装版として再刊したものです.

はしがき

　『好きになる数学入門』(全6巻)は中学1年，2年から高校の高学年のみなさんを念頭に入れながら，数学の考え方をできるだけやさしく解説したものです．算数のごく初歩的な知識だけを前提として，一歩一歩ていねいに説明してありますので，社会に出た大人の人も理解できるのではないかと思っています．
　この『好きになる数学入門』は，みなさんが数学の考え方をたんに知識として理解するだけでなく，数学の考え方を使っていろいろな問題をじっさいに解いたり，また必要に応じて新しい考え方を自分でつくり出せるようになることを目的として書きました．その内容も，数学の考え方を体系的に説明するのではなく，いろいろな数学の問題をどのような考え方を使って解くかということが中心となっています．みなさんの一人一人ができるだけ数多くの問題をじっさいに自分で解くことを通じて，数学の考え方を身につけることができるように配慮してあります．

　数学を学ぶプロセスは言葉を身につけるのと同じです．母親は生まれたばかりの赤ちゃんに対して絶えず話しかけます．赤ちゃんが母親の言葉を理解できないのはわかっていますが，母親はそれでも，赤ちゃんがおもしろいと思い，興味をもてそうなテーマをえらんで，愛情をもって絶えず話しかけるわけです．赤ちゃんもそれに応えて，できるだけ母親の言葉を理解しようとし，また不完全ながら自分で話すことを練習し，努力を積み重ねて，やがて完全な言葉を身につけてゆきます．数学を学ぶプロセスもまったく同じです．この『好きになる数学入門』も，みなさんがおもしろいと思い，興味をもつことができそうな問題をできるだけ数多くえらんで，いろいろな数学の考え方を説明すると同時に，みなさんが自分でじっさいに問題を解くことを通じて，「数学」という言葉を身につけることができるようにという意図をもって書きました．

数学は言葉とならんで，人間が人間であることをもっとも鮮明にあらわすものです．しかも文学や音楽と同じように，毎日毎日の努力を積み重ねてはじめて身につけることができます．この点，数学は山登りと同じ面をもっています．山登りは自分のペースに合わせて，ゆっくり，あせらず，一歩一歩確実に登ってゆくと，気がついたときには信じられないほど高いところまで来ていて，すばらしい展望がひらけています．数学も，決してあせらず，一歩一歩確実に学んでゆくと，とてもむずかしくて，理解できないと思っていた問題もすらすら解けるようになります．この『好きになる数学入門』の最終巻の最後の章では，太陽と惑星の運動にかんするケプラーの法則からニュートンの万有引力の法則を導き出すという有名な命題を証明します．この命題から輝かしい近代科学が生まれたわけですが，その証明はたいへんむずかしく，ニュートンの天才的頭脳をもってしてはじめて可能になったものです．しかし，このシリーズをていねいに一歩一歩確実に学んでゆけば，ニュートンの命題の証明もかんたんに理解できるようになります．

　『好きになる数学入門』はつぎの6巻から構成されています．
1　方程式を解く──代数
2　図形を考える──幾何
3　代数で幾何を解く──解析幾何
4　図形を変換する──線形代数
5　関数をしらべる──微分法
6　微分法を応用する──解析

　各巻のタイトルからわかると思いますが，内容的にはかなりむずかしい，高度な数学が取り上げられています．なかには，大学ではじめて学ぶ数学も少なくありません．しかし，上に述べたように，中学1，2年のみなさんはもちろん，社会に出た人にもわかるように書いてあります．また，むずかしいと思うところは自由に飛ばしてさきに進んでも大丈夫なようになっています．とくにむずかしいと思われる箇所には☆印がつけてありますので，あとになってから好きなときに読めばよいようになっています．

問題がついている章がありますが，問題の性格はかならずしも統一されていません．比較的かんたんな問題と非常にむずかしい問題とがまざっています．なかには，本文でお話ししようと思いながら，お話しできなかった考え方を使わなければ解けない問題もあり，全体としてむずかしすぎる問題が多くなってしまって申し訳ないと思っています．すべての問題にくわしい解答がついていますので，むずかしいと思ったら遠慮せずに解答をみてください．

なお，みなさんのなかには，大学受験のことを気にしている人もいると思いますが，この『好きになる数学入門』を理解すれば，大学の入学試験に出てくる程度の問題はらくらく解くことができます．数学はちょっとだけ高度の数学の考え方を身につけるとむずかしい問題もかんたんに解けるようになるからです．

この『好きになる数学入門』は，さきに岩波書店から刊行していただいた『算数から数学へ』をもとにして，その内容をもっとくわしくして，さらに発展させたものです．とくに第1巻と第2巻は説明，問題ともに『算数から数学へ』と重複するところが少なくないことをあらかじめお断わりしておきたいと思います．

『算数から数学へ』に述べたことのくり返しになって恐縮ですが，私は数学ほどおもしろいものはないと思っています．すこし見方を変えたり，これまでと違った考え方をとると，まったく新しい世界が開けてきて，不可能だとばかり思っていた問題がすらすら解けるようになったり，それまで気づかなかった大事なことに気づくようになったりします．しかも数学の世界は美しく，深山幽谷にあそんでいるような気分になります．数学の世界の幽玄さは音楽にたとえられることがよくあります．

数学はまた，たいへん役にたつものです．数学が役にたつというと，みなさんは，計算をうまくして，もうけを大きくすることだと考えるかもしれませんが，それとはまったく違ったことを意味しています．数学の本質は，そのときどきの状況を冷静に判断し，しかも全体の大きな流れを見失うことなく，論理的に，理性的に考えを進めることにあります．数

学は，すべての科学の基礎であるだけでなく，私たち一人一人が人生をいかに生きるかについて大切な役割をはたすものだといってもよいと思います．

　この『好きになる数学入門』は，みなさんの一人一人がほんとうに数学を好きになってほしいという思いを込めて書いたものです．みなさんのなかから，このシリーズを読んで，数学を好きになり，さらにさきに進んで，数学の高い山々を目指す人が一人でも多く出ることを願って止みません．

　『好きになる数学入門』を書くにあたって，数多くの方々のご協力を得ることができました．とくに細田裕子さんには，図の作成から，問題の解答のチェックにいたるまでていねいにしていただきました．また，岩波書店の大塚信一，宮内久男，宮部信明，浅枝千種の方々には，このシリーズの企画から刊行にいたるまでのすべての段階でたいへんお世話になりました．これらの方々に心から感謝したいと思います．

　　　1998年6月

　　　　　　　　　　　　　　　　　　　宇沢弘文

　『好きになる数学入門』を書くにあたって，数多くの書物，とくにつぎの書物を参照させていただきました．

　　ジュルジュ・イフラー『数字の歴史』(1981)，松原秀一・彌永昌吉監修，彌永みち代・丸山正義・後平隆訳，平凡社，1988
　　ヴァン・デル・ウァルデン『数学の黎明——オリエントからギリシアへ』(1950)，村田全・佐藤勝造訳，みすず書房，1984
　　フロリアン・カジョリ『数学史』(1913)，石井省吾訳註，津軽書房，1970〜74
　　カール・ボイヤー『数学の歴史』(1968)，加賀美鐵雄・浦野由有訳，朝倉書店，1983〜85

目　次

はしがき

第1章　連立二元一次方程式と線形変換 …………1
　　1　連立二元一次方程式と線形変換………………2
　　2　マトリックスの演算 ……………………………14
　　3　連立二元一次方程式をマトリックスで解く ……33
　　問　題 ………………………………………………39

第2章　ベクトルの考え方 ……………………………41
　　1　ベクトルの考え方 ………………………………42
　　2　ベクトルと直線 …………………………………50
　　3　直交変換の考え方 ………………………………56
　　問　題 ………………………………………………60

第3章　ベクトルと幾何 ………………………………61
　　1　ベクトルと三角形 ………………………………62
　　2　ベクトルと円 ……………………………………67
　　3　ベクトルを使って幾何の問題を解く ……………71
　　4　ベクトルを使って最大最小問題と軌跡の
　　　　問題を解く ………………………………………79
　　問　題 ………………………………………………87

第4章　回転と直交変換 ………………………………93
　　1　回転と加法定理 …………………………………94
　　2　回転と直交変換 …………………………………96
　　問　題 ………………………………………………100

第5章　円錐曲線を変換する …………………………103
　　1　楕円を回転する …………………………………104
　　2　双曲線を回転する ………………………………111
　　3　円錐曲線と二次形式 ……………………………116
　　4　放物線の一般的な方程式 ………………………120

　　　　問　題 …………………………………………………… 123

第 6 章　線形代数の整理 …………………………… 125
　　1　線形代数の考え方 ……………………………………… 126
　　2　マトリックスの特性根 ………………………………… 135
　　3　円錐曲線と二次形式 …………………………………… 140
　　　　問　題 …………………………………………………… 144

第 7 章　回転と複素数 ……………………………… 145
　　1　回転と複素数 …………………………………………… 146
　　2　複素数を使って幾何を解く …………………………… 150
　　　　問　題 …………………………………………………… 159

第 8 章　空間幾何 …………………………………… 163
　　1　空間のなかの図形 ……………………………………… 164
　　　　問　題 …………………………………………………… 174
　　2　多面体を考える ………………………………………… 177
　　3　3次元のベクトルを考える …………………………… 181
　　　　問　題 …………………………………………………… 194

第 9 章　射影幾何へのプレリュード ……………… 197
　　1　射影幾何の例題 ………………………………………… 198
　　2　パスカルの定理 ………………………………………… 203

第 10 章　球面幾何 …………………………………… 207
　　1　球面三角形 ……………………………………………… 208

問題解答 ………………………………………………………… 213

装画／飯箸　薫

第1章
連立二元一次方程式と線形変換

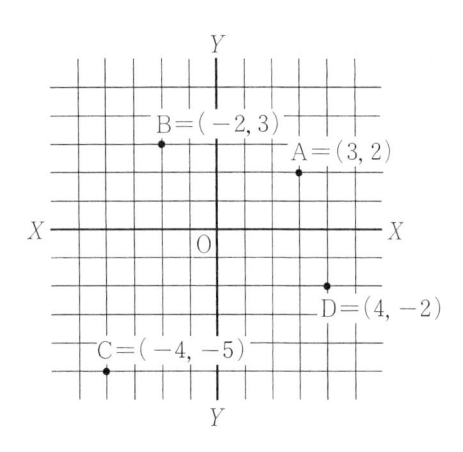

　この章では，第1巻『方程式を解く―代数』でお話しした連立二元一次方程式の解き方を少し視点を変えて，線形写像あるいは線形変換の考え方を使って解くことにしたいと思います．

　平面上の各点を $(3,2)$ のように (X,Y) 座標であらわすと，幾何の問題を代数の方法で考えるさいにたいへん便利です．このことは，第3巻『代数で幾何を解く―解析幾何』で説明しました．このような表記法を最初に思いついたのはデカルトだったといわれています．(X,Y) 座標は，英語でCartesian Coordinates といいます．Cartesian は「デカルトの」という意味で，Coordinates は座標の英語の表現です．座標という言葉はなかなかうまい訳ではありませんか．各点の座に標をつけるという意味です．Cartesian Coordinates は厳密にいうと，直交座標を指します．直交座標というのは，2つの軸，X 軸と Y 軸の間の角が90°となる座標です．

　写像の英語は Mapping です．Map(マップ)という言葉は地図を意味しますが，数学では，像あるいは図形を他の場所に写すことを意味します．また，変換の英語は Transformation です．もともと，Transform という言葉は「形」

(Form)を「別の状態・場所へ」(Trans)変えたり，移したりするという意味をもっています．生物学では，Transformation は Metamorphosis で，変態，あるいは変身と訳されています．昆虫などが成長の過程でいろいろな形に変わることを意味しています．

1

連立二元一次方程式と線形変換

第1巻『方程式を解く―代数』で，連立二元一次方程式の解き方についてお話ししました．代数を使って図形の性質を考える作業を進めるために連立二元一次方程式についてもう少しくわしく考えてみることにしましょう．

つぎの連立二元一次方程式を例にとります．

(1) $\qquad 5x+2y=16$
(2) $\qquad 4x+3y=17$

消去法を使って解きます．

(1)×3 $\qquad 15x+6y=48$
(2)×2 $\qquad 8x+6y=34$
(1)×3−(2)×2 $\quad 7x=14 \Rightarrow x=2$

(1)に代入して，$5\times 2+2y=16 \Rightarrow y=3$．
$(x,y)=(2,3)$ が上の連立二元一次方程式の解となります．

連立二元一次方程式(1)，(2)をグラフであらわすと，つぎのようになります．(1)については，$x=0$ のとき，$y=8$；$y=0$ のとき，$x=\dfrac{16}{5}$．したがって，(1)のグラフは，図1-1-1の直線 l_1 であらわされます．(2)については，$x=0$ のとき，$y=\dfrac{17}{3}$；$y=0$ のとき，$x=\dfrac{17}{4}$．したがって，(2)のグラフは，図1-1-1の直線 l_2 であらわされます．2つの直線の交点 $(x,y)=(2,3)$ が，上の連立二元一次方程式の解となるわけです．

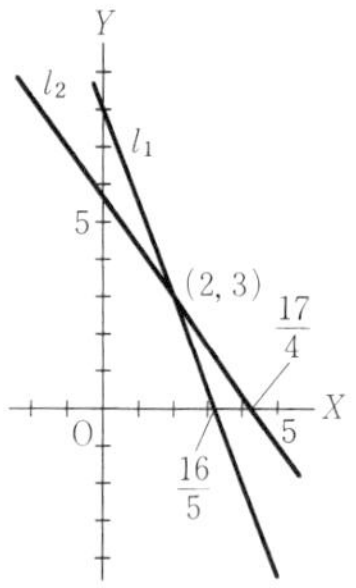

図 1-1-1

練習問題 つぎの座標をもつ点を (X,Y) 平面上に記しなさい．

$(0,0)$, $(1,0)$, $(0,1)$, $(-1,0)$, $(0,-1)$,

$(5,3)$, $(-5,3)$, $(5,-3)$, $(4,-1)$, $\left(2,-\dfrac{1}{3}\right)$,

$\left(\dfrac{3}{2},\dfrac{4}{3}\right)$, $\left(-\dfrac{3}{2},\dfrac{4}{3}\right)$, $\left(\dfrac{3}{2},-\dfrac{4}{3}\right)$, $\left(-\dfrac{3}{2},-\dfrac{4}{3}\right)$

答え　略

さて，連立二元一次方程式(1),(2)の左辺をつぎのようにまとめて考えます．

(3) $\quad\begin{cases} x' = 5x+2y \\ y' = 4x+3y \end{cases}$

連立二元一次方程式(3)は (x,y) という座標をもった点を (x',y') という座標をもつ点に写像すると考えます．このような操作を変換といいます．

変換(3)について，$(x,y)=(6,7)$ のとき

$x' = 5\times 6 + 2\times 7 = 44, \quad y' = 4\times 6 + 3\times 7 = 45$

(3)によって，$(x,y)=(6,7)$ が $(x',y')=(44,45)$ に写像されるわけです．

もう1つの点 $(x,y)=(2,3)$ を考えてみます．このとき

$x' = 5\times 2 + 2\times 3 = 16, \quad y' = 4\times 2 + 3\times 3 = 17$

(3)によって，$(x,y)=(2,3)$ が $(x',y')=(16,17)$ に写像されるわけです．

このようにして，連立二元一次方程式(1),(2)を解くというのは，変換(3)による写像が $(x',y')=(16,17)$ になるような点 (x,y) を求めることを意味するわけです．

練習問題

(1) つぎの座標 (x,y) をもつ点の変換(3)による写像 (x',y') を計算しなさい．

$(0,0)$, $(1,0)$, $(0,1)$, $(5,3)$,

$(-3,4)$, $(-3,-2)$, $(4,-1)$, $\left(\dfrac{1}{3},\dfrac{4}{3}\right)$

(2) つぎの変換について，上の各点 (x,y) の写像 (x',y') を計算しなさい．

$$\begin{cases} x' = -2x+7y \\ y' = 3x-5y \end{cases}$$

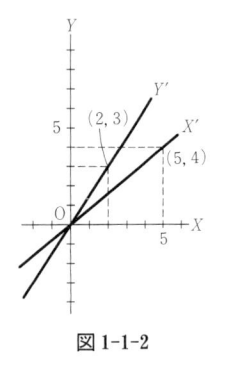

上の変換(3)はつぎのような性質をもちます．

（ⅰ） $(x,y)=(0,0)$ のとき，$(x',y')=(0,0)$．

原点 O は(3)によって，原点 O に写像されます．

（ⅱ） $(x,y)=(1,0)$ のとき，$(x',y')=(5,4)$．

X 軸は変換(3)によって，原点 O と $(5,4)$ をむすぶ直線 $\mathrm{O}X'$ に写像されます．

（ⅲ） $(x,y)=(0,1)$ のとき，$(x',y')=(2,3)$．

Y 軸は変換(3)によって，原点 O と $(2,3)$ をむすぶ直線 $\mathrm{O}Y'$ に写像されます．このとき，変換(3)によって座標軸 (X,Y) が座標軸 (X',Y') に変換されると考えてもいいわけです．

図 1-1-2

練習問題 上の練習問題(2)の変換について，座標軸 (X',Y') を図示しなさい．

$$\begin{cases} x' = -2x+7y \\ y' = 3x-5y \end{cases}$$

答え　略

直線は変換(3)によってかならず直線に写像されます．このことは，つぎのようにして証明することができます．

いま，与えられた直線がつぎのように表現されているとします．

(4) $\qquad \alpha x + \beta y = \gamma$

ここで，α, β, γ は定数ですが，3つとも0の場合は除外します．

変換(3)の x', y' の式の両辺にそれぞれ $3, -2$ を掛けて足し合わせます．

$$3x' = 15x+6y$$
$$\underline{-2y' = -8x-6y}$$
（ⅰ）　$3x'-2y' = 7x$

つぎに，(3)の式の両辺にそれぞれ $-4, 5$ を掛けて足し合わせます．

3ページの練習問題(下)の答え
(1)　$(0,0)$, $(5,4)$, $(2,3)$, $(31,29)$, $(-7,0)$, $(-19,-18)$, $(18,13)$, $\left(\dfrac{13}{3}, \dfrac{16}{3}\right)$

(2)　$(0,0)$, $(-2,3)$, $(7,-5)$, $(11,0)$, $(34,-29)$, $(-8,1)$, $(-15,17)$, $\left(\dfrac{26}{3}, -\dfrac{17}{3}\right)$

$$
\begin{array}{rl}
& -4x' = -20x-8y \\
& \underline{5y' = 20x+15y} \\
\text{(ii)} & -4x'+5y' = 7y \\
\text{(i)}\times\alpha & 3\alpha x'-2\alpha y' = 7\alpha x \\
\text{(ii)}\times\beta & \underline{-4\beta x'+5\beta y' = 7\beta y} \\
& (3\alpha-4\beta)x'+(-2\alpha+5\beta)y' = 7(\alpha x+\beta y)
\end{array}
$$

(x, y) は直線(4)上の点だから，$\alpha x+\beta y=\gamma$．

(5) $\qquad (3\alpha-4\beta)x'+(-2\alpha+5\beta)y' = 7\gamma$

(x', y') は直線(5)の上にあることが示されたわけです．

Q. E. D.

上の証明で，$(3, -2), (-4, 5)$ というたいへん具合のいい数をどのようにして見つけてきたか，みなさんは疑問に思うかもしれません．そこで，直線の写像がかならず直線になるという命題について，見方を変えて考えてみたいと思います．

(3)であらわされる変換は，直線を直線に写像します．このような変換を線形変換といいます．もっと一般化して，つぎのような変換は線形変換となります．

(6) $\qquad \begin{cases} x' = ax+by \\ y' = cx+dy \end{cases}$

ここで，a, b, c, d は定数です．変換(3)の場合，$a=5$，$b=2$，$c=4$，$d=3$．

線形変換の理解をたすけるために，もう1つの具体例を取り上げましょう．

$$\begin{cases} x' = 5x+3y \\ y' = 2x+8y \end{cases}$$

$y = 0$ のとき，$(x', y') = (5x, 2x)$

$x = 0$ のとき，$(x', y') = (3y, 8y)$

X'軸，Y'軸はそれぞれ図1-1-3の直線OX'，OY'となります．

図1-1-3には，(x, y)をいろいろ変えたときの(x', y')が示してあります．

練習問題 つぎの線形変換を図示しなさい．

(1) $\begin{cases} x' = -2x+7y \\ y' = 3x-5y \end{cases}$ (2) $\begin{cases} x' = -5x-3y \\ y' = -7x+4y \end{cases}$ 答え 略

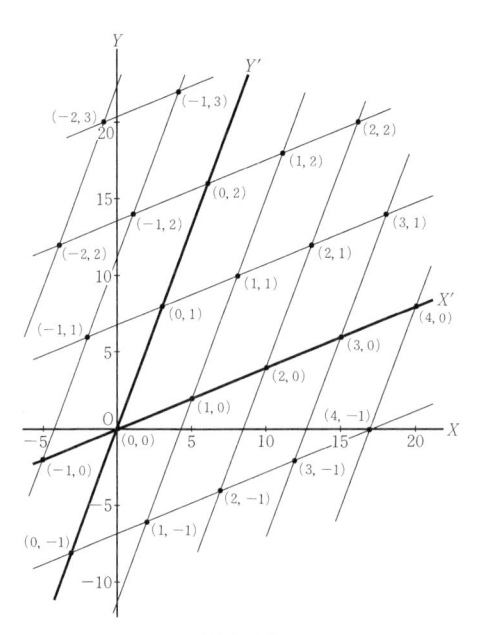

図 1-1-3

ベクトルの考え方

　変換(6)が線形変換である，つまり直線を直線に変換するということを証明するために，最初に取り上げたかんたんな変換(3)の意味を少し違った観点にたって考えることにしましょう．

$$(3) \quad \begin{cases} x' = 5x + 2y \\ y' = 4x + 3y \end{cases}$$

　これまで変換(3)は，座標 (x, y) をもつ点を座標 (x', y') をもつ点に変換するというように考えてきました．ここで見方を変えて，$(x, y), (x', y')$ を点ではなく，ベクトルと考えることにしてみましょう．ベクトルというのは，長さと方向をもった線分を意味します．たとえば，図 1-1-4 で座標が $(3, 5)$ であるような点 A をとります．$(3, 5)$ をベクトルと考えるというのは，原点 O と A をむすび，O→A の方向をもつ線分とみなすことを意味します．$(3, 5)$ は，X 軸の成分が 3，Y 軸の成分が 5 のベクトルです．

　$(3, 5)$ をベクトルとして考えるとき，図 1-1-4 で，$(4, 1)$ という座標をもつ点 B から $(7, 6)$ という座標をもつ点 C へ

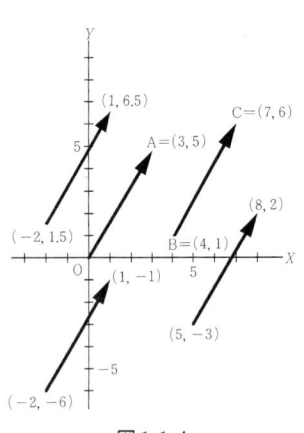

図 1-1-4

のベクトル $\overrightarrow{BC}$ と考えてもよいわけです．図 1-1-4 には，ベクトル $(3,5)$ をいくつかの形で表示してあります．長さと方向が同じベクトルは，すべて同じベクトルをあらわしていることに注意してください．

練習問題 つぎのベクトルを図示しなさい．

$(0,0),\quad (1,0),\quad (0,1),\quad (5,3),$

$(-3,4),\quad (-3,-2),\quad (4,-1),\quad \left(\dfrac{1}{3},\dfrac{4}{3}\right)$

答え　略

さて変換 (3) を，点 (x,y) から点 (x',y') への写像ではなく，ベクトル (x,y) からベクトル (x',y') への写像と考えることにします．そのために，ベクトルの表記法を少し変えて，(x,y) をベクトルと考えるときには，$\begin{pmatrix}x\\y\end{pmatrix}$ のように，タテの形であらわすことにします．

ベクトルの演算

ベクトルについて，さまざまな演算をほどこすことができます．

(ⅰ) 2つのベクトルの和は，各成分ごとに和をとる．

$$\begin{pmatrix}2\\3\end{pmatrix}+\begin{pmatrix}5\\7\end{pmatrix}=\begin{pmatrix}2+5\\3+7\end{pmatrix}=\begin{pmatrix}7\\10\end{pmatrix},$$

$$\begin{pmatrix}3\\-2\end{pmatrix}+\begin{pmatrix}-4\\6\end{pmatrix}=\begin{pmatrix}3+(-4)\\-2+6\end{pmatrix}=\begin{pmatrix}-1\\4\end{pmatrix},$$

$$\begin{pmatrix}-3\\0\end{pmatrix}+\begin{pmatrix}2\\-7\end{pmatrix}=\begin{pmatrix}(-3)+2\\0+(-7)\end{pmatrix}=\begin{pmatrix}-1\\-7\end{pmatrix},$$

$$\begin{pmatrix}2\\-5\end{pmatrix}+\begin{pmatrix}-2\\5\end{pmatrix}=\begin{pmatrix}2+(-2)\\(-5)+5\end{pmatrix}=\begin{pmatrix}0\\0\end{pmatrix}$$

(ⅱ) 2つのベクトルの差は，各成分ごとに差をとる．

$$\begin{pmatrix}2\\3\end{pmatrix}-\begin{pmatrix}5\\7\end{pmatrix}=\begin{pmatrix}2-5\\3-7\end{pmatrix}=\begin{pmatrix}-3\\-4\end{pmatrix},$$

$$\begin{pmatrix}3\\-2\end{pmatrix}-\begin{pmatrix}-4\\6\end{pmatrix}=\begin{pmatrix}3-(-4)\\-2-6\end{pmatrix}=\begin{pmatrix}7\\-8\end{pmatrix},$$

$$\begin{pmatrix}-3\\0\end{pmatrix}-\begin{pmatrix}2\\-7\end{pmatrix}=\begin{pmatrix}-3-2\\0-(-7)\end{pmatrix}=\begin{pmatrix}-5\\7\end{pmatrix},$$

$$\begin{pmatrix}2\\-5\end{pmatrix}-\begin{pmatrix}-2\\5\end{pmatrix}=\begin{pmatrix}2-(-2)\\-5-5\end{pmatrix}=\begin{pmatrix}4\\-10\end{pmatrix}$$

(ⅲ) <u>ベクトルの倍数は，各成分ごとに掛ける</u>．

$$5\begin{pmatrix}2\\3\end{pmatrix}=\begin{pmatrix}10\\15\end{pmatrix},\quad \frac{5}{7}\begin{pmatrix}2\\3\end{pmatrix}=\begin{pmatrix}\frac{10}{7}\\\frac{15}{7}\end{pmatrix},$$

$$-6\begin{pmatrix}3\\-2\end{pmatrix}=\begin{pmatrix}-18\\12\end{pmatrix},\quad 0\begin{pmatrix}-4\\6\end{pmatrix}=\begin{pmatrix}0\\0\end{pmatrix}$$

一般に，2つのベクトル $\begin{pmatrix}a\\b\end{pmatrix}$, $\begin{pmatrix}a'\\b'\end{pmatrix}$ と任意の数 λ について

$$\begin{pmatrix}a\\b\end{pmatrix}+\begin{pmatrix}a'\\b'\end{pmatrix}=\begin{pmatrix}a+a'\\b+b'\end{pmatrix},\quad \begin{pmatrix}a\\b\end{pmatrix}-\begin{pmatrix}a'\\b'\end{pmatrix}=\begin{pmatrix}a-a'\\b-b'\end{pmatrix},$$

$$\lambda\begin{pmatrix}a\\b\end{pmatrix}=\begin{pmatrix}\lambda a\\\lambda b\end{pmatrix}$$

とくに，

$$\lambda\begin{pmatrix}0\\0\end{pmatrix}=\begin{pmatrix}0\\0\end{pmatrix},\quad \begin{pmatrix}a\\b\end{pmatrix}-\begin{pmatrix}a\\b\end{pmatrix}=-\begin{pmatrix}a\\b\end{pmatrix}+\begin{pmatrix}a\\b\end{pmatrix}=\begin{pmatrix}0\\0\end{pmatrix}$$

上の3つの条件をみたす関係を線形（Linear）な関係といいます．

練習問題 つぎの2つのベクトルの和と差を計算しなさい．また，$\lambda=3$ のとき，各ベクトルの λ 倍を求めなさい．

(1) $\begin{pmatrix}30\\-24\end{pmatrix}$, $\begin{pmatrix}-20\\16\end{pmatrix}$ (2) $\begin{pmatrix}-\frac{2}{3}\\\frac{5}{3}\end{pmatrix}$, $\begin{pmatrix}-\frac{2}{3}\\\frac{5}{3}\end{pmatrix}$

(3) $\begin{pmatrix}2.4\\-3.6\end{pmatrix}$, $\begin{pmatrix}-5.2\\4.7\end{pmatrix}$ (4) $\begin{pmatrix}0\\5\end{pmatrix}$, $\begin{pmatrix}-4\\0\end{pmatrix}$

2つのベクトルの和，差は幾何学的に表現することができます．たとえば

$$\begin{pmatrix}5\\2\end{pmatrix}+\begin{pmatrix}3\\7\end{pmatrix}=\begin{pmatrix}8\\9\end{pmatrix}$$

を考えてみましょう．

図 1-1-5 からすぐわかるように，原点 O＝(0, 0)，A＝(5, 2)，B＝(3, 7)，C＝(8, 9) は平行四辺形 □OACB を形づくっています．そしてベクトル $\overrightarrow{OA}$ と $\overrightarrow{OB}$ の和が $\overrightarrow{OC}$ になっているわけです．

$$\overrightarrow{OA}+\overrightarrow{OB}=\overrightarrow{OC}$$

ここで $\overrightarrow{OB}$ と $\overrightarrow{AC}$ は同じベクトルですから

$$\overrightarrow{OA}+\overrightarrow{AC}=\overrightarrow{OC}$$

という関係が成り立っています．図 1-1-5 には，もう 1 つの例が示されています．

$$\begin{pmatrix}2\\-3\end{pmatrix}+\begin{pmatrix}-4\\1\end{pmatrix}=\begin{pmatrix}-2\\-2\end{pmatrix}$$

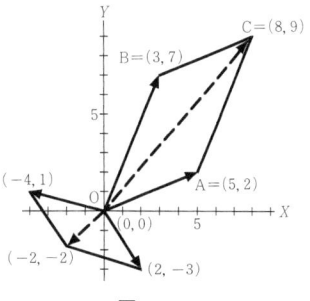

図 1-1-5

また，ベクトルの差

$$\begin{pmatrix}5\\2\end{pmatrix}-\begin{pmatrix}3\\7\end{pmatrix}=\begin{pmatrix}2\\-5\end{pmatrix}$$

を考えてみましょう．これは，

$$\begin{pmatrix}5\\2\end{pmatrix}+\begin{pmatrix}-3\\-7\end{pmatrix}=\begin{pmatrix}2\\-5\end{pmatrix}$$

と考えることができるので，図 1-1-6 のように，O＝(0, 0)，B′＝(−3, −7)，A＝(5, 2)，C＝(2, −5) が平行四辺形 □OB′CA を形づくっています．図からわかるように，

$$\overrightarrow{OA}-\overrightarrow{OB}=\overrightarrow{OA}+\overrightarrow{OB'}=\overrightarrow{OC}$$

長さと方向が同じベクトルは同じベクトルでしたから，お互いに平行移動して一致するベクトルは同じベクトルだということになり，$\overrightarrow{OC}=\overrightarrow{BA}$．ゆえに，

$$\overrightarrow{OA}-\overrightarrow{OB}=\overrightarrow{BA}$$

いま述べたことをまとめると，図 1-1-7 のような三角形 △ABC において，

$$\overrightarrow{AB}+\overrightarrow{BC}=\overrightarrow{AC}$$
$$\overrightarrow{AC}-\overrightarrow{AB}=\overrightarrow{BC}$$

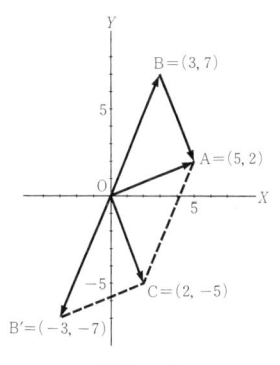

図 1-1-6

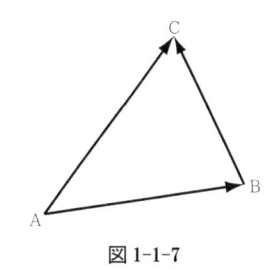

という関係がいつも成り立っていることがわかります．

つぎに，ベクトル $\begin{pmatrix}2\\3\end{pmatrix}$ の 2 倍と −2 倍を考えてみます．

図 1-1-7

$$2\begin{pmatrix}2\\3\end{pmatrix}=\begin{pmatrix}4\\6\end{pmatrix}, \quad -2\begin{pmatrix}2\\3\end{pmatrix}=\begin{pmatrix}-4\\-6\end{pmatrix}$$

図 1-1-8 からわかるように，2 倍したものは，長さが 2 倍で同じ方向のベクトルを，−2 倍したものは，長さが 2 倍で方向が逆のベクトルをあらわしています．

練習問題 上の練習問題について，2 つのベクトルの和と差を図示しなさい．また，各ベクトルに λ＝3 を掛けたときのベクトルを図示しなさい．

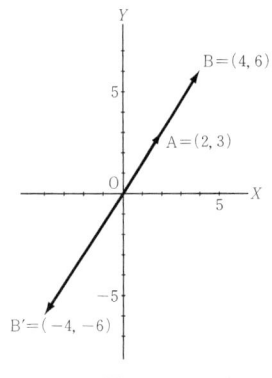

図 1-1-8

線形変換のマトリックス表現

練習問題の答え　略

線形変換 (3) を上のように，ベクトル $\begin{pmatrix}x\\y\end{pmatrix}$ をベクトル $\begin{pmatrix}x'\\y'\end{pmatrix}$ に写像する変換と考えるとき，マトリックスによる表記法を使うと便利です．

$$\begin{pmatrix}x'\\y'\end{pmatrix}=A\begin{pmatrix}x\\y\end{pmatrix}, \quad A=\begin{pmatrix}5 & 2\\4 & 3\end{pmatrix}$$

A のような記号をマトリックスといいます．マトリックスという言葉はもともと，碁盤や将棋盤のように，タテ，ヨコに罫の入った四角の盤を指します．ふつう行列と訳しますが，ここでは，ベクトルと同じように，マトリックス (Matrix) という原語のまま使うことにします．(5, 2), (4, 3) は行で，$\begin{pmatrix}5\\4\end{pmatrix}, \begin{pmatrix}2\\3\end{pmatrix}$ は列です．A は 2 行，2 列からなるマトリックスですから，厳密にいうと，2×2 (two by two) マトリックスといいます．マトリックス A を構成する数を成分といい，それぞれ (1, 1), (1, 2), (2, 1), (2, 2) 成分とよびます．つぎのような配置になります．

$$\begin{pmatrix}(1,1) & (1,2)\\(2,1) & (2,2)\end{pmatrix}$$

$A\begin{pmatrix}x\\y\end{pmatrix}$ は A というマトリックスと $\begin{pmatrix}x\\y\end{pmatrix}$ というベクトルとを掛け合わせるわけです．

8 ページの練習問題の答え

(1) $\begin{pmatrix}10\\-8\end{pmatrix}, \begin{pmatrix}50\\-40\end{pmatrix}; \begin{pmatrix}90\\-72\end{pmatrix}, \begin{pmatrix}-60\\48\end{pmatrix}$

(2) $\begin{pmatrix}-\frac{4}{3}\\\frac{10}{3}\end{pmatrix}, \begin{pmatrix}0\\0\end{pmatrix}; \begin{pmatrix}-2\\5\end{pmatrix}, \begin{pmatrix}-2\\5\end{pmatrix}$

(3) $\begin{pmatrix}-2.8\\1.1\end{pmatrix}, \begin{pmatrix}7.6\\-8.3\end{pmatrix}; \begin{pmatrix}7.2\\-10.8\end{pmatrix},$
$\begin{pmatrix}-15.6\\14.1\end{pmatrix}$

(4) $\begin{pmatrix}-4\\5\end{pmatrix}, \begin{pmatrix}4\\5\end{pmatrix}; \begin{pmatrix}0\\15\end{pmatrix}, \begin{pmatrix}-12\\0\end{pmatrix}$

$$A\begin{pmatrix}x\\y\end{pmatrix}=\begin{pmatrix}5&2\\4&3\end{pmatrix}\begin{pmatrix}x\\y\end{pmatrix}=\begin{pmatrix}5x+2y\\4x+3y\end{pmatrix}$$

のように,マトリックスの第1行とベクトルの成分とを順番に掛けて,足し合わせたものが第1成分で,マトリックスの第2行とベクトルの成分とを順番に掛けて,足し合わせたものが第2成分であるベクトルになります.

$\begin{pmatrix}1\\0\end{pmatrix},\begin{pmatrix}0\\1\end{pmatrix}$ を単位ベクトルといいます.

$$\begin{pmatrix}5&2\\4&3\end{pmatrix}\begin{pmatrix}1\\0\end{pmatrix}=\begin{pmatrix}5\\4\end{pmatrix},\quad\begin{pmatrix}5&2\\4&3\end{pmatrix}\begin{pmatrix}0\\1\end{pmatrix}=\begin{pmatrix}2\\3\end{pmatrix}$$

$\begin{pmatrix}1\\0\end{pmatrix}$ の写像はマトリックスの第1列 $\begin{pmatrix}5\\4\end{pmatrix}$ となり,$\begin{pmatrix}0\\1\end{pmatrix}$ の写像はマトリックスの第2列 $\begin{pmatrix}2\\3\end{pmatrix}$ となるわけです.

練習問題

(1) $A=\begin{pmatrix}5&2\\4&3\end{pmatrix}$ について,$\begin{pmatrix}x\\y\end{pmatrix}$ がつぎのベクトルのとき,$\begin{pmatrix}x'\\y'\end{pmatrix}=A\begin{pmatrix}x\\y\end{pmatrix}$ を計算しなさい.

$$\begin{pmatrix}0\\0\end{pmatrix},\quad\begin{pmatrix}1\\0\end{pmatrix},\quad\begin{pmatrix}0\\1\end{pmatrix},\quad\begin{pmatrix}5\\3\end{pmatrix},\quad\begin{pmatrix}-3\\4\end{pmatrix},\quad\begin{pmatrix}-3\\-2\end{pmatrix},$$

$$\begin{pmatrix}4\\-1\end{pmatrix},\quad\begin{pmatrix}\frac{1}{3}\\\frac{4}{3}\end{pmatrix}$$

(2) $A=\begin{pmatrix}-2&7\\3&-5\end{pmatrix}$ について,$\begin{pmatrix}x\\y\end{pmatrix}$ が上の各ベクトルのとき,$\begin{pmatrix}x'\\y'\end{pmatrix}=A\begin{pmatrix}x\\y\end{pmatrix}$ を計算しなさい.

$A=\begin{pmatrix}5&2\\4&3\end{pmatrix}$ について,$\begin{pmatrix}x\\y\end{pmatrix}=\begin{pmatrix}0\\0\end{pmatrix},\begin{pmatrix}1\\0\end{pmatrix},\begin{pmatrix}0\\1\end{pmatrix}$ のときの写像 $\begin{pmatrix}x'\\y'\end{pmatrix}$ に注目します.

$$A\begin{pmatrix}0\\0\end{pmatrix}=\begin{pmatrix}0\\0\end{pmatrix}, \quad A\begin{pmatrix}1\\0\end{pmatrix}=\begin{pmatrix}5\\4\end{pmatrix}, \quad A\begin{pmatrix}0\\1\end{pmatrix}=\begin{pmatrix}2\\3\end{pmatrix}$$

線形変換 A によって，$\begin{pmatrix}0\\0\end{pmatrix}$ はかならず $\begin{pmatrix}0\\0\end{pmatrix}$ に写像されます．ベクトル $\begin{pmatrix}0\\0\end{pmatrix}$ は数字の 0 と同じ役割をはたすわけです．

X 軸は $A\begin{pmatrix}1\\0\end{pmatrix}=\begin{pmatrix}5\\4\end{pmatrix}$ からつくられる直線 OX' に写像され，Y 軸は $A\begin{pmatrix}0\\1\end{pmatrix}=\begin{pmatrix}2\\3\end{pmatrix}$ の直線 OY' に写像されることになります．図 1-1-2 に示した通りです．

直線をベクトルで表現する

ベクトル表記を使うと，直線をかんたんにあらわすことができます．考え方を説明するために，つぎの 2 点 A, B を通る直線 l を例にとります．

$$A=(1,4), \quad B=(5,6)$$

直線 l 上に任意の点 $P=(x,y)$ をとります．A を通って X 軸に平行な直線が B, P を通って X 軸に垂直な直線と交わる点をそれぞれ C, D とすれば

$$\overline{AC}=5-1=4, \quad \overline{AD}=x-1,$$
$$\overline{BC}=6-4=2, \quad \overline{PD}=y-4$$

2 つの直角三角形 △APD, △ABC は相似となり

$$\overline{AD}:\overline{AC}=\overline{PD}:\overline{BC}\;(=t\text{ とおく}) \Rightarrow \frac{x-1}{4}=\frac{y-4}{2}=t$$

$$x=1+4t, \quad y=4+2t$$

ベクトル記号であらわすと

$$\begin{pmatrix}x\\y\end{pmatrix}=\begin{pmatrix}1\\4\end{pmatrix}+\begin{pmatrix}4\\2\end{pmatrix}t$$

直線 l をこのようにあらわすと，変換(3)が線形変換となることをかんたんに証明できます．マトリックス $A=\begin{pmatrix}5&2\\4&3\end{pmatrix}$ を使って，つぎのようにあらわします．

$$\begin{pmatrix}x'\\y'\end{pmatrix}=A\begin{pmatrix}x\\y\end{pmatrix}=A\left\{\begin{pmatrix}1\\4\end{pmatrix}+\begin{pmatrix}4\\2\end{pmatrix}t\right\}=A\begin{pmatrix}1\\4\end{pmatrix}+A\begin{pmatrix}4\\2\end{pmatrix}t$$

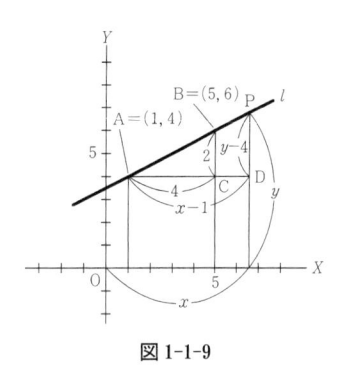

図 1-1-9

11 ページの練習問題の答え
3 ページの練習問題(下)の答えをベクトルであらわせばよい．

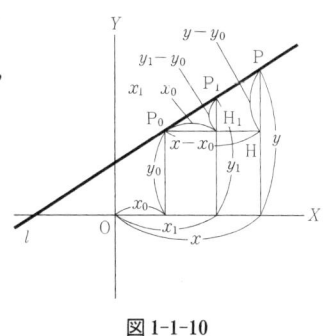

$$A\begin{pmatrix}1\\4\end{pmatrix} = \begin{pmatrix}5 & 2\\4 & 3\end{pmatrix}\begin{pmatrix}1\\4\end{pmatrix} = \begin{pmatrix}5\times 1+2\times 4\\4\times 1+3\times 4\end{pmatrix} = \begin{pmatrix}13\\16\end{pmatrix},$$

$$A\begin{pmatrix}4\\2\end{pmatrix} = \begin{pmatrix}5 & 2\\4 & 3\end{pmatrix}\begin{pmatrix}4\\2\end{pmatrix} = \begin{pmatrix}5\times 4+2\times 2\\4\times 4+3\times 2\end{pmatrix} = \begin{pmatrix}24\\22\end{pmatrix}$$

$$\begin{pmatrix}x'\\y'\end{pmatrix} = \begin{pmatrix}13\\16\end{pmatrix} + \begin{pmatrix}24\\22\end{pmatrix}t$$

この関係式から，$\begin{pmatrix}x\\y\end{pmatrix}$ が直線 l の上を動くとき，その写像 $\begin{pmatrix}x'\\y'\end{pmatrix}$ もまた1つの直線の上を動くことがわかります．

　一般の場合も同じようにして証明することができます．念のため，一般の場合の証明を述べておきます．

定理 A を任意のマトリックスとするとき

$$\begin{pmatrix}x'\\y'\end{pmatrix} = A\begin{pmatrix}x\\y\end{pmatrix}$$

は線形変換となる．

証明 (X, Y) 平面上にある任意の直線 l を考えます．直線 l 上に2つの点 P_0, P_1 をとり，その座標をそれぞれ $(x_0, y_0), (x_1, y_1)$ とし，直線 l 上の任意の点 P の座標を (x, y) とします．P_0 を通って，X 軸に平行な直線が P, P_1 から X 軸に下ろした垂線と交わる点をそれぞれ H, H_1 とすれば，2つの直角三角形 $\triangle PP_0H, \triangle P_1P_0H_1$ は相似となり

$$\overline{PH} : \overline{P_1H_1} = \overline{P_0H} : \overline{P_0H_1} (= t \text{ とおく})$$

$$\frac{y-y_0}{y_1-y_0} = \frac{x-x_0}{x_1-x_0} = t$$

$$x - x_0 = (x_1-x_0)t, \quad y - y_0 = (y_1-y_0)t$$
$$x = x_0 + at, \quad y = y_0 + bt \quad (a = x_1-x_0,\ b = y_1-y_0)$$

この関係をベクトル記号であらわすと

(7) $$\begin{pmatrix}x\\y\end{pmatrix} = \begin{pmatrix}x_0\\y_0\end{pmatrix} + \begin{pmatrix}a\\b\end{pmatrix}t$$

図 1-1-10

このようにして，任意に与えられた直線は(7)のようにあらわされるわけです．

　(7)の両辺にマトリックス A を掛けると

$$A\begin{pmatrix}x\\y\end{pmatrix} = A\left\{\begin{pmatrix}x_0\\y_0\end{pmatrix} + \begin{pmatrix}a\\b\end{pmatrix}t\right\} = A\begin{pmatrix}x_0\\y_0\end{pmatrix} + A\begin{pmatrix}a\\b\end{pmatrix}t$$

$$\begin{pmatrix} x_0' \\ y_0' \end{pmatrix} = A \begin{pmatrix} x_0 \\ y_0 \end{pmatrix}, \quad \begin{pmatrix} a' \\ b' \end{pmatrix} = A \begin{pmatrix} a \\ b \end{pmatrix} \text{ とおけば}$$

$$\begin{pmatrix} x' \\ y' \end{pmatrix} = \begin{pmatrix} x_0' \\ y_0' \end{pmatrix} + \begin{pmatrix} a' \\ b' \end{pmatrix} t$$

$\begin{pmatrix} x' \\ y' \end{pmatrix}$ もまた直線上にあることが示されました．　Q. E. D.

練習問題 $\begin{pmatrix} x' \\ y' \end{pmatrix} = \begin{pmatrix} -2 & 7 \\ 3 & -5 \end{pmatrix} \begin{pmatrix} x \\ y \end{pmatrix}$ が線形変換となることを証明しなさい．

答え　略

2

マトリックスの演算

2つの線形変換の和あるいは差をつくることができます．つぎの例を考えます．

(A) $\begin{cases} x' = 5x+2y \\ y' = 4x+3y \end{cases}$　　(B) $\begin{cases} x'' = 3x+7y \\ y'' = 2x+5y \end{cases}$

ベクトル表現を使えば

(A) $\begin{pmatrix} x' \\ y' \end{pmatrix} = \begin{pmatrix} 5x+2y \\ 4x+3y \end{pmatrix} = \begin{pmatrix} 5 & 2 \\ 4 & 3 \end{pmatrix} \begin{pmatrix} x \\ y \end{pmatrix}$

(B) $\begin{pmatrix} x'' \\ y'' \end{pmatrix} = \begin{pmatrix} 3x+7y \\ 2x+5y \end{pmatrix} = \begin{pmatrix} 3 & 7 \\ 2 & 5 \end{pmatrix} \begin{pmatrix} x \\ y \end{pmatrix}$

この2つの線形変換の和は，つぎのように定義されます．

$$\begin{pmatrix} x' \\ y' \end{pmatrix} + \begin{pmatrix} x'' \\ y'' \end{pmatrix} = \begin{pmatrix} (5x+2y)+(3x+7y) \\ (4x+3y)+(2x+5y) \end{pmatrix} = \begin{pmatrix} 8x+9y \\ 6x+8y \end{pmatrix}$$

$$\begin{pmatrix} x' \\ y' \end{pmatrix} + \begin{pmatrix} x'' \\ y'' \end{pmatrix} = \left\{ \begin{pmatrix} 5 & 2 \\ 4 & 3 \end{pmatrix} + \begin{pmatrix} 3 & 7 \\ 2 & 5 \end{pmatrix} \right\} \begin{pmatrix} x \\ y \end{pmatrix}$$

$$= \begin{pmatrix} 5+3 & 2+7 \\ 4+2 & 3+5 \end{pmatrix} \begin{pmatrix} x \\ y \end{pmatrix} = \begin{pmatrix} 8 & 9 \\ 6 & 8 \end{pmatrix} \begin{pmatrix} x \\ y \end{pmatrix}$$

$$\begin{pmatrix} 5 & 2 \\ 4 & 3 \end{pmatrix} + \begin{pmatrix} 3 & 7 \\ 2 & 5 \end{pmatrix} = \begin{pmatrix} 5+3 & 2+7 \\ 4+2 & 3+5 \end{pmatrix} = \begin{pmatrix} 8 & 9 \\ 6 & 8 \end{pmatrix}$$

一般に，2つのマトリックス A, B の和 $A+B$ は，各成分

をそれぞれ足し合わせたマトリックスとして定義されます．

$$A = \begin{pmatrix} a & b \\ c & d \end{pmatrix}, \ B = \begin{pmatrix} \alpha & \beta \\ \gamma & \delta \end{pmatrix}$$

$$\Rightarrow \ A+B = \begin{pmatrix} a & b \\ c & d \end{pmatrix} + \begin{pmatrix} \alpha & \beta \\ \gamma & \delta \end{pmatrix} = \begin{pmatrix} a+\alpha & b+\beta \\ c+\gamma & d+\delta \end{pmatrix}$$

マトリックス A にある数 λ を掛けるのは，A の各成分を λ 倍することを意味します．

$$\lambda A = \lambda \begin{pmatrix} a & b \\ c & d \end{pmatrix} = \begin{pmatrix} \lambda a & \lambda b \\ \lambda c & \lambda d \end{pmatrix}$$

とくに，

$$-A = -\begin{pmatrix} a & b \\ c & d \end{pmatrix} = \begin{pmatrix} -a & -b \\ -c & -d \end{pmatrix},$$

$$0A = 0\begin{pmatrix} a & b \\ c & d \end{pmatrix} = \begin{pmatrix} 0 & 0 \\ 0 & 0 \end{pmatrix}$$

練習問題 つぎの2つのマトリックスの和と差を計算しなさい．また，$\lambda=3,-2$ として，各マトリックスを λ 倍しなさい．

(1) $\begin{pmatrix} -5 & 7 \\ 4 & 2 \end{pmatrix}, \ \begin{pmatrix} 3 & 2 \\ -6 & -5 \end{pmatrix}$

(2) $\begin{pmatrix} -\frac{3}{5} & \frac{7}{6} \\ -\frac{2}{5} & -\frac{1}{6} \end{pmatrix}, \ \begin{pmatrix} \frac{4}{5} & -\frac{5}{6} \\ \frac{7}{5} & -\frac{2}{6} \end{pmatrix}$

2つのマトリックス A, B について，つぎの関係式が成り立ちます．

$$A+B = B+A, \quad (A+B)+C = A+(B+C)$$

また，すべての成分が0であるようなマトリックスを O であらわします．

$$O = \begin{pmatrix} 0 & 0 \\ 0 & 0 \end{pmatrix}$$

$$OA = AO = O, \quad A+O = O+A = A,$$
$$A+(-A) = (-A)+A = O$$

このように，マトリックス O は数字の0と同じような性質をもっています．

練習問題 つぎのマトリックスの場合に，上の関係式が成り立つことをじっさいに計算してたしかめなさい．

(1) $A = \begin{pmatrix} 9 & -5 \\ -16 & -6 \end{pmatrix}$, $B = \begin{pmatrix} 4 & -3 \\ -6 & 5 \end{pmatrix}$, $C = \begin{pmatrix} -3 & 5 \\ 8 & 7 \end{pmatrix}$

(2) $A = \begin{pmatrix} \dfrac{1}{2} & \dfrac{4}{3} \\ \dfrac{3}{2} & -\dfrac{1}{3} \end{pmatrix}$, $B = \begin{pmatrix} -\dfrac{5}{2} & -\dfrac{2}{3} \\ \dfrac{1}{2} & \dfrac{4}{3} \end{pmatrix}$,

$C = \begin{pmatrix} \dfrac{1}{2} & -\dfrac{5}{3} \\ -\dfrac{5}{2} & \dfrac{2}{3} \end{pmatrix}$

答え　略

線形変換の積

まず，つぎの線形変換
$$\begin{pmatrix} x \\ y \end{pmatrix} \to \begin{pmatrix} x' \\ y' \end{pmatrix} : \begin{pmatrix} x' \\ y' \end{pmatrix} = B \begin{pmatrix} x \\ y \end{pmatrix}, \quad B = \begin{pmatrix} 5 & 2 \\ 4 & 3 \end{pmatrix}$$
を考えます．

(B) $\quad \begin{cases} x' = 5x + 2y \\ y' = 4x + 3y \end{cases}$

さらにもう1つの線形変換
$$\begin{pmatrix} x' \\ y' \end{pmatrix} \to \begin{pmatrix} x'' \\ y'' \end{pmatrix} : \begin{pmatrix} x'' \\ y'' \end{pmatrix} = A \begin{pmatrix} x' \\ y' \end{pmatrix}, \quad A = \begin{pmatrix} 7 & 6 \\ 2 & 9 \end{pmatrix}$$
を考えます．

(A) $\quad \begin{cases} x'' = 7x' + 6y' \\ y'' = 2x' + 9y' \end{cases}$

このとき，$\begin{pmatrix} x \\ y \end{pmatrix} \to \begin{pmatrix} x'' \\ y'' \end{pmatrix}$ はどのような変換になるか，計算してみましょう．まず，(A) の x'' 式の右辺に (B) の x', y' を代入します．

$x'' = 7 \times (5x+2y) + 6 \times (4x+3y)$
$\quad = (7 \times 5 + 6 \times 4)x + (7 \times 2 + 6 \times 3)y = 59x + 32y$

つぎに，(A) の y'' 式の右辺に (B) の x', y' を代入します．

$y'' = 2 \times (5x+2y) + 9 \times (4x+3y)$
$\quad = (2 \times 5 + 9 \times 4)x + (2 \times 2 + 9 \times 3)y = 46x + 31y$

15ページの練習問題の答え

(1) $\begin{pmatrix} -2 & 9 \\ -2 & -3 \end{pmatrix}$, $\begin{pmatrix} -8 & 5 \\ 10 & 7 \end{pmatrix}$;
$\begin{pmatrix} -15 & 21 \\ 12 & 6 \end{pmatrix}$, $\begin{pmatrix} 10 & -14 \\ -8 & -4 \end{pmatrix}$;
$\begin{pmatrix} 9 & 6 \\ -18 & -15 \end{pmatrix}$, $\begin{pmatrix} -6 & -4 \\ 12 & 10 \end{pmatrix}$

(2) $\begin{pmatrix} \dfrac{1}{5} & \dfrac{1}{3} \\ 1 & -\dfrac{1}{2} \end{pmatrix}$, $\begin{pmatrix} -\dfrac{7}{5} & 2 \\ -\dfrac{9}{5} & \dfrac{1}{6} \end{pmatrix}$;
$\begin{pmatrix} -\dfrac{9}{5} & \dfrac{7}{2} \\ -\dfrac{6}{5} & -\dfrac{1}{2} \end{pmatrix}$, $\begin{pmatrix} \dfrac{6}{5} & -\dfrac{7}{3} \\ \dfrac{4}{5} & \dfrac{1}{3} \end{pmatrix}$;
$\begin{pmatrix} \dfrac{12}{5} & -\dfrac{5}{2} \\ \dfrac{21}{5} & -1 \end{pmatrix}$, $\begin{pmatrix} -\dfrac{8}{5} & \dfrac{5}{3} \\ -\dfrac{14}{5} & \dfrac{2}{3} \end{pmatrix}$

$$\begin{pmatrix} x'' \\ y'' \end{pmatrix} = \begin{pmatrix} 7 & 6 \\ 2 & 9 \end{pmatrix} \begin{pmatrix} x' \\ y' \end{pmatrix} = \begin{pmatrix} 7 & 6 \\ 2 & 9 \end{pmatrix} \begin{pmatrix} 5x+2y \\ 4x+3y \end{pmatrix}$$
$$= \begin{pmatrix} 7(5x+2y)+6(4x+3y) \\ 2(5x+2y)+9(4x+3y) \end{pmatrix} = \begin{pmatrix} 59x+32y \\ 46x+31y \end{pmatrix}$$

この計算をマトリックス記号であらわすと

$$\begin{pmatrix} x'' \\ y'' \end{pmatrix} = A\begin{pmatrix} x' \\ y' \end{pmatrix}, \ A = \begin{pmatrix} 7 & 6 \\ 2 & 9 \end{pmatrix};$$

$$\begin{pmatrix} x' \\ y' \end{pmatrix} = B\begin{pmatrix} x \\ y \end{pmatrix}, \ B = \begin{pmatrix} 5 & 2 \\ 4 & 3 \end{pmatrix}$$

$$\Rightarrow \ \begin{pmatrix} x'' \\ y'' \end{pmatrix} = A\left\{B\begin{pmatrix} x \\ y \end{pmatrix}\right\}$$

すなわち,

$$\begin{pmatrix} x'' \\ y'' \end{pmatrix} = \begin{pmatrix} 7 & 6 \\ 2 & 9 \end{pmatrix} \begin{pmatrix} x' \\ y' \end{pmatrix} = \begin{pmatrix} 7 & 6 \\ 2 & 9 \end{pmatrix} \begin{pmatrix} 5 & 2 \\ 4 & 3 \end{pmatrix} \begin{pmatrix} x \\ y \end{pmatrix}$$
$$= \begin{pmatrix} 7\times5+6\times4 & 7\times2+6\times3 \\ 2\times5+9\times4 & 2\times2+9\times3 \end{pmatrix} \begin{pmatrix} x \\ y \end{pmatrix} = \begin{pmatrix} 59 & 32 \\ 46 & 31 \end{pmatrix} \begin{pmatrix} x \\ y \end{pmatrix}$$

このとき, $\begin{pmatrix} x \\ y \end{pmatrix} \to \begin{pmatrix} x'' \\ y'' \end{pmatrix}$ は $A:\begin{pmatrix} x' \\ y' \end{pmatrix} \to \begin{pmatrix} x'' \\ y'' \end{pmatrix} = A\begin{pmatrix} x' \\ y' \end{pmatrix}$ と $B:\begin{pmatrix} x \\ y \end{pmatrix} \to \begin{pmatrix} x' \\ y' \end{pmatrix} = B\begin{pmatrix} x \\ y \end{pmatrix}$ の積といい, AB と記します. AB は, 最初に変換 B をおこない, そのあとで変換 A をほどこすことを意味することに注意してください. 2つの線形変換 A,B の積 AB もまた線形変換になります. 変換 AB の計算をくわしく書けば

$$\begin{pmatrix} 7 & 6 \\ 2 & 9 \end{pmatrix} \begin{pmatrix} 5 & 2 \\ 4 & 3 \end{pmatrix} = \begin{pmatrix} 7\times5+6\times4 & 7\times2+6\times3 \\ 2\times5+9\times4 & 2\times2+9\times3 \end{pmatrix} = \begin{pmatrix} 59 & 32 \\ 46 & 31 \end{pmatrix}$$

例題 つぎの2つの線形変換 A,B の積 AB を計算しなさい.

$$A = \begin{pmatrix} -5 & 8 \\ 7 & -6 \end{pmatrix}, \quad B = \begin{pmatrix} 2 & 9 \\ -3 & 8 \end{pmatrix}$$

解答 線形変換 A,B は具体的には, つぎのようにあらわされます.

$$A: \begin{pmatrix} x'' \\ y'' \end{pmatrix} = \begin{pmatrix} -5 & 8 \\ 7 & -6 \end{pmatrix} \begin{pmatrix} x' \\ y' \end{pmatrix},$$

$$B: \begin{pmatrix} x' \\ y' \end{pmatrix} = \begin{pmatrix} 2 & 9 \\ -3 & 8 \end{pmatrix} \begin{pmatrix} x \\ y \end{pmatrix}$$

$$AB: \begin{pmatrix} x'' \\ y'' \end{pmatrix} = \begin{pmatrix} -5 & 8 \\ 7 & -6 \end{pmatrix} \begin{pmatrix} 2 & 9 \\ -3 & 8 \end{pmatrix} \begin{pmatrix} x \\ y \end{pmatrix}$$
$$= \begin{pmatrix} -5 & 8 \\ 7 & -6 \end{pmatrix} \begin{pmatrix} 2x+9y \\ -3x+8y \end{pmatrix}$$
$$= \begin{pmatrix} -5(2x+9y)+8(-3x+8y) \\ 7(2x+9y)-6(-3x+8y) \end{pmatrix}$$
$$= \begin{pmatrix} -34x+19y \\ 32x+15y \end{pmatrix} = \begin{pmatrix} -34 & 19 \\ 32 & 15 \end{pmatrix} \begin{pmatrix} x \\ y \end{pmatrix}$$

すなわち,
$$\begin{pmatrix} -5 & 8 \\ 7 & -6 \end{pmatrix} \begin{pmatrix} 2 & 9 \\ -3 & 8 \end{pmatrix} = \begin{pmatrix} -34 & 19 \\ 32 & 15 \end{pmatrix}$$
$$\begin{pmatrix} -5 & 8 \\ 7 & -6 \end{pmatrix} \begin{pmatrix} 2 & 9 \\ -3 & 8 \end{pmatrix}$$
$$= \begin{pmatrix} -5 \times 2 + 8 \times (-3) & -5 \times 9 + 8 \times 8 \\ 7 \times 2 + (-6) \times (-3) & 7 \times 9 + (-6) \times 8 \end{pmatrix}$$
$$= \begin{pmatrix} -34 & 19 \\ 32 & 15 \end{pmatrix}$$

練習問題 つぎの2つのマトリックス A, B の積 AB, BA を計算しなさい.

(1) $A = \begin{pmatrix} -3 & -5 \\ 8 & -9 \end{pmatrix}$, $B = \begin{pmatrix} -7 & 12 \\ -8 & -5 \end{pmatrix}$

(2) $A = \begin{pmatrix} \dfrac{4}{5} & -\dfrac{7}{6} \\ -\dfrac{3}{5} & \dfrac{5}{6} \end{pmatrix}$, $B = \begin{pmatrix} -\dfrac{3}{5} & \dfrac{5}{6} \\ \dfrac{7}{5} & -\dfrac{1}{6} \end{pmatrix}$

上の練習問題からわかるように, $AB=BA$ という関係式は一般には成立しません. この点, マトリックスの掛け算は普通の数の掛け算とは違います. なお, ベクトル, マトリックスに対して, 普通の数をスカラーとよびます. ベクトル, マトリックスに普通の数を掛けるとき, スカラー倍にするといいます.

ゼロ・マトリックス $O = \begin{pmatrix} 0 & 0 \\ 0 & 0 \end{pmatrix}$ について
$$OA = AO = O$$

が成立することは自明でしょう．

つぎの 2 つのマトリックス A, B を考えてみます．

$$A = \begin{pmatrix} 3 & -2 \\ -6 & 4 \end{pmatrix}, \quad B = \begin{pmatrix} 8 & 10 \\ 12 & 15 \end{pmatrix}$$

$$\begin{aligned} AB &= \begin{pmatrix} 3 & -2 \\ -6 & 4 \end{pmatrix}\begin{pmatrix} 8 & 10 \\ 12 & 15 \end{pmatrix} \\ &= \begin{pmatrix} 3\times 8+(-2)\times 12 & 3\times 10+(-2)\times 15 \\ -6\times 8+4\times 12 & -6\times 10+4\times 15 \end{pmatrix} \\ &= \begin{pmatrix} 0 & 0 \\ 0 & 0 \end{pmatrix} = O \end{aligned}$$

マトリックス A, B はどちらもゼロ・マトリックス O ではないにもかかわらず $AB=O$ となります．しかも

$$\begin{aligned} BA &= \begin{pmatrix} 8 & 10 \\ 12 & 15 \end{pmatrix}\begin{pmatrix} 3 & -2 \\ -6 & 4 \end{pmatrix} \\ &= \begin{pmatrix} 8\times 3+10\times(-6) & 8\times(-2)+10\times 4 \\ 12\times 3+15\times(-6) & 12\times(-2)+15\times 4 \end{pmatrix} \\ &= \begin{pmatrix} -36 & 24 \\ -54 & 36 \end{pmatrix} \end{aligned}$$

$$AB = O, \quad BA \neq O$$

このように，マトリックスの掛け算はふつうの数の場合とまったく異なった性質をもっています．

練習問題 つぎの 2 つのマトリックス A, B の積 AB, BA を計算しなさい．

(1) $A = \begin{pmatrix} 5 & 6 \\ 25 & 30 \end{pmatrix}, B = \begin{pmatrix} 12 & -36 \\ -10 & 30 \end{pmatrix}$

(2) $A = \begin{pmatrix} 14 & 21 \\ 6 & 9 \end{pmatrix}, B = \begin{pmatrix} 3 & -7 \\ 6 & -14 \end{pmatrix}$

転置マトリックス

一般に，マトリックス A について，その行と列とを転置したマトリックスを A の転置マトリックスといって，A' であらわします．

$$\begin{pmatrix} 5 & 2 \\ 3 & 7 \end{pmatrix}' = \begin{pmatrix} 5 & 3 \\ 2 & 7 \end{pmatrix}, \quad \begin{pmatrix} 2 & -4 \\ 9 & -5 \end{pmatrix}' = \begin{pmatrix} 2 & 9 \\ -4 & -5 \end{pmatrix}$$

練習問題 つぎのマトリックスの転置マトリックスを求めなさい．

$$\begin{pmatrix} 6 & -8 \\ 5 & 0 \end{pmatrix}, \quad \begin{pmatrix} 3 & 0 \\ -8 & 0 \end{pmatrix}, \quad \begin{pmatrix} 65 & -72 \\ 54 & 36 \end{pmatrix},$$

$$\begin{pmatrix} -\frac{5}{7} & -\frac{9}{2} \\ \frac{3}{4} & \frac{6}{5} \end{pmatrix}, \quad \begin{pmatrix} 0 & 1 \\ 1 & 0 \end{pmatrix}, \quad \begin{pmatrix} 5 & 7 \\ 7 & 3 \end{pmatrix}$$

いま2つのマトリックス $A = \begin{pmatrix} -5 & 8 \\ 7 & -6 \end{pmatrix}$, $B = \begin{pmatrix} 2 & 9 \\ -3 & 8 \end{pmatrix}$ をとります．このとき，

$$A' = \begin{pmatrix} -5 & 7 \\ 8 & -6 \end{pmatrix}, \quad B' = \begin{pmatrix} 2 & -3 \\ 9 & 8 \end{pmatrix}$$

$$AB = \begin{pmatrix} -5 & 8 \\ 7 & -6 \end{pmatrix}\begin{pmatrix} 2 & 9 \\ -3 & 8 \end{pmatrix} = \begin{pmatrix} -34 & 19 \\ 32 & 15 \end{pmatrix}$$

$$(AB)' = \begin{pmatrix} -34 & 32 \\ 19 & 15 \end{pmatrix}$$

$$B'A' = \begin{pmatrix} 2 & -3 \\ 9 & 8 \end{pmatrix}\begin{pmatrix} -5 & 7 \\ 8 & -6 \end{pmatrix} = \begin{pmatrix} -34 & 32 \\ 19 & 15 \end{pmatrix}$$

一般に，
$$(AB)' = B'A'$$

となることに注意してください．

練習問題 つぎの2つのマトリックス A, B について，$(AB)', B'A'$ を計算して，お互いに等しいことをたしかめなさい．

(1) $A = \begin{pmatrix} -3 & -5 \\ 8 & -9 \end{pmatrix}$, $B = \begin{pmatrix} -7 & 12 \\ -8 & -5 \end{pmatrix}$

(2) $A = \begin{pmatrix} \frac{4}{5} & -\frac{7}{6} \\ -\frac{3}{5} & \frac{5}{6} \end{pmatrix}$, $B = \begin{pmatrix} -\frac{3}{5} & \frac{5}{6} \\ \frac{7}{5} & -\frac{1}{6} \end{pmatrix}$

列ベクトル $\begin{pmatrix} x \\ y \end{pmatrix}$ の転置ベクトルは行ベクトル (x, y) にな

---

18 ページの練習問題の答え

(1) $AB = \begin{pmatrix} 61 & -11 \\ 16 & 141 \end{pmatrix}$, $BA = \begin{pmatrix} 117 & -73 \\ -16 & 85 \end{pmatrix}$

(2) $AB = \begin{pmatrix} -\frac{317}{150} & \frac{31}{36} \\ \frac{229}{150} & -\frac{23}{36} \end{pmatrix}$, $BA = \begin{pmatrix} -\frac{49}{50} & \frac{251}{180} \\ \frac{61}{50} & -\frac{319}{180} \end{pmatrix}$

19 ページの練習問題の答え

(1) $AB = \begin{pmatrix} 0 & 0 \\ 0 & 0 \end{pmatrix}$, $BA = \begin{pmatrix} -840 & -1008 \\ 700 & 840 \end{pmatrix}$

(2) $AB = \begin{pmatrix} 168 & -392 \\ 72 & -168 \end{pmatrix}$, $BA = \begin{pmatrix} 0 & 0 \\ 0 & 0 \end{pmatrix}$

り，また行ベクトル (x, y) の転置ベクトルは列ベクトル $\begin{pmatrix} x \\ y \end{pmatrix}$ になります．

$$\begin{pmatrix} x \\ y \end{pmatrix}' = (x, y), \quad (x, y)' = \begin{pmatrix} x \\ y \end{pmatrix}$$

単位マトリックス

マトリックスのなかで特異な役割をはたすものがあります．
$$I = \begin{pmatrix} 1 & 0 \\ 0 & 1 \end{pmatrix}$$
というかたちをしたマトリックスです．たとえば

$$\begin{pmatrix} 1 & 0 \\ 0 & 1 \end{pmatrix}\begin{pmatrix} 5 & 8 \\ 7 & 3 \end{pmatrix} = \begin{pmatrix} 1 \times 5 + 0 \times 7 & 1 \times 8 + 0 \times 3 \\ 0 \times 5 + 1 \times 7 & 0 \times 8 + 1 \times 3 \end{pmatrix} = \begin{pmatrix} 5 & 8 \\ 7 & 3 \end{pmatrix}$$

$$\begin{pmatrix} 5 & 8 \\ 7 & 3 \end{pmatrix}\begin{pmatrix} 1 & 0 \\ 0 & 1 \end{pmatrix} = \begin{pmatrix} 5 \times 1 + 8 \times 0 & 5 \times 0 + 8 \times 1 \\ 7 \times 1 + 3 \times 0 & 7 \times 0 + 3 \times 1 \end{pmatrix} = \begin{pmatrix} 5 & 8 \\ 7 & 3 \end{pmatrix}$$

任意のマトリックス A に対して
$$AI = IA = A$$
となります．つまり，マトリックス I は数の 1 と同じ役割をはたしているわけです．

マトリックス I は，英語で Identity Matrix(恒等マトリックス)あるいは Unit Matrix(単位マトリックス)といいます．I は Identity の頭文字をとったものです．

逆マトリックス

数の場合，$a \neq 0$ ならば，$ab = ba = 1$ となるような数 b がかならず存在します．$b = \dfrac{1}{a}$ をとればよいわけです．しかし，マトリックスの場合，$A \neq O$ であっても
$$AB = I \quad \text{あるいは} \quad BA = I$$
をみたすようなマトリックス B が存在するとはかぎりません．たとえば
$$A = \begin{pmatrix} 3 & -2 \\ -6 & 4 \end{pmatrix} \neq O$$
にたいして，$AB = I$ または $BA = I$ となるようなマトリック

ス B は存在しません.そのことは
$$B = \begin{pmatrix} a & b \\ c & d \end{pmatrix}$$
として実際に計算してみれば,すぐに確かめることができます.

つぎのマトリックス A を例にとります.
$$A = \begin{pmatrix} 5 & 2 \\ 4 & 3 \end{pmatrix}$$
ここで,
$$B = \begin{pmatrix} \frac{3}{7} & -\frac{2}{7} \\ -\frac{4}{7} & \frac{5}{7} \end{pmatrix}$$
とすると
$$AB = \begin{pmatrix} 5 & 2 \\ 4 & 3 \end{pmatrix} \begin{pmatrix} \frac{3}{7} & -\frac{2}{7} \\ -\frac{4}{7} & \frac{5}{7} \end{pmatrix}$$
$$= \begin{pmatrix} 5 \times \frac{3}{7} + 2 \times \left(-\frac{4}{7}\right) & 5 \times \left(-\frac{2}{7}\right) + 2 \times \frac{5}{7} \\ 4 \times \frac{3}{7} + 3 \times \left(-\frac{4}{7}\right) & 4 \times \left(-\frac{2}{7}\right) + 3 \times \frac{5}{7} \end{pmatrix}$$
$$= \begin{pmatrix} 1 & 0 \\ 0 & 1 \end{pmatrix} = I$$
同じようにして,
$$BA = \begin{pmatrix} \frac{3}{7} & -\frac{2}{7} \\ -\frac{4}{7} & \frac{5}{7} \end{pmatrix} \begin{pmatrix} 5 & 2 \\ 4 & 3 \end{pmatrix} = \begin{pmatrix} 1 & 0 \\ 0 & 1 \end{pmatrix} = I$$
$$AB = BA = I$$
つまり,上のマトリックス B は与えられたマトリックス A の逆マトリックスになっているわけです.逆マトリックスは,$B = A^{-1}$ という記号であらわします.
$$AA^{-1} = A^{-1}A = I$$
上の例の場合には,

---

20 ページの練習問題(上)の答え
$\begin{pmatrix} 6 & 5 \\ -8 & 0 \end{pmatrix}$, $\begin{pmatrix} 3 & -8 \\ 0 & 0 \end{pmatrix}$, $\begin{pmatrix} 65 & 54 \\ -72 & 36 \end{pmatrix}$,
$\begin{pmatrix} -\frac{5}{7} & \frac{3}{4} \\ -\frac{9}{2} & \frac{6}{5} \end{pmatrix}$, $\begin{pmatrix} 0 & 1 \\ 1 & 0 \end{pmatrix}$, $\begin{pmatrix} 5 & 7 \\ 7 & 3 \end{pmatrix}$

20 ページの練習問題(下)の答え
(1) $\begin{pmatrix} 61 & 16 \\ -11 & 141 \end{pmatrix}$
(2) $\begin{pmatrix} -\frac{317}{150} & \frac{229}{150} \\ \frac{31}{36} & -\frac{23}{36} \end{pmatrix}$

$$\begin{pmatrix} 5 & 2 \\ 4 & 3 \end{pmatrix}^{-1} = \begin{pmatrix} \dfrac{3}{7} & -\dfrac{2}{7} \\ -\dfrac{4}{7} & \dfrac{5}{7} \end{pmatrix}$$

もう1つの例をあげておきましょう．

$$\begin{pmatrix} 7 & 11 \\ 3 & 5 \end{pmatrix}^{-1} = \begin{pmatrix} \dfrac{5}{2} & -\dfrac{11}{2} \\ -\dfrac{3}{2} & \dfrac{7}{2} \end{pmatrix}$$

$$\begin{pmatrix} 7 & 11 \\ 3 & 5 \end{pmatrix} \begin{pmatrix} \dfrac{5}{2} & -\dfrac{11}{2} \\ -\dfrac{3}{2} & \dfrac{7}{2} \end{pmatrix}$$

$$= \begin{pmatrix} 7 \times \dfrac{5}{2} + 11 \times \left(-\dfrac{3}{2}\right) & 7 \times \left(-\dfrac{11}{2}\right) + 11 \times \dfrac{7}{2} \\ 3 \times \dfrac{5}{2} + 5 \times \left(-\dfrac{3}{2}\right) & 3 \times \left(-\dfrac{11}{2}\right) + 5 \times \dfrac{7}{2} \end{pmatrix}$$

$$= \begin{pmatrix} 1 & 0 \\ 0 & 1 \end{pmatrix}$$

$$\begin{pmatrix} \dfrac{5}{2} & -\dfrac{11}{2} \\ -\dfrac{3}{2} & \dfrac{7}{2} \end{pmatrix} \begin{pmatrix} 7 & 11 \\ 3 & 5 \end{pmatrix}$$

$$= \begin{pmatrix} \dfrac{5}{2} \times 7 + \left(-\dfrac{11}{2}\right) \times 3 & \dfrac{5}{2} \times 11 + \left(-\dfrac{11}{2}\right) \times 5 \\ \left(-\dfrac{3}{2}\right) \times 7 + \dfrac{7}{2} \times 3 & \left(-\dfrac{3}{2}\right) \times 11 + \dfrac{7}{2} \times 5 \end{pmatrix}$$

$$= \begin{pmatrix} 1 & 0 \\ 0 & 1 \end{pmatrix}$$

単位マトリックス I の逆は，I 自身だということはすぐわかります．

$$I^{-1} = I$$

また，$\lambda I = \begin{pmatrix} \lambda & 0 \\ 0 & \lambda \end{pmatrix}$ $(\lambda \neq 0)$ について，

$$(\lambda I)^{-1} = \lambda^{-1} I = \begin{pmatrix} \frac{1}{\lambda} & 0 \\ 0 & \frac{1}{\lambda} \end{pmatrix}$$

つぎに，逆マトリックスを計算する一般的な方法を説明することにしましょう．さきに例としてあげたマトリックスを取り上げます．

$$A = \begin{pmatrix} 5 & 2 \\ 4 & 3 \end{pmatrix}$$

このマトリックス A に対して，$(1,1)$ 成分と $(2,2)$ 成分とを交換し，$(1,2)$ 成分，$(2,1)$ 成分にそれぞれマイナス（−）を付けたマトリックスを B であらわします．

$$B = \begin{pmatrix} 3 & -2 \\ -4 & 5 \end{pmatrix}$$

$$AB = \begin{pmatrix} 5 & 2 \\ 4 & 3 \end{pmatrix} \begin{pmatrix} 3 & -2 \\ -4 & 5 \end{pmatrix}$$

$$= \begin{pmatrix} 5\times3+2\times(-4) & 5\times(-2)+2\times5 \\ 4\times3+3\times(-4) & 4\times(-2)+3\times5 \end{pmatrix}$$

$$= \begin{pmatrix} 7 & 0 \\ 0 & 7 \end{pmatrix} = 7 \begin{pmatrix} 1 & 0 \\ 0 & 1 \end{pmatrix} = 7I$$

$$A^{-1} = \frac{1}{7} B = \frac{1}{7} \begin{pmatrix} 3 & -2 \\ -4 & 5 \end{pmatrix} = \begin{pmatrix} \frac{3}{7} & -\frac{2}{7} \\ -\frac{4}{7} & \frac{5}{7} \end{pmatrix}$$

ここで，$7=5\times3-2\times4$ という数は重要な役割をはたします．マトリックス A の $(1,1)$ 成分と $(2,2)$ 成分との積から $(1,2)$ 成分と $(2,1)$ 成分との積を引いたもので，マトリックス A の行列式といい，$\varDelta(A)$ あるいは $|A|$ という記号であらわします．

$$\varDelta(A) = \begin{vmatrix} 5 & 2 \\ 4 & 3 \end{vmatrix} = 5\times3-2\times4 = 7$$

上にあげたもう 1 つの例について，同じような計算をします．

$$A = \begin{pmatrix} 7 & 11 \\ 3 & 5 \end{pmatrix}, \quad B = \begin{pmatrix} 5 & -11 \\ -3 & 7 \end{pmatrix}$$

$$AB = \begin{pmatrix} 7 & 11 \\ 3 & 5 \end{pmatrix} \begin{pmatrix} 5 & -11 \\ -3 & 7 \end{pmatrix}$$

$$= \begin{pmatrix} 7\times 5+11\times(-3) & 7\times(-11)+11\times 7 \\ 3\times 5+5\times(-3) & 3\times(-11)+5\times 7 \end{pmatrix}$$

$$= 2\begin{pmatrix} 1 & 0 \\ 0 & 1 \end{pmatrix} = 2I$$

$$BA = \begin{pmatrix} 5 & -11 \\ -3 & 7 \end{pmatrix}\begin{pmatrix} 7 & 11 \\ 3 & 5 \end{pmatrix}$$

$$= \begin{pmatrix} 5\times 7-11\times 3 & 5\times 11-11\times 5 \\ -3\times 7+7\times 3 & -3\times 11+7\times 5 \end{pmatrix} = 2\begin{pmatrix} 1 & 0 \\ 0 & 1 \end{pmatrix} = 2I$$

$$\begin{pmatrix} 7 & 11 \\ 3 & 5 \end{pmatrix}^{-1} = \frac{1}{2}\begin{pmatrix} 5 & -11 \\ -3 & 7 \end{pmatrix} = \begin{pmatrix} \frac{5}{2} & -\frac{11}{2} \\ -\frac{3}{2} & \frac{7}{2} \end{pmatrix}$$

$$\varDelta(A) = \begin{vmatrix} 7 & 11 \\ 3 & 5 \end{vmatrix} = 7\times 5-11\times 3 = 2$$

練習問題 つぎのマトリックスについて，逆マトリックスと行列式の値を求めなさい．

$$\begin{pmatrix} 2 & 9 \\ -5 & -3 \end{pmatrix}, \quad \begin{pmatrix} \frac{1}{2} & -\frac{1}{2} \\ -\frac{5}{2} & \frac{3}{2} \end{pmatrix}, \quad \begin{pmatrix} 0.4 & -0.7 \\ 0.3 & 0.2 \end{pmatrix},$$

$$\begin{pmatrix} 1 & 0 \\ 0 & 1 \end{pmatrix}, \quad \begin{pmatrix} 0 & 1 \\ 1 & 0 \end{pmatrix}, \quad \begin{pmatrix} 3 & -2 \\ -6 & 4 \end{pmatrix}$$

例に使ったマトリックスについて

$$A = \begin{pmatrix} 5 & 2 \\ 4 & 3 \end{pmatrix}, \quad A^{-1} = \begin{pmatrix} \frac{3}{7} & -\frac{2}{7} \\ -\frac{4}{7} & \frac{5}{7} \end{pmatrix}$$

$$\varDelta(A) = \begin{vmatrix} 5 & 2 \\ 4 & 3 \end{vmatrix} = 5\times 3-2\times 4 = 7,$$

$$\varDelta(A^{-1}) = \begin{vmatrix} \frac{3}{7} & -\frac{2}{7} \\ -\frac{4}{7} & \frac{5}{7} \end{vmatrix} = \frac{3}{7}\times\frac{5}{7}-\left(-\frac{2}{7}\right)\times\left(-\frac{4}{7}\right) = \frac{1}{7}$$

$$\Delta(A^{-1}) = \frac{1}{\Delta(A)}$$

行列式の計算

つぎの 2 つのマトリックス A, B を考えます．
$$A = \begin{pmatrix} 5 & 2 \\ 4 & 3 \end{pmatrix}, \quad B = \begin{pmatrix} 7 & 11 \\ 3 & 5 \end{pmatrix}$$

$$AB = \begin{pmatrix} 5 & 2 \\ 4 & 3 \end{pmatrix}\begin{pmatrix} 7 & 11 \\ 3 & 5 \end{pmatrix}$$
$$= \begin{pmatrix} 5\times 7 + 2\times 3 & 5\times 11 + 2\times 5 \\ 4\times 7 + 3\times 3 & 4\times 11 + 3\times 5 \end{pmatrix} = \begin{pmatrix} 41 & 65 \\ 37 & 59 \end{pmatrix}$$

A, B, AB の行列式を計算すれば
$$\Delta(A) = \begin{vmatrix} 5 & 2 \\ 4 & 3 \end{vmatrix} = 7, \; \Delta(B) = \begin{vmatrix} 7 & 11 \\ 3 & 5 \end{vmatrix} = 2,$$
$$\Delta(AB) = \begin{vmatrix} 41 & 65 \\ 37 & 59 \end{vmatrix} = 14 \;\Rightarrow\; \Delta(AB) = \Delta(A)\Delta(B)$$

これまでの計算をもっと一般化して，つぎのような公式を求めることができます．

一般的なかたちをしたマトリックス A を考えます．
$$A = \begin{pmatrix} a & b \\ c & d \end{pmatrix}$$

マトリックス A の行列式は
$$\Delta(A) = \begin{vmatrix} a & b \\ c & d \end{vmatrix} = ad - bc$$

によって与えられます．$\Delta(A) \neq 0$ のとき，A の逆マトリックス A^{-1} が存在し，つぎのようにあらわされます．
$$A^{-1} = \frac{1}{\Delta(A)}\begin{pmatrix} d & -b \\ -c & a \end{pmatrix}$$

証明
$$\begin{pmatrix} a & b \\ c & d \end{pmatrix}\begin{pmatrix} d & -b \\ -c & a \end{pmatrix}$$
$$= \begin{pmatrix} a\times d + b\times(-c) & a\times(-b) + b\times a \\ c\times d + d\times(-c) & c\times(-b) + d\times a \end{pmatrix}$$
$$= \begin{pmatrix} ad-bc & 0 \\ 0 & ad-bc \end{pmatrix} = \Delta(A)\begin{pmatrix} 1 & 0 \\ 0 & 1 \end{pmatrix}$$

25 ページの練習問題の答え
$\begin{pmatrix} -\frac{1}{13} & -\frac{3}{13} \\ \frac{5}{39} & \frac{2}{39} \end{pmatrix}$, 39; $\begin{pmatrix} -3 & -1 \\ -5 & -1 \end{pmatrix}$,

$-\frac{1}{2}$; $\begin{pmatrix} \frac{200}{29} & \frac{700}{29} \\ -\frac{300}{29} & \frac{400}{29} \end{pmatrix}$, 0.29; $\begin{pmatrix} 1 & 0 \\ 0 & 1 \end{pmatrix}$,

1; $\begin{pmatrix} 0 & 1 \\ 1 & 0 \end{pmatrix}$, -1; 存在しない, 0

$$\begin{pmatrix} a & b \\ c & d \end{pmatrix} \begin{pmatrix} \dfrac{d}{\Delta(A)} & -\dfrac{b}{\Delta(A)} \\ -\dfrac{c}{\Delta(A)} & \dfrac{a}{\Delta(A)} \end{pmatrix} = \begin{pmatrix} 1 & 0 \\ 0 & 1 \end{pmatrix}$$

Q. E. D.

つぎの公式が得られます．

$$\Delta(I) = \begin{vmatrix} 1 & 0 \\ 0 & 1 \end{vmatrix} = 1, \quad \Delta(A^{-1}) = \frac{1}{\Delta(A)}$$

証明　$\Delta(I) = \begin{vmatrix} 1 & 0 \\ 0 & 1 \end{vmatrix} = 1 \times 1 - 0 \times 0 = 1$

$$\Delta(A^{-1}) = \begin{vmatrix} \dfrac{d}{\Delta(A)} & -\dfrac{b}{\Delta(A)} \\ -\dfrac{c}{\Delta(A)} & \dfrac{a}{\Delta(A)} \end{vmatrix}$$

$$= \frac{d}{\Delta(A)} \frac{a}{\Delta(A)} - \left(-\frac{c}{\Delta(A)}\right)\left(-\frac{b}{\Delta(A)}\right)$$

$$= \frac{ad-bc}{\Delta(A)^2} = \frac{1}{\Delta(A)}$$

Q. E. D.

さらに，つぎの公式を求めることができます．

$$\Delta(AB) = \Delta(A)\Delta(B)$$

証明　$A = \begin{pmatrix} a & b \\ c & d \end{pmatrix}, B = \begin{pmatrix} \alpha & \beta \\ \gamma & \delta \end{pmatrix}$ とすれば

$$\Delta(A) = \begin{vmatrix} a & b \\ c & d \end{vmatrix} = ad - bc, \quad \Delta(B) = \begin{vmatrix} \alpha & \beta \\ \gamma & \delta \end{vmatrix} = \alpha\delta - \beta\gamma$$

$$AB = \begin{pmatrix} a & b \\ c & d \end{pmatrix} \begin{pmatrix} \alpha & \beta \\ \gamma & \delta \end{pmatrix} = \begin{pmatrix} a\alpha + b\gamma & a\beta + b\delta \\ c\alpha + d\gamma & c\beta + d\delta \end{pmatrix}$$

$$\Delta(AB) = \begin{vmatrix} a\alpha + b\gamma & a\beta + b\delta \\ c\alpha + d\gamma & c\beta + d\delta \end{vmatrix}$$

$$= (a\alpha + b\gamma)(c\beta + d\delta) - (a\beta + b\delta)(c\alpha + d\gamma)$$

$$= (ad - bc)(\alpha\delta - \beta\gamma) = \Delta(A)\Delta(B)$$

Q. E. D.

2つのマトリックス A, B の積 AB の逆マトリックス $(AB)^{-1}$ を計算してみましょう．つぎの例を取り上げます．

$$A = \begin{pmatrix} 5 & 2 \\ 4 & 3 \end{pmatrix}, \quad B = \begin{pmatrix} 7 & 11 \\ 3 & 5 \end{pmatrix},$$

$$AB = \begin{pmatrix} 5 & 2 \\ 4 & 3 \end{pmatrix}\begin{pmatrix} 7 & 11 \\ 3 & 5 \end{pmatrix} = \begin{pmatrix} 41 & 65 \\ 37 & 59 \end{pmatrix}$$

$$\Delta(A) = 7, \quad \Delta(B) = 2, \quad \Delta(AB) = \Delta(A)\Delta(B) = 14$$

$$(AB)^{-1} = \frac{1}{14}\begin{pmatrix} 59 & -65 \\ -37 & 41 \end{pmatrix}$$

一方,

$$A^{-1} = \begin{pmatrix} 5 & 2 \\ 4 & 3 \end{pmatrix}^{-1} = \frac{1}{7}\begin{pmatrix} 3 & -2 \\ -4 & 5 \end{pmatrix},$$

$$B^{-1} = \begin{pmatrix} 7 & 11 \\ 3 & 5 \end{pmatrix}^{-1} = \frac{1}{2}\begin{pmatrix} 5 & -11 \\ -3 & 7 \end{pmatrix}$$

$$A^{-1}B^{-1} = \frac{1}{7}\begin{pmatrix} 3 & -2 \\ -4 & 5 \end{pmatrix} \times \frac{1}{2}\begin{pmatrix} 5 & -11 \\ -3 & 7 \end{pmatrix}$$

$$= \frac{1}{14}\begin{pmatrix} 21 & -47 \\ -35 & 79 \end{pmatrix}$$

したがって,

$$(AB)^{-1} \neq A^{-1}B^{-1}$$

ところが,

$$B^{-1}A^{-1} = \frac{1}{2}\begin{pmatrix} 5 & -11 \\ -3 & 7 \end{pmatrix} \times \frac{1}{7}\begin{pmatrix} 3 & -2 \\ -4 & 5 \end{pmatrix}$$

$$= \frac{1}{14}\begin{pmatrix} 59 & -65 \\ -37 & 41 \end{pmatrix} = (AB)^{-1}$$

$$(AB)^{-1} = B^{-1}A^{-1}$$

この関係は, 一般に成立します.

命題 2つのマトリックス A, B の逆マトリックス A^{-1}, B^{-1} が存在すれば, AB の逆マトリックス $(AB)^{-1}$ もかならず存在して

$$(AB)^{-1} = B^{-1}A^{-1}$$

証明 $(B^{-1}A^{-1})(AB) = B^{-1}(A^{-1}A)B = B^{-1}IB = B^{-1}B = I \Rightarrow B^{-1}A^{-1} = (AB)^{-1}$. Q. E. D.

練習問題 つぎの関係式が成り立つことを証明しなさい.

(1) $(AB)(B^{-1}A^{-1}) = I$ (2) $(A^{-1})^{-1} = A$

ヒント
上の命題の証明と同様にすればよい.

行列式の幾何学的意味

行列式の幾何学的意味を明らかにするために，例のマトリックスを考えます．

$$A = \begin{pmatrix} 5 & 2 \\ 4 & 3 \end{pmatrix}$$

マトリックス A であらわされる線形変換によって，2つの単位ベクトル $\begin{pmatrix} 1 \\ 0 \end{pmatrix}, \begin{pmatrix} 0 \\ 1 \end{pmatrix}$ の写像はそれぞれ，マトリックス A の第1列，第2列になります．

$$A\begin{pmatrix} 1 \\ 0 \end{pmatrix} = \begin{pmatrix} 5 & 2 \\ 4 & 3 \end{pmatrix}\begin{pmatrix} 1 \\ 0 \end{pmatrix} = \begin{pmatrix} 5 \\ 4 \end{pmatrix},$$

$$A\begin{pmatrix} 0 \\ 1 \end{pmatrix} = \begin{pmatrix} 5 & 2 \\ 4 & 3 \end{pmatrix}\begin{pmatrix} 0 \\ 1 \end{pmatrix} = \begin{pmatrix} 2 \\ 3 \end{pmatrix}$$

2つのベクトル $\begin{pmatrix} 5 \\ 4 \end{pmatrix}, \begin{pmatrix} 2 \\ 3 \end{pmatrix}$ を2辺とする平行四辺形 □OACB をつくります．点 O, A, B, C は図 1-2-1 に表示されている通りです．

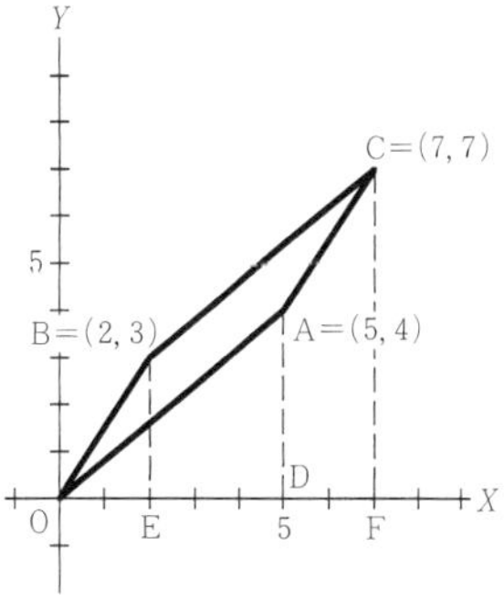

命題 □OACB の面積は，マトリックス A の行列式 $\varDelta(A)$ に等しくなる．

計算 A, B, C から X 軸に下ろした垂線の足をそれぞれ D, E, F とすると，□OACB の面積 [□OACB] はつぎのようにあらわすことができます．

[□OACB] = [△BOE] + [□BEFC] − [△AOD] − [□ADFC]

ところが，

$$[\triangle \text{BOE}] = \frac{1}{2} \times 2 \times 3 = 3,$$

$$[\square \text{BEFC}] = \frac{1}{2} \times (7-2) \times (3+7) = 25,$$

$$[\triangle \text{AOD}] = \frac{1}{2} \times 5 \times 4 = 10,$$

$$[\square \text{ADFC}] = \frac{1}{2} \times (7-5) \times (4+7) = 11$$

したがって，

$$[\square \text{OACB}] = 3 + 25 - 10 - 11 = 7$$

図 1-2-1

他方，マトリックス A の行列式は，$\Delta(A) = 5 \times 3 - 2 \times 4 = 7$.
ゆえに，
$$[\square \text{OACB}] = \Delta(A) \qquad \text{Q. E. D.}$$

もう1つの例の場合について，上の命題が正しいことを見てみましょう．
$$A = \begin{pmatrix} 5 & 2 \\ -3 & 7 \end{pmatrix}$$

計算 2つの列ベクトル $\begin{pmatrix} 5 \\ -3 \end{pmatrix}, \begin{pmatrix} 2 \\ 7 \end{pmatrix}$ を2辺とする平行四辺形を $\square$OACB とし，A, B, C から X 軸に下ろした垂線の足をそれぞれ D, E, F とし，A を通り X 軸に平行な直線が CF の延長と交わる点を G とすれば

$$\begin{aligned}
[\square \text{OACB}] &= [\triangle \text{BOE}] + [\square \text{BEFC}] + [\triangle \text{AOD}] \\
&\quad + [\square \text{ADFG}] - [\triangle \text{AGC}] \\
&= \frac{1}{2} \times 2 \times 7 + \frac{1}{2} \times (7-2) \times (7+4) \\
&\quad + \frac{1}{2} \times 5 \times 3 + (7-5) \times 3 \\
&\quad - \frac{1}{2} \times (7-5) \times (4+3) \\
&= 7 + \frac{55}{2} + \frac{15}{2} + 6 - 7 = 41
\end{aligned}$$

他方，$\Delta(A) = 5 \times 7 - 2 \times (-3) = 41 \Rightarrow [\square \text{OACB}] = \Delta(A)$.
Q. E. D.

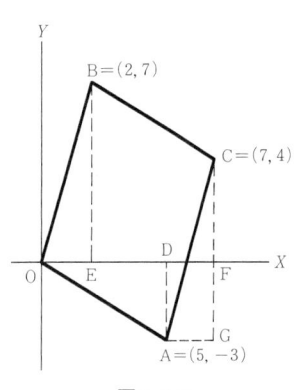

図 1-2-2

上の命題は，どんなマトリックスについても成り立ちます．

定理 マトリックス $A = \begin{pmatrix} a & b \\ c & d \end{pmatrix}$ の2つの列ベクトル $\begin{pmatrix} a \\ c \end{pmatrix}$, $\begin{pmatrix} b \\ d \end{pmatrix}$ を2辺とする平行四辺形 $\square$OACB の面積は行列式 $\Delta(A)$ の値に等しい．
$$[\square \text{OACB}] = \Delta(A)$$

証明 A, B, C から X 軸に下ろした垂線の足をそれぞれ D, E, F とすると，$[\square \text{OACB}]$ はつぎのようにあらわすことができます．

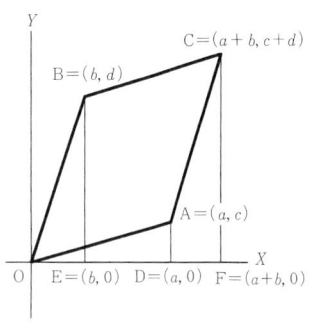

図 1-2-3

$$[\square \mathrm{OACB}] = [\triangle \mathrm{BOE}] + [\square \mathrm{BEFC}] - [\triangle \mathrm{AOD}] - [\square \mathrm{ADFC}]$$
$$= \frac{1}{2}bd + \frac{1}{2}a(c+2d) - \frac{1}{2}ac - \frac{1}{2}b(2c+d)$$
$$= ad - bc$$
$$\varDelta(A) = ad - bc$$

$[\square \mathrm{OACB}], [\triangle \mathrm{BOE}], [\square \mathrm{BEFC}], [\triangle \mathrm{AOD}], [\square \mathrm{ADFC}]$ のなかで負数になるものが出てくることがありますが,符号を考慮に入れて,$[\square \mathrm{OACB}] = \varDelta(A)$ が成り立つことがわかります。   Q. E. D.

上の定理が適用されるもっともかんたんな場合はつぎの単位マトリックスです.

$$I = \begin{pmatrix} 1 & 0 \\ 0 & 1 \end{pmatrix}, \quad \varDelta(I) = 1$$

単位マトリックス I を構成する列ベクトルは $\begin{pmatrix} 1 \\ 0 \end{pmatrix}, \begin{pmatrix} 0 \\ 1 \end{pmatrix}$ だから,この2つのベクトルを2辺とする平行四辺形は,図1-2-4 に示されているように,1辺の長さが1の正方形で,その面積は,$1 \times 1 = 1$.

ところが,単位マトリックス I の,列ベクトルの順序を変えて,つぎのようなマトリックスをつくってみます.

$$A = \begin{pmatrix} 0 & 1 \\ 1 & 0 \end{pmatrix}$$

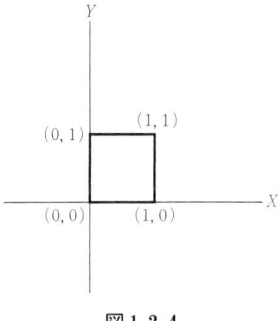

図1-2-4

このマトリックス A の行列式は $\varDelta(A) = -1$. 他方, マトリックス A を構成する列ベクトルは $\begin{pmatrix} 0 \\ 1 \end{pmatrix}, \begin{pmatrix} 1 \\ 0 \end{pmatrix}$ ですから,この2つのベクトルを2辺とする平行四辺形は,単位ベクトル I の場合と同じように,1辺の長さが1の正方形で,その面積は1です.

この違いは2つの列ベクトルの順序の違いによります. 単位マトリックス $I = \begin{pmatrix} 1 & 0 \\ 0 & 1 \end{pmatrix}$ の場合,第1列のベクトル $\begin{pmatrix} 1 \\ 0 \end{pmatrix}$ から第2列のベクトル $\begin{pmatrix} 0 \\ 1 \end{pmatrix}$ への向きは,時計の針とは逆の方向に動きます. このとき,2つのベクトルを2辺とする平行四辺形の面積は正であると考えます. 他方, マトリックス

$A = \begin{pmatrix} 0 & 1 \\ 1 & 0 \end{pmatrix}$ の場合, 第 1 列のベクトル $\begin{pmatrix} 0 \\ 1 \end{pmatrix}$ から第 2 列のベクトル $\begin{pmatrix} 1 \\ 0 \end{pmatrix}$ に回るとき, 時計の針と同じ方向に動きます. このとき, 2 つのベクトルを 2 辺とする平行四辺形の面積は負であると約束します.

マトリックス A の 2 つの列ベクトル $\begin{pmatrix} 0 \\ 1 \end{pmatrix}, \begin{pmatrix} 1 \\ 0 \end{pmatrix}$ を 2 辺とする平行四辺形の面積については, -1 となって, 行列式の値と一致することになるわけです.

練習問題 つぎの各マトリックスについて, 2 つの列ベクトルを 2 辺とする平行四辺形の面積(符号の付いた)が行列式と等しくなることを計算してたしかめなさい.

$$\begin{pmatrix} -3 & 2 \\ 7 & 9 \end{pmatrix}, \quad \begin{pmatrix} 12 & -35 \\ 17 & -25 \end{pmatrix}, \quad \begin{pmatrix} 1.2 & 3.6 \\ 0.8 & -0.9 \end{pmatrix},$$

$$\begin{pmatrix} 0 & -3 \\ -4 & 0 \end{pmatrix}, \quad \begin{pmatrix} \frac{5}{6} & -\frac{4}{5} \\ -\frac{7}{6} & \frac{3}{5} \end{pmatrix}, \quad \begin{pmatrix} 3 & 6 \\ 2 & 4 \end{pmatrix}$$

上の練習問題のなかで, 最後の問題はこれまでとだいぶ事情が違います.

$$A = \begin{pmatrix} 3 & 6 \\ 2 & 4 \end{pmatrix}, \quad \varDelta(A) = 12 - 12 = 0$$

このとき, $\begin{pmatrix} 6 \\ 4 \end{pmatrix} = 2 \begin{pmatrix} 3 \\ 2 \end{pmatrix}$ だから, マトリックス A の 2 つの列ベクトル $\begin{pmatrix} 3 \\ 2 \end{pmatrix}, \begin{pmatrix} 6 \\ 4 \end{pmatrix}$ を 2 辺とする平行四辺形の面積は 0 となります. 線形変換 A によって, (X, Y) 平面上のすべての点が, 原点と $(3, 2)$ をむすぶ直線上に写像されます. すべてのベクトル $\begin{pmatrix} x \\ y \end{pmatrix}$ が $\begin{pmatrix} 3 \\ 2 \end{pmatrix}$ の何倍かのベクトルに写像されることを意味します. このことは, つぎの計算から明らかです.

$$\begin{pmatrix} x' \\ y' \end{pmatrix} = \begin{pmatrix} 3 & 6 \\ 2 & 4 \end{pmatrix} \begin{pmatrix} x \\ y \end{pmatrix} = \begin{pmatrix} 3x + 6y \\ 2x + 4y \end{pmatrix} = \begin{pmatrix} 3(x + 2y) \\ 2(x + 2y) \end{pmatrix} = \lambda \begin{pmatrix} 3 \\ 2 \end{pmatrix}$$

ゼロ・マトリックス $O = \begin{pmatrix} 0 & 0 \\ 0 & 0 \end{pmatrix}$ については，もっと極端 ($\lambda = x + 2y$) です．

$$\begin{pmatrix} 0 & 0 \\ 0 & 0 \end{pmatrix} \begin{pmatrix} x \\ y \end{pmatrix} = \begin{pmatrix} 0 \\ 0 \end{pmatrix}$$

(X, Y) 平面上のすべての点がゼロ・ベクトル $0 = \begin{pmatrix} 0 \\ 0 \end{pmatrix}$ に写像されてしまうわけです．ここでゼロ・ベクトルにもふつうの数の 0 と同じ記号を使いましたが，混乱はないと思います．

3

連立二元一次方程式をマトリックスで解く

さて，一番はじめに取り上げた連立二元一次方程式にもどりましょう．

$$\begin{cases} 5x + 2y = 16 \\ 4x + 3y = 17 \end{cases}$$

この連立二元一次方程式をマトリックスであらわすと，つぎのようになります．

$$\begin{pmatrix} 5 & 2 \\ 4 & 3 \end{pmatrix} \begin{pmatrix} x \\ y \end{pmatrix} = \begin{pmatrix} 16 \\ 17 \end{pmatrix}$$

左辺のマトリックスを A とすると

$$A \begin{pmatrix} x \\ y \end{pmatrix} = \begin{pmatrix} 16 \\ 17 \end{pmatrix}, \quad A = \begin{pmatrix} 5 & 2 \\ 4 & 3 \end{pmatrix}$$

A の逆マトリックス A^{-1} を，この方程式の両辺に左側から掛ければ

$$A^{-1} A \begin{pmatrix} x \\ y \end{pmatrix} = A^{-1} \begin{pmatrix} 16 \\ 17 \end{pmatrix} \Rightarrow \begin{pmatrix} x \\ y \end{pmatrix} = A^{-1} \begin{pmatrix} 16 \\ 17 \end{pmatrix}$$

$$A^{-1} = \begin{pmatrix} 5 & 2 \\ 4 & 3 \end{pmatrix}^{-1} = \begin{pmatrix} \dfrac{3}{7} & -\dfrac{2}{7} \\ -\dfrac{4}{7} & \dfrac{5}{7} \end{pmatrix}$$

$$\begin{pmatrix} x \\ y \end{pmatrix} = \begin{pmatrix} \frac{3}{7} & -\frac{2}{7} \\ -\frac{4}{7} & \frac{5}{7} \end{pmatrix} \begin{pmatrix} 16 \\ 17 \end{pmatrix} = \begin{pmatrix} \frac{3}{7} \times 16 + \left(-\frac{2}{7}\right) \times 17 \\ \left(-\frac{4}{7}\right) \times 16 + \frac{5}{7} \times 17 \end{pmatrix}$$

$$= \begin{pmatrix} 2 \\ 3 \end{pmatrix}$$

このベクトルを上の連立二元一次方程式に代入すれば

$$A \begin{pmatrix} x \\ y \end{pmatrix} = \begin{pmatrix} 5 & 2 \\ 4 & 3 \end{pmatrix} \begin{pmatrix} 2 \\ 3 \end{pmatrix} = \begin{pmatrix} 5 \times 2 + 2 \times 3 \\ 4 \times 2 + 3 \times 3 \end{pmatrix} = \begin{pmatrix} 16 \\ 17 \end{pmatrix}$$

このようにして,マトリックスを使うと,連立二元一次方程式をかんたんに解くことができるわけです.

マトリックスを使って,もう1つの連立二元一次方程式を解いてみます.

$$\begin{cases} 7x - 3y = 15 \\ -5x + 6y = 20 \end{cases}$$

この連立二元一次方程式をマトリックスで表現すれば

$$A \begin{pmatrix} x \\ y \end{pmatrix} = \begin{pmatrix} 15 \\ 20 \end{pmatrix}, \quad A = \begin{pmatrix} 7 & -3 \\ -5 & 6 \end{pmatrix}$$

$$\Delta(A) = 7 \times 6 - (-3) \times (-5) = 27, \quad A^{-1} = \frac{1}{27} \begin{pmatrix} 6 & 3 \\ 5 & 7 \end{pmatrix}$$

$$\begin{pmatrix} x \\ y \end{pmatrix} = \begin{pmatrix} 7 & -3 \\ -5 & 6 \end{pmatrix}^{-1} \begin{pmatrix} 15 \\ 20 \end{pmatrix} = \frac{1}{27} \begin{pmatrix} 6 & 3 \\ 5 & 7 \end{pmatrix} \begin{pmatrix} 15 \\ 20 \end{pmatrix}$$

$$= \frac{1}{27} \begin{pmatrix} 6 \times 15 + 3 \times 20 \\ 5 \times 15 + 7 \times 20 \end{pmatrix} = \begin{pmatrix} \frac{150}{27} \\ \frac{215}{27} \end{pmatrix}$$

このベクトルを上の連立二元一次方程式に代入すれば

$$\begin{pmatrix} 7 & -3 \\ -5 & 6 \end{pmatrix} \begin{pmatrix} \frac{150}{27} \\ \frac{215}{27} \end{pmatrix} = \frac{1}{27} \begin{pmatrix} 7 \times 150 + (-3) \times 215 \\ (-5) \times 150 + 6 \times 215 \end{pmatrix}$$

$$= \frac{1}{27} \begin{pmatrix} 405 \\ 540 \end{pmatrix} = \begin{pmatrix} 15 \\ 20 \end{pmatrix}$$

練習問題 つぎの連立二元一次方程式をマトリックスを使って解きなさい.

32ページの練習問題の答え

$-41, \ 295, \ -3.96, \ -12, \ -\dfrac{13}{30}, \ 0$

(1) $\begin{cases} 3x+5y=8 \\ 5x+9y=12 \end{cases}$
(2) $\begin{cases} -4x+7y=2 \\ 5x-9y=1 \end{cases}$

(3) $\begin{cases} 32x-15y=19 \\ -25x+32y=46 \end{cases}$
(4) $\begin{cases} \dfrac{3}{5}x-\dfrac{1}{6}y=1 \\ -\dfrac{2}{5}x+\dfrac{5}{6}y=1 \end{cases}$

(5) $\begin{cases} 20x-8y=12 \\ -5x+2y=-3 \end{cases}$
(6) $\begin{cases} 5x+3y=12 \\ 10x+6y=6 \end{cases}$

連立二元一次方程式の解の公式

第1巻『方程式を解く―代数』で,連立二元一次方程式の解にかんするクラーメルの公式を導き出しました. $\mathit{\Delta}(A)=ad-bc\neq 0$ のとき

$$\begin{cases} ax+by=m \\ cx+dy=n \end{cases}$$

$$x=\frac{dm-bn}{ad-bc}, \quad y=\frac{-cm+an}{ad-bc}$$

クラーメルの公式はマトリックスを使うと,かんたんに導き出すことができます.

$$\begin{pmatrix} x \\ y \end{pmatrix} = \begin{pmatrix} a & b \\ c & d \end{pmatrix}^{-1} \begin{pmatrix} m \\ n \end{pmatrix} = \frac{1}{ad-bc}\begin{pmatrix} d & -b \\ -c & a \end{pmatrix}\begin{pmatrix} m \\ n \end{pmatrix}$$

$$= \begin{pmatrix} \dfrac{dm-bn}{ad-bc} \\ \dfrac{-cm+an}{ad-bc} \end{pmatrix}$$

これまで,連立二元一次方程式を解くとき, $\mathit{\Delta}(A)=ad-bc\neq 0$ という条件を仮定してきました. $\mathit{\Delta}(A)=ad-bc=0$ の場合はどうなるでしょうか.

$A=O$ のときは,上の連立二元一次方程式に解が存在するのは, $\begin{pmatrix} m \\ n \end{pmatrix} = \begin{pmatrix} 0 \\ 0 \end{pmatrix}$ のときにかぎります.

$A\neq O$, $\mathit{\Delta}(A)=0$ の場合を考えてみましょう. $A\neq O$ のとき,マトリックス A の2つの列ベクトル $\begin{pmatrix} a \\ c \end{pmatrix}$, $\begin{pmatrix} b \\ d \end{pmatrix}$ のうち,

$\begin{pmatrix} 0 \\ 0 \end{pmatrix}$ でないものがあります．たとえば，$\begin{pmatrix} a \\ c \end{pmatrix} \neq \begin{pmatrix} 0 \\ 0 \end{pmatrix}$ としま
す．

$$\Delta(A) = ad - bc = 0 \Rightarrow b:a = d:c \Rightarrow \begin{pmatrix} b \\ d \end{pmatrix} = t \begin{pmatrix} a \\ c \end{pmatrix}$$

$$A\begin{pmatrix} x \\ y \end{pmatrix} = \begin{pmatrix} a & b \\ c & d \end{pmatrix}\begin{pmatrix} x \\ y \end{pmatrix} = \begin{pmatrix} a & ta \\ c & tc \end{pmatrix}\begin{pmatrix} x \\ y \end{pmatrix} = \lambda \begin{pmatrix} a \\ c \end{pmatrix}$$
$$(\lambda = x + ty)$$

したがって，上の連立二元一次方程式の解 $\begin{pmatrix} x \\ y \end{pmatrix}$ が存在したとすれば

$$\begin{pmatrix} m \\ n \end{pmatrix} = \lambda \begin{pmatrix} a \\ c \end{pmatrix} \quad (\lambda \text{ は任意の数})$$

逆に，$\begin{pmatrix} m \\ n \end{pmatrix} = \lambda \begin{pmatrix} a \\ c \end{pmatrix}$ のとき，$\begin{pmatrix} x \\ y \end{pmatrix} = \begin{pmatrix} \lambda - t \\ 1 \end{pmatrix}$ とすれば

$$A\begin{pmatrix} \lambda - t \\ 1 \end{pmatrix} = \begin{pmatrix} a & ta \\ c & tc \end{pmatrix}\begin{pmatrix} \lambda - t \\ 1 \end{pmatrix} = \lambda \begin{pmatrix} a \\ c \end{pmatrix}$$

すなわち，$\begin{pmatrix} x \\ y \end{pmatrix} = \begin{pmatrix} \lambda - t \\ 1 \end{pmatrix}$ は上の連立二元一次方程式の解となります．このとき，XY 平面全体の A による写像が $\begin{pmatrix} a \\ c \end{pmatrix}$ を通る直線となるわけです．

ルネ・デカルト

34 ページの練習問題の答え
(1) $\begin{pmatrix} x \\ y \end{pmatrix} = \begin{pmatrix} 3 & 5 \\ 5 & 9 \end{pmatrix}^{-1} \begin{pmatrix} 8 \\ 12 \end{pmatrix} = \begin{pmatrix} \frac{9}{2} & -\frac{5}{2} \\ -\frac{5}{2} & \frac{3}{2} \end{pmatrix}\begin{pmatrix} 8 \\ 12 \end{pmatrix} = \begin{pmatrix} 6 \\ -2 \end{pmatrix}$．以下同じようにして計算する．(2) $\begin{pmatrix} -25 \\ -14 \end{pmatrix}$
(3) $\begin{pmatrix} 2 \\ 3 \end{pmatrix}$ (4) $\begin{pmatrix} \frac{30}{13} \\ \frac{30}{13} \end{pmatrix}$ (5) 解が無数に存在する (6) 解が存在しない

座標（正確には，直交座標）の考え方をはじめて使ったのはデカルトだということはさきにふれました．未知数を x, y, z であらわしたのも，デカルトが最初だったといわれています．線形代数の基礎をつくった数学者の 1 人が，ルネ・デカルトです．デカルトは数学者というよりはむしろ，哲学者として知られています．もっとも，ある時代までは，数学者と哲学者とは区別がつきませんでした．タレスは哲学の祖といわれていますし，プラトンは，師ソクラテスとならんで，史上最高の哲学者といわれていることは第 2 巻でもふれました．
「われ思う，ゆえにわれあり」という有名なデカルトの言葉があります．理性者としての人間の本質をするどく言い当て

た言葉です．

　デカルトは，1596年，フランスに生まれました．1564年に生まれたガリレオよりおよそ30歳も若かったわけですが，同時代の人だったといっていいと思います．デカルトは，ポアチェ大学で法律を学びましたが，数学や哲学に興味をもつようになり，ヨーロッパの多くの国を訪れ，当時最先端の知識を学び，自らの研究を進めたのです．デカルトは，22歳のときにはやくも，解析幾何を考えています．解析幾何というのは，バビロンの代数とエジプト，ギリシアの幾何を統合して，図形の性質を代数の方法で解明しようとするものです．第3巻の「バビロンの問題」でお話しした考え方は，デカルトの解析幾何にもとづいたものです．

　デカルトの主著は『方法序説』(岩波文庫に入っています)です．この書物には，光学，気象学，幾何学についての3つの論文が収められています．なかでも幾何学は，解析幾何の考え方を展開したもので，デカルトより一時代おくれて生まれてきたニュートンによって受けつがれ，微積分の考え方に昇華され，数学の歴史に輝かしい一章を切り開くことになるわけです．

　1650年，デカルトは54歳で亡くなりましたが，それは悲劇的というよりはむしろ，喜劇的な死といった方が的確かもしれません．デカルトは1648年，スウェーデンの女王クリスチナから招待されましたが，スウェーデンの寒さに恐れをなして，1年間もことわりつづけました．当時クリスチナ女王はわずか22歳でしたが，北欧人特有の頑健な身体と強靱(きょうじん)な精神の持ち主として知られていました．ことわりつづけたデカルトに対して，クリスチナ女王は最後には，軍艦をおくってデカルトを迎えたのです．

　デカルトがストックホルムに着いたのは，1649年11月の寒いときでしたが，毎朝5時から1時間にわたって，クリスチナ女王のために哲学の講義をしなければなりませんでした．貴族の家に生まれたデカルトは，それまで定職につく必要がなく，毎日11時頃起きて，一日の大半をカフェーでぶらぶらしながら過ごしていたのです．クリスチナ女王のきびしい生活のスケジュールに組み込まれ，しかもスウェーデンのきびしい気候で，デカルトはすっかり体調をくずしてしまいま

した．クリスチナ女王の御前講義を11週間つづけたデカルトは重いインフルエンザにかかり，翌1650年，ストックホルムで54歳の生涯を終えたのです．フランス政府はただちに，クリスチナ女王に対して，デカルトの心臓を切り取って送り返すように依頼しました．デカルトの遺体が故国に帰ってきたのは，20世紀に入ってからのことです．

第1章 連立二元一次方程式と線形変換 問題

問題1 $A^2=O$ となるようなマトリックス $A=\begin{pmatrix} a & b \\ c & d \end{pmatrix}$ のかたちを求めなさい．

問題2 $A^2=I$ となるようなマトリックス $A=\begin{pmatrix} a & b \\ c & d \end{pmatrix}$ のかたちを求めなさい．

問題3 $A^2=-I$ となるようなマトリックス $A=\begin{pmatrix} a & b \\ c & d \end{pmatrix}$ のかたちを求めなさい．

問題4 $A^2=A$ となるようなマトリックス $A=\begin{pmatrix} a & b \\ c & d \end{pmatrix}$ のかたちを求めなさい．

問題5 つぎのマトリックス $X=\begin{pmatrix} a & b \\ c & d \end{pmatrix}$ にかんする二次方程式を解きなさい．
$$X^2+pX+qI = O$$

問題6 マトリックス $A=\begin{pmatrix} a & b \\ c & d \end{pmatrix}$ について
$$(I-A)^{-1} = I+A+A^2+\cdots+A^{n-1} \quad (n \text{ は正整数})$$
が成り立つための必要，十分な条件は，$A^n=O$ である．

第2章
ベクトルの考え方

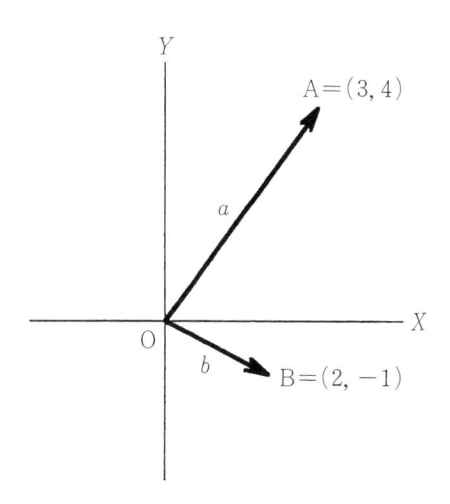

ベクトルの考え方を使う

ベクトルは方向づけられた線分として定義されましたが，$a=\begin{pmatrix}3\\4\end{pmatrix}$, $b=\begin{pmatrix}2\\-1\end{pmatrix}$ というような表現を使ってベクトルをあらわすとたいへん便利です．一般的には，$a=\begin{pmatrix}a_1\\a_2\end{pmatrix}$, $b=\begin{pmatrix}b_1\\b_2\end{pmatrix}$ と表現します．私たちが学生だった頃は，ドイツ語の蟹文字を使ったものですが，いまはあまりやらないように思います．現在，ふつうに使われている教科書では，$\boldsymbol{a}, \boldsymbol{b}$ のようにボールドフェイスであらわしていますが，ここでは，ふつうの書体をつかうことにします．ベクトル自身を a, b という表現を使ってあらわすのは，混乱をまねくおそれもありますが，慣れるとこれからの計算をするのにたいへん便利です．

ベクトルについてもっとも重要な概念は，ベクトル a, b の内積 (a, b) の考え方です．この巻だけでなく，『好きになる数学入門』第5巻，第6巻を通じて，たいせつな役割をは

たします．たとえば，$a=\begin{pmatrix}3\\4\end{pmatrix}$，$b=\begin{pmatrix}2\\-1\end{pmatrix}$ の内積 (a,b) はつぎのような値です．

$$(a,b) = 3\times 2 + 4\times(-1) = 2$$

ベクトルの長さは，内積を使うとつぎのようにあらわすことができ，たいへん重宝です．たとえば，ベクトル $a=\begin{pmatrix}3\\4\end{pmatrix}$，$b=\begin{pmatrix}2\\-1\end{pmatrix}$ の長さはそれぞれ

$$\sqrt{(a,a)} = \sqrt{3^2+4^2} = 5, \quad \sqrt{(b,b)} = \sqrt{2^2+(-1)^2} = \sqrt{5}$$

直交する 2 つのベクトル a, b の内積 (a,b) は 0 となります．たとえば，$a=\begin{pmatrix}2\\3\end{pmatrix}$，$b=\begin{pmatrix}-3\\2\end{pmatrix}$ を例にとると

$$(a,b) = 2\times(-3) + 3\times 2 = 0$$

また，2 つのベクトルの間の角も，内積を使うとかんたんに計算できます．たとえば，2 つのベクトル $a=\begin{pmatrix}3\\4\end{pmatrix}$，$b=\begin{pmatrix}2\\-1\end{pmatrix}$ の間の角を α とすれば

$$\cos\alpha = \frac{(a,b)}{\sqrt{(a,a)}\sqrt{(b,b)}} = \frac{2}{5\sqrt{5}}$$

ベクトルの考え方を使うとこれまで苦労して解いた問題もずっとかんたんに解けるだけでなく，もっとむずかしい数学の問題を考えるさいに，ときとしては，魔法の杖のような役割をはたします．

1

ベクトルの考え方

ベクトルの長さをはかる

ベクトルを使うと，連立二元一次方程式を解くという作業が，たいへんかんたんになりました．もともと，ベクトルと

いうのは，長さと方向をもった線分として定義したわけですが，ベクトルの長さを計算することにしましょう．

ベクトルをあらわすのにそのときどきの状況によって，タテ，あるいはヨコのベクトルを自由に使い分けることができますが，ここではベクトルというとき，タテのベクトルを考えることにします．

ベクトル $\begin{pmatrix} 3 \\ 4 \end{pmatrix}$ は，原点 $O=(0,0)$ と座標 $(3,4)$ をもつ点 A をむすぶ線分 OA を O から A の方向に考えたものとして表現されます．$\overrightarrow{OA} = \begin{pmatrix} 3 \\ 4 \end{pmatrix}$ のようにあらわすこともあります．A から X 軸に下ろした垂線の足 B は $(3,0)$ となり，$\triangle OAB$ は直角三角形になるから，ピタゴラスの定理によって
$$\overline{OA}^2 = \overline{OB}^2 + \overline{BA}^2 = 3^2 + 4^2 = 5^2 \Rightarrow \overline{OA} = 5$$

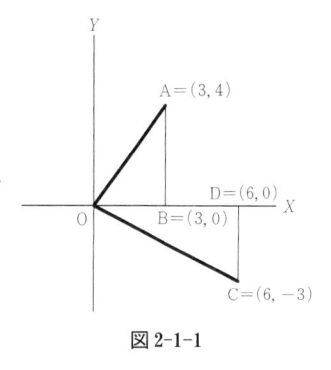

もう1つの例として，ベクトル $\overrightarrow{OC} = \begin{pmatrix} 6 \\ -3 \end{pmatrix}$ の長さを計算してみましょう．点 $C=(6,-3)$, $D=(6,0)$ をとり，直角三角形 $\triangle OCD$ にピタゴラスの定理を適用すれば
$$\overline{OC}^2 = \overline{OD}^2 + \overline{DC}^2 = 6^2 + 3^2 = 45 \Rightarrow \overline{OC} = \sqrt{45} = 3\sqrt{5}$$
ベクトルの長さを $\| \ \|$ であらわせば，
$$\left\| \begin{pmatrix} 3 \\ 4 \end{pmatrix} \right\| = 5, \quad \left\| \begin{pmatrix} 6 \\ -3 \end{pmatrix} \right\| = 3\sqrt{5}$$
一般のベクトル $\begin{pmatrix} a \\ b \end{pmatrix}$ について
$$\left\| \begin{pmatrix} a \\ b \end{pmatrix} \right\|^2 = a^2 + b^2, \quad \left\| \begin{pmatrix} a \\ b \end{pmatrix} \right\| = \sqrt{a^2 + b^2}$$

図 2-1-1

練習問題 つぎのベクトルの長さを計算しなさい．

$$\begin{pmatrix} 1 \\ 1 \end{pmatrix}, \quad \begin{pmatrix} -1 \\ 1 \end{pmatrix}, \quad \begin{pmatrix} 7 \\ 5 \end{pmatrix}, \quad \begin{pmatrix} -2 \\ 2 \end{pmatrix}, \quad \begin{pmatrix} -3 \\ -4 \end{pmatrix},$$

$$\begin{pmatrix} \frac{1}{2} \\ \frac{\sqrt{3}}{2} \end{pmatrix}, \quad \begin{pmatrix} -\frac{1}{2} \\ \frac{\sqrt{3}}{2} \end{pmatrix}, \quad \begin{pmatrix} \frac{\sqrt{2}}{2} \\ \frac{\sqrt{2}}{2} \end{pmatrix}, \quad \begin{pmatrix} -\frac{\sqrt{2}}{2} \\ -\frac{\sqrt{2}}{2} \end{pmatrix}$$

ベクトルの長さを計算する公式を使って，2つの点の間の

距離を求めることができます．たとえば，A＝(5, 8)，B＝(9, 3) の 2 点を取り上げると

$$\overrightarrow{AB} = \begin{pmatrix} 9 \\ 3 \end{pmatrix} - \begin{pmatrix} 5 \\ 8 \end{pmatrix} = \begin{pmatrix} 4 \\ -5 \end{pmatrix}$$

$$\Rightarrow \quad \overline{AB} = \left\| \begin{pmatrix} 4 \\ -5 \end{pmatrix} \right\| = \sqrt{4^2 + (-5)^2} = \sqrt{41}$$

練習問題 つぎの 2 点 A, B 間の距離を計算しなさい．

(1) A＝(−10, 5)，B＝(−6, 8)

(2) A＝(6, 5)，B＝(−2, −1)

(3) A＝$\left(\dfrac{\sqrt{2}}{2}, \dfrac{\sqrt{2}}{2}\right)$，B＝$\left(-\dfrac{\sqrt{2}}{2}, -\dfrac{\sqrt{2}}{2}\right)$

(4) A＝$\left(0, \dfrac{\sqrt{3}}{2}\right)$，B＝$\left(\dfrac{1}{2}, 0\right)$

マトリックスの各行の成分からできるベクトルを行ベクトルといい，各列の成分からできるベクトルを列ベクトルといいます．マトリックスの積は，行ベクトルと列ベクトルの積に分解されます．

$$\begin{pmatrix} 3 & 4 \\ 7 & 2 \end{pmatrix} \begin{pmatrix} 8 & 6 \\ 9 & 5 \end{pmatrix} = \begin{pmatrix} 3\times 8 + 4 \times 9 & 3 \times 6 + 4 \times 5 \\ 7 \times 8 + 2 \times 9 & 7 \times 6 + 2 \times 5 \end{pmatrix} = \begin{pmatrix} 60 & 38 \\ 74 & 52 \end{pmatrix}$$

$(3, 4) \begin{pmatrix} 8 \\ 9 \end{pmatrix} = (60) = 60, \quad (3, 4) \begin{pmatrix} 6 \\ 5 \end{pmatrix} = (38) = 38,$

$(7, 2) \begin{pmatrix} 8 \\ 9 \end{pmatrix} = (74) = 74, \quad (7, 2) \begin{pmatrix} 6 \\ 5 \end{pmatrix} = (52) = 52$

ここで，ふつうの数 60, 38, 74, 52 はいずれも 1 行 1 列のマトリックスと考えるわけです．

行ベクトルと列ベクトルの積を，この 2 つのベクトルの内積といいます．内積は Inner Product の訳です．ベクトルの内積はまた

$$\left[\begin{pmatrix} 3 \\ 4 \end{pmatrix}, \begin{pmatrix} 8 \\ 9 \end{pmatrix}\right] = \begin{pmatrix} 3 \\ 4 \end{pmatrix}' \begin{pmatrix} 8 \\ 9 \end{pmatrix} = (3, 4) \begin{pmatrix} 8 \\ 9 \end{pmatrix} = 3\times 8 + 4\times 9 = 60$$

のようにあらわすことができます．

ベクトルの内積を使うと，ベクトルの長さをかんたんにあらわすことができます．

43 ページの練習問題の答え
$\sqrt{2}$, $\sqrt{2}$, $\sqrt{74}$, $2\sqrt{2}$, 5, 1, 1, 1, 1

$$\left\|\begin{pmatrix}3\\4\end{pmatrix}\right\|^2 = (3,4)\begin{pmatrix}3\\4\end{pmatrix} = 25,$$

$$\left\|\begin{pmatrix}6\\-3\end{pmatrix}\right\|^2 = (6,-3)\begin{pmatrix}6\\-3\end{pmatrix} = 45$$

ベクトル記号を使って表現する

これまでの議論では，ベクトルを $\begin{pmatrix}3\\4\end{pmatrix}, \begin{pmatrix}6\\-3\end{pmatrix}$ のように，各成分を明示的に書いてきました．ベクトルに名前を付けておくと，考えを進めるさいにたいへん便利です．ここでは，$a = \begin{pmatrix}3\\4\end{pmatrix}, b = \begin{pmatrix}6\\-3\end{pmatrix}$ というような表現を使ってベクトルをあらわすことにします．一般的には，$a = \begin{pmatrix}a_1\\a_2\end{pmatrix}, b = \begin{pmatrix}b_1\\b_2\end{pmatrix}$ と表現します．

ベクトル記号を使って，2つのベクトル a, b の内積 $a'b$ を (a, b) であらわします．

$$(a, b) = a'b = (a_1, a_2)\begin{pmatrix}b_1\\b_2\end{pmatrix} = a_1 b_1 + a_2 b_2$$

たとえば，$a = \begin{pmatrix}3\\4\end{pmatrix}, b = \begin{pmatrix}6\\-3\end{pmatrix}$ のとき，$(a, b) = 3 \times 6 + 4 \times (-3) = 6$.

練習問題 つぎの2つのベクトル a, b の内積 (a, b) を計算しなさい．

(1) $\begin{pmatrix}3\\-4\end{pmatrix}, \begin{pmatrix}3\\-4\end{pmatrix}$ (2) $\begin{pmatrix}3\\-4\end{pmatrix}, \begin{pmatrix}7\\8\end{pmatrix}$

(3) $\begin{pmatrix}3\\-4\end{pmatrix}, \begin{pmatrix}-7\\-8\end{pmatrix}$ (4) $\begin{pmatrix}3\\-4\end{pmatrix}, \begin{pmatrix}4\\3\end{pmatrix}$

(5) $\begin{pmatrix}\frac{1}{2}\\-\frac{\sqrt{3}}{2}\end{pmatrix}, \begin{pmatrix}\frac{\sqrt{3}}{2}\\\frac{1}{2}\end{pmatrix}$ (6) $\begin{pmatrix}\frac{\sqrt{2}}{2}\\\frac{\sqrt{2}}{2}\end{pmatrix}, \begin{pmatrix}\frac{\sqrt{2}}{2}\\-\frac{\sqrt{2}}{2}\end{pmatrix}$

上の問題(4), (5), (6)について，a, b の内積 (a, b) は 0 となります．このとき，2つのベクトル a, b が直交していること

を，図でたしかめなさい．

ベクトルの内積 (a,b) について，つぎの法則が成り立ちます．
$$(a,b) = (b,a), \quad (a,b+c) = (a,b)+(a,c),$$
$$(\lambda a, b) = (a, \lambda b) = \lambda(a,b)$$

直交する2つのベクトル

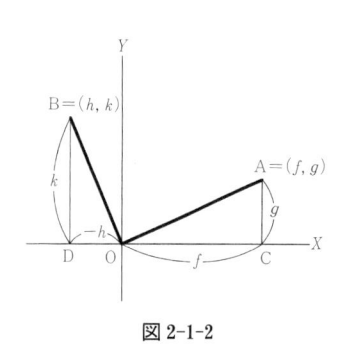

定理 2つのベクトル a,b が直交するために必要かつ十分な条件は，その内積 (a,b) が0となることである：$(a,b)=0$．

証明 $a=\overrightarrow{OA}, b=\overrightarrow{OB}$ とし，A は第1象限，B は第2象限にある場合を考えます．ここで第1象限とは，(X,Y) 平面において $x\geq 0, y\geq 0$ となる領域を，第2象限とは $x\leq 0, y\geq 0$ となる領域をいいます．また，第3象限とは $x\leq 0, y\leq 0$ となる領域を，第4象限とは $x\geq 0, y\leq 0$ となる領域をいいます．

図 2-1-2

$$a = \overrightarrow{OA} = \begin{pmatrix} f \\ g \end{pmatrix}, \quad b = \overrightarrow{OB} = \begin{pmatrix} h \\ k \end{pmatrix}, \quad f, g, -h, k > 0$$

とおき，A, B から X 軸に下ろした垂線の足をそれぞれ C, D とします．ベクトル a,b が直交しているとすれば，直角三角形 $\triangle AOC, \triangle OBD$ は相似となり

$$\overline{AC}:\overline{OC} = \overline{OD}:\overline{BD} \Rightarrow \frac{g}{f} = \frac{-h}{k} \Rightarrow fh+gk = 0$$
$$\Rightarrow (a,b) = 0$$

逆に，2つのベクトル a,b について，$(a,b)=0$ のとき，上の証明を逆にたどれば，a,b が直交していることを示すことができます． Q. E. D.

練習問題

(1) つぎの2つのベクトル a,b について，上の公式を証明しなさい．

（ⅰ） a は第2象限，b は第3象限

（ⅱ） a は第3象限，b は第4象限

(2) つぎの2つのベクトル a,b が直交していることを，内積 (a,b) を計算してたしかめなさい．

44ページの練習問題の答え
(1) 5　(2) 10　(3) 2　(4) 1

45ページの練習問題の答え
(1) 25　(2) −11　(3) 11
(4) 0　(5) 0　(6) 0

（ⅰ）$\begin{pmatrix} 5 \\ 8 \end{pmatrix}, \begin{pmatrix} -24 \\ 15 \end{pmatrix}$　　（ⅱ）$\begin{pmatrix} -7 \\ -5 \end{pmatrix}, \begin{pmatrix} -30 \\ 42 \end{pmatrix}$

（ⅲ）$\begin{pmatrix} \dfrac{1}{3} \\ -\dfrac{1}{2} \end{pmatrix}, \begin{pmatrix} -27 \\ -18 \end{pmatrix}$　　（ⅳ）$\begin{pmatrix} \dfrac{\sqrt{3}}{2} \\ \dfrac{1}{2} \end{pmatrix}, \begin{pmatrix} \dfrac{1}{2} \\ -\dfrac{\sqrt{3}}{2} \end{pmatrix}$

答え　略

ベクトルの内積

連立二元一次方程式はつぎのように表現されます．
$$Ax = b$$
ここで A, b はそれぞれ定数のマトリックス，ベクトルで，x は未知のベクトルです．$\varDelta(A) \neq 0$ のとき，マトリックス A の逆マトリックス A^{-1} が存在し，上の連立二元一次方程式の解は
$$x = A^{-1}b$$
となります．

また，ベクトル a の長さ $\|a\|$ は
$$\|a\| = \sqrt{(a, a)}$$
のようにあらわすことができます．

ベクトル a, b の内積 (a, b) について，つぎの重要な関係が成り立ちます．

定理　2つのベクトル a, b の間の角を α とすれば
$$(a, b) = \|a\| \|b\| \cos \alpha$$

証明　$\cos \alpha > 0$ の場合を取り上げます．$a = \overrightarrow{OA}$，$b = \overrightarrow{OB}$ とし，B から線分 OA あるいはその延長に下ろした垂線の足を H とすれば，
$$\cos \alpha = \frac{\overline{OH}}{\overline{OB}}$$
$t = \dfrac{\overline{OH}}{\overline{OA}}$ とおけば，$t > 0$ となり，
$$\overrightarrow{OH} = ta, \quad \overrightarrow{BH} = \overrightarrow{OH} - \overrightarrow{OB} = ta - b$$
$\overrightarrow{OA}$ と $\overrightarrow{BH}$ は直交するから，ベクトル a とベクトル $ta-b$ の内積は 0 となります．

$$(a, ta-b) = 0 \Rightarrow t(a,a) - (a,b) = 0 \Rightarrow t = \frac{(a,b)}{(a,a)}$$

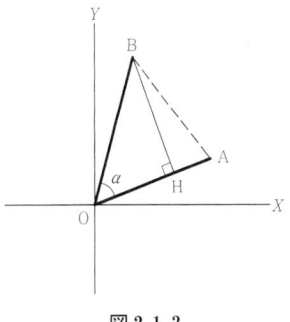

図 2-1-3

ここで，$t>0$ だから，$(a,b)>0$.

$$\overrightarrow{OH}=ta=\frac{(a,b)}{(a,a)}a \Rightarrow \overrightarrow{OH}^2=t^2(a,a)=\frac{(a,b)^2}{(a,a)}$$
$$\Rightarrow \overrightarrow{OH}=\frac{(a,b)}{\sqrt{(a,a)}}$$

$\overrightarrow{OB}=\|b\|$ だから，$\cos\alpha=\dfrac{\overrightarrow{OH}}{\overrightarrow{OB}}=\dfrac{(a,b)}{\|a\|\|b\|}$. Q. E. D.

練習問題 $\cos\alpha<0$ の場合にも，上の定理が成り立つことを証明しなさい．

答え　略

別証 $(a,b)\geqq 0$ の場合を取り上げます．垂線の長さ $\overline{BH}$ は B と直線 OA 上の任意の点 P をむすぶ線分 BP の長さの最小となります．直線 OA 上の任意の点 P をとり，$\overrightarrow{OP}=ta$ とおけば，$\overrightarrow{PB}=\overrightarrow{OB}-\overrightarrow{OP}=b-ta$.
$$\|b-ta\|^2=(b-ta,b-ta)=(b,b)-2t(a,b)+t^2(a,a)$$
右辺は t の二次関数で，$(a,a)>0$ だから，$\|b-ta\|^2$ の最小値は，$t=\dfrac{(a,b)}{(a,a)}$ のときに得られ，その値は
$$\|b-ta\|^2=(b,b)-\frac{(a,b)^2}{(a,a)}=\left\{1-\frac{(a,b)^2}{(a,a)(b,b)}\right\}(b,b)$$
$$\|b-ta\|=\|b\|\sqrt{1-\frac{(a,b)^2}{\|a\|^2\|b\|^2}}$$
一方，$\|b-ta\|$ の最小値について
$$\|b-ta\|=\|b\|\sin\alpha=\|b\|\sqrt{1-\cos^2\alpha}$$
ゆえに，
$$\cos\alpha=\frac{(a,b)}{\|a\|\|b\|}$$
Q. E. D.

練習問題 $(a,b)<0$ の場合にも，上の定理が成り立つことを証明しなさい．

答え　略

もう1つの別証 三角形 △AOB について，第2余弦定理を適用すれば
$$\overline{AB}^2=\overline{OA}^2+\overline{OB}^2-2\overline{OA}\times\overline{OB}\cos\alpha$$
ここで

$$\overline{AB}^2 = (b-a, b-a) = (a,a)+(b,b)-2(a,b)$$
$$\overline{OA}^2+\overline{OB}^2-2\overline{OA}\times\overline{OB}\cos\alpha$$
$$= (a,a)+(b,b)-2\|a\|\,\|b\|\cos\alpha$$

したがって,
$$(a,b) = \|a\|\,\|b\|\cos\alpha \qquad \text{Q. E. D.}$$

練習問題 つぎの 2 つのベクトル a, b の場合について, $\|b-ta\|^2$ が最小値をとるような $t, \overline{OH}, \cos\alpha$ の値を計算しなさい.

(1) $\begin{pmatrix} 3 \\ -4 \end{pmatrix}, \begin{pmatrix} 12 \\ -5 \end{pmatrix}$ (2) $\begin{pmatrix} -3 \\ 4 \end{pmatrix}, \begin{pmatrix} -12 \\ 5 \end{pmatrix}$

(3) $\begin{pmatrix} 3 \\ -4 \end{pmatrix}, \begin{pmatrix} 2 \\ 5 \end{pmatrix}$ (4) $\begin{pmatrix} \frac{1}{2} \\ \frac{\sqrt{3}}{2} \end{pmatrix}, \begin{pmatrix} \frac{\sqrt{3}}{2} \\ \frac{1}{2} \end{pmatrix}$

三角形の 2 辺の長さの和はもう 1 つの辺の長さより大きい

幾何で,「三角形の 2 辺の長さの和はもう 1 つの辺の長さより大きい」という命題を証明しました. ベクトルを使うと, この命題は, つぎのようにあらわせます.

$$\|a\|+\|b\| > \|a+b\| \quad (a, b \text{ は同じ方向ではない})$$

この不等式をベクトルを使って証明しましょう. そのために, 上の不等式の両辺を自乗した不等式を証明すればよい.
$$(\|a\|+\|b\|)^2 > \|a+b\|^2$$
$$(a,a)+2\|a\|\,\|b\|+(b,b) > (a,a)+2(a,b)+(b,b)$$
$$\|a\|\,\|b\| > (a,b)$$

この不等式はかんたんに証明できます.
$$(a,b) = \|a\|\,\|b\|\cos\alpha, \ \cos\alpha < 1$$
$$\Rightarrow \ (a,b) < \|a\|\,\|b\| \qquad \text{Q. E. D.}$$

別証 つぎの不等式を考えます. a, b を三角形の 2 辺とすると, 任意の数 t に対して, $b \neq ta$ だから
$$\|b-ta\| > 0$$
$$\|b-ta\|^2 = (b-ta, b-ta)$$
$$= (b,b)-2t(a,b)+t^2(a,a) > 0$$

左辺の t の二次関数はつねに正の値をとるから, 判別式は負

でなければならない．

$$\frac{D}{4} = (a,b)^2 - (a,a)(b,b) < 0 \;\Rightarrow\; (a,b) < \|a\|\|b\|$$

Q. E. D.

練習問題 つぎのベクトル a, b について，上の不等式を計算して示しなさい．

(1) $\begin{pmatrix} 3 \\ -4 \end{pmatrix}$, $\begin{pmatrix} 12 \\ -5 \end{pmatrix}$ 　　(2) $\begin{pmatrix} -3 \\ 4 \end{pmatrix}$, $\begin{pmatrix} -12 \\ 5 \end{pmatrix}$

(3) $\begin{pmatrix} 3 \\ -4 \end{pmatrix}$, $\begin{pmatrix} 2 \\ 5 \end{pmatrix}$ 　　(4) $\begin{pmatrix} \frac{1}{2} \\ \frac{\sqrt{3}}{2} \end{pmatrix}$, $\begin{pmatrix} \frac{\sqrt{3}}{2} \\ \frac{1}{2} \end{pmatrix}$

49 ページの練習問題の答え
(1) $\frac{56}{25}, \frac{56}{5}, \frac{56}{65}$ 　(2) $\frac{56}{25}, \frac{56}{5}, \frac{56}{65}$
(3) $-\frac{14}{25}, \frac{14}{5}, -\frac{14}{5\sqrt{29}}$
(4) $\frac{\sqrt{3}}{2}, \frac{\sqrt{3}}{2}, \frac{\sqrt{3}}{2}$

2

ベクトルと直線

線分の中点を求める

さきにベクトルを使って，図形をあらわすことをお話ししました．この考え方をもう少し発展させて，ベクトルを使って直線の性質をしらべましょう．

いま，2 つの点 A＝(−5, 8)，B＝(3, 2) をとり，A, B に対応するベクトル $\overrightarrow{OA}, \overrightarrow{OB}$ をそれぞれ，$a = \overrightarrow{OA} = \begin{pmatrix} -5 \\ 8 \end{pmatrix}$, $b = \overrightarrow{OB} = \begin{pmatrix} 3 \\ 2 \end{pmatrix}$ とあらわします．

線分 AB の中点 M の X, Y 座標は，それぞれ

$$\frac{-5+3}{2} = -1, \quad \frac{8+2}{2} = 5$$

$$\Rightarrow \quad \overrightarrow{OM} = \frac{1}{2}\left\{\begin{pmatrix} -5 \\ 8 \end{pmatrix} + \begin{pmatrix} 3 \\ 2 \end{pmatrix}\right\} = \begin{pmatrix} -1 \\ 5 \end{pmatrix}$$

すなわち，$\overrightarrow{OM} = m$ とおけば，

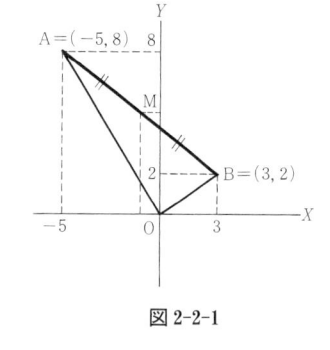

図 2-2-1

$$m = \frac{a+b}{2}$$

線分 AB の中点 M が上のベクトル m によってあらわされることは，つぎのようにして示すこともできます．ベクトル m が線分 AB の中点になるために必要かつ十分な条件は

$$m - a = \frac{1}{2}(b-a) \Leftrightarrow m = a + \frac{1}{2}(b-a) = \frac{a+b}{2}$$

練習問題 つぎの 2 つの点 A, B について，線分 AB の中点 M の座標を計算し，図に示しなさい．

(1) $\begin{pmatrix} 12 \\ -10 \end{pmatrix}, \begin{pmatrix} -4 \\ -8 \end{pmatrix}$ (2) $\begin{pmatrix} 5 \\ 13 \end{pmatrix}, \begin{pmatrix} -7 \\ -9 \end{pmatrix}$

(3) $\begin{pmatrix} 9 \\ 12 \end{pmatrix}, \begin{pmatrix} -9 \\ -12 \end{pmatrix}$ (4) $\begin{pmatrix} \frac{5}{2} \\ -\frac{2}{3} \end{pmatrix}, \begin{pmatrix} -\frac{7}{2} \\ \frac{8}{3} \end{pmatrix}$

線分を三等分する

2 つの点 A = (−5, 8), B = (3, 2) について，線分 AB を三等分する点を P, Q とし $p = \overrightarrow{OP}$, $q = \overrightarrow{OQ}$ とします．2 点 P, Q が線分 AB を三等分するということをベクトルを使ってあらわすと

$$p - a = \frac{1}{3}(b-a), \quad q - a = \frac{2}{3}(b-a)$$

$$p = a + \frac{1}{3}(b-a) = \frac{2a+b}{3}, \quad q = a + \frac{2}{3}(b-a) = \frac{a+2b}{3}$$

上の例の場合，$a = (-5, 8)$, $b = (3, 2)$.

$$p = \frac{2}{3}(-5, 8) + \frac{1}{3}(3, 2) = \left(-\frac{7}{3}, 6\right),$$

$$q = \frac{1}{3}(-5, 8) + \frac{2}{3}(3, 2) = \left(\frac{1}{3}, 4\right)$$

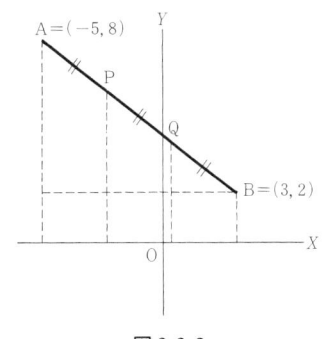

図 2-2-2

練習問題 上の練習問題の 2 つの点 A, B の場合について，線分 AB を三等分する点 P, Q をベクトルを使って計算し，図に示しなさい．

線分を内分する

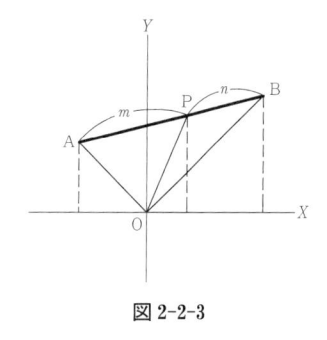

与えられた 2 点 A, B をむすぶ線分 AB を内分することも，ベクトルを使うとかんたんにできます．m, n を任意の正の整数とし，2 つの点 A, B をむすぶ線分 AB を $m : n$ の比に内分する点を P とします．$\overrightarrow{OA}=a$, $\overrightarrow{OB}=b$, $\overrightarrow{OP}=p$ とおけば

$$\frac{p-a}{m} = \frac{b-p}{n}$$

図 2-2-3

この式の両辺の分子，分母同士をそれぞれ足し合わせると

$$\frac{p-a}{m} = \frac{b-p}{n} = \frac{b-a}{m+n}$$

$$\Rightarrow \quad p = a + \frac{m}{m+n}(b-a) = \frac{n}{m+n}a + \frac{m}{m+n}b$$

たとえば，A=(−5, 8)，B=(3, 2)，$m=3$，$n=2$ の場合

$$p = \frac{2}{5}(-5, 8) + \frac{3}{5}(3, 2) = \left(-\frac{1}{5}, \frac{22}{5}\right)$$

50 ページの練習問題の答え
(1) $5+13 > \sqrt{306}$ (2) $5+13 > \sqrt{306}$
(3) $5+\sqrt{29} > \sqrt{26}$
(4) $1+1 > \frac{\sqrt{3}+1}{\sqrt{2}}$

練習問題 さきの練習問題の 2 つの点 A, B の場合について，線分 AB を 3 : 2 の比で内分する点 P に対応するベクトル p を計算し，図示しなさい．

2 つの点をむすぶ線分をベクトルで表現する

与えられた 2 つの点 A, B をむすぶ線分 AB を $m : n$ の比に内分する点を P とし，$\overrightarrow{OA}=a$, $\overrightarrow{OB}=b$, $\overrightarrow{OP}=p$ とおけば

$$p = \frac{n}{m+n}a + \frac{m}{m+n}b$$

$\alpha = \frac{n}{m+n}$, $\beta = \frac{m}{m+n}$ とおけば

$$p = \alpha a + \beta b, \quad \alpha + \beta = 1, \quad \alpha, \beta \geq 0$$

ここで，α, β が有理数でなく，無理数の場合にも，p は線分 AB を $\alpha : \beta$ の比に内分する点となります．

51 ページの練習問題(上)の答え
(1) $\begin{pmatrix} 4 \\ -9 \end{pmatrix}$ (2) $\begin{pmatrix} -1 \\ 2 \end{pmatrix}$
(3) $\begin{pmatrix} 0 \\ 0 \end{pmatrix}$ (4) $\begin{pmatrix} -\frac{1}{2} \\ 1 \end{pmatrix}$

図は省略．

また，$t = \beta$ とおけば，$\alpha = 1 - t$

$$p = (1-t)a + tb \quad (0 \leq t \leq 1)$$

このようなベクトル p に対応する点 P はかならず線分 AB 上にあります．上の関係式から，
$$p-a = t(b-a)$$
となって，A, P, B が一直線上にあることがわかるからです．

逆に，線分 AB 上の任意の点 P に対応するベクトル p はかならず，上のようにあらわすことができます．上の議論を逆にたどればよいわけです．

練習問題 さきの練習問題の 2 つの点 A, B の場合について，線分 AB 上の任意の点 P に対応するベクトル p を計算し，図に示しなさい．

与えられた線分を外分する

線分 AB 上の任意の点 P に対応するベクトル p は a, b を用いて
$$p = (1-t)a + tb \quad (0 \leq t \leq 1)$$
としてあらわされます．このとき，P は線分 AB を $t : (1-t)$ の比に内分する点です．

P が線分 AB を内分する場合には，$0 \leq t \leq 1$ という条件がみたされていますが，t の値が 1 より大きいとき，あるいは負の値をとるときは，上の式であらわされるベクトル p はどのような点 P に対応するのでしょうか．つぎの関係式に注目します．
$$p - a = t(b-a)$$
$t > 1$ のときは，P は線分 AB を B をこえて延長した直線上にあり，線分 AB を $t : (t-1)$ の比に外分する点となります．また，$t < 0$ のときには，P は線分 BA を A をこえて延長した直線上にあり，線分 BA を $(1-t) : -t$ の比に外分する点となるわけです．

練習問題 さきの練習問題の 2 つの点 A, B の場合について，$t = 3, -3$ のときの点 P を計算し，図に示しなさい．

51 ページの練習問題（下）の答え

(1) $\begin{pmatrix} \frac{20}{3} \\ -\frac{28}{3} \end{pmatrix}, \begin{pmatrix} \frac{4}{3} \\ -\frac{26}{3} \end{pmatrix}$

(2) $\begin{pmatrix} 1 \\ \frac{17}{3} \end{pmatrix}, \begin{pmatrix} -3 \\ -\frac{5}{3} \end{pmatrix}$

(3) $\begin{pmatrix} 3 \\ 4 \end{pmatrix}, \begin{pmatrix} -3 \\ -4 \end{pmatrix}$

(4) $\begin{pmatrix} \frac{1}{2} \\ \frac{4}{9} \end{pmatrix}, \begin{pmatrix} -\frac{3}{2} \\ \frac{14}{9} \end{pmatrix}$

図は省略．

2つの直線の交点を求める

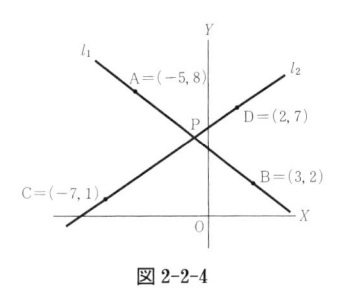

図 2-2-4

A=(−5, 8), B=(3, 2) をむすぶ直線 l_1 はつぎのようにあらわされます.
$$l_1: \quad p = (1-t)a + tb \quad (-\infty < t < +\infty)$$
ここで, $a = \overrightarrow{OA} = \begin{pmatrix} -5 \\ 8 \end{pmatrix}$, $b = \overrightarrow{OB} = \begin{pmatrix} 3 \\ 2 \end{pmatrix}$ とおきます.

もう1つ, C=(−7, 1), D=(2, 7) を通る直線 l_2 を考えます.
$$l_2: \quad p = (1-s)c + sd \quad (-\infty < s < +\infty)$$
ここで, $c = \overrightarrow{OC} = \begin{pmatrix} -7 \\ 1 \end{pmatrix}$, $d = \overrightarrow{OD} = \begin{pmatrix} 2 \\ 7 \end{pmatrix}$ とおきます.

2つの直線 l_1, l_2 の交点 p は
$$p = (1-t)a + tb = (1-s)c + sd$$
を t, s について解くことによって求められます.この方程式をくわしく書けば
$$\begin{cases} -5(1-t) + 3t = -7(1-s) + 2s \\ 8(1-t) + 2t = (1-s) + 7s \end{cases} \Rightarrow \begin{cases} 8t - 9s = -2 \\ -6t - 6s = -7 \end{cases}$$
この連立二元一次方程式を解けば,
$$t = \frac{1}{2}, \quad s = \frac{2}{3} \quad \Rightarrow \quad p = \begin{pmatrix} -1 \\ 5 \end{pmatrix}$$

練習問題 つぎの2組の点 A, B および C, D からつくられる2つの直線の交点 P を計算し,図に示しなさい.
(1) A=(3, 6), B=(5, 4); C=(1, 2), D=(7, −5)
(2) A=(5, 0), B=(0, 3); C=(0, −6), D=(−2, 0)

52ページの練習問題の答え

(1) $\begin{pmatrix} \frac{12}{5} \\ -\frac{44}{5} \end{pmatrix}$ (2) $\begin{pmatrix} -\frac{11}{5} \\ -\frac{1}{5} \end{pmatrix}$

(3) $\begin{pmatrix} -\frac{9}{5} \\ -\frac{12}{5} \end{pmatrix}$ (4) $\begin{pmatrix} -\frac{11}{10} \\ \frac{4}{3} \end{pmatrix}$

図は省略.

角を二等分する

与えられた角 $\angle AOB$ を二等分することも,ベクトルを使うとかんたんにできます. $\overrightarrow{OA} = a$, $\overrightarrow{OB} = b$ とおいて
$$\overrightarrow{OP} = p = \frac{a}{\|a\|} + \frac{b}{\|b\|}$$
となるような点 P をとれば,直線 OP が求める角 $\angle AOB$ を二等分する直線となります.

$$(p, a) = \left(\frac{a}{\|a\|} + \frac{b}{\|b\|}, a\right) = \|a\| + \frac{(a,b)}{\|b\|},$$

$$(p, b) = \left(\frac{a}{\|a\|} + \frac{b}{\|b\|}, b\right) = \frac{(a,b)}{\|a\|} + \|b\|$$

$$\cos \angle \mathrm{POA} = \frac{(p,a)}{\|p\|\|a\|} = \frac{1}{\|p\|}\left(1 + \frac{(a,b)}{\|a\|\|b\|}\right),$$

$$\cos \angle \mathrm{POB} = \frac{(p,b)}{\|p\|\|b\|} = \frac{1}{\|p\|}\left(1 + \frac{(a,b)}{\|a\|\|b\|}\right)$$

ゆえに,

$$\cos \angle \mathrm{POA} = \cos \angle \mathrm{POB}$$

直線 OP が ∠AOB の二等分線となることがわかります.

ここで, ∠AOB=α とおけば, $\angle \mathrm{POA} = \frac{\alpha}{2}$.

$$\cos \alpha = \frac{(a,b)}{\|a\|\|b\|},$$

$$\cos\frac{\alpha}{2} = \frac{1}{\|p\|}\left(1 + \frac{(a,b)}{\|a\|\|b\|}\right) = \frac{1}{\|p\|}(1 + \cos\alpha)$$

$$\|p\|^2 = (p,p) = \left(\frac{a}{\|a\|} + \frac{b}{\|b\|}, \frac{a}{\|a\|} + \frac{b}{\|b\|}\right)$$

$$= 2\left(1 + \frac{(a,b)}{\|a\|\|b\|}\right) = 2(1+\cos\alpha)$$

したがって,

$$\cos^2\frac{\alpha}{2} = \frac{1+\cos\alpha}{2}$$

これは三角関数の半角の公式そのものです.

練習問題

(1) つぎの直線 OQ は ∠AOB の外角の二等分線になることを証明しなさい.

$$\overrightarrow{\mathrm{OQ}} = q = \frac{a}{\|a\|} - \frac{b}{\|b\|}$$

(2) ∠AOB の内角と外角の二等分線はお互いに直交することをベクトルを使って証明しなさい.

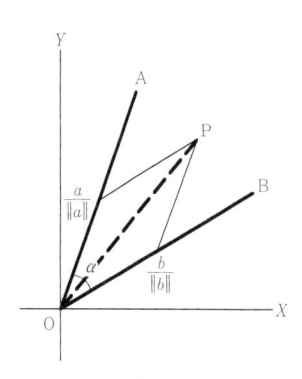

図 2-2-5

53 ページの練習問題(上)の答え

(1) $\begin{pmatrix} 12-16t \\ -10+2t \end{pmatrix}$ (2) $\begin{pmatrix} 5-12t \\ 13-22t \end{pmatrix}$

(3) $\begin{pmatrix} 9-18t \\ 12-24t \end{pmatrix}$ (4) $\begin{pmatrix} \frac{5}{2}-6t \\ -\frac{2}{3}+\frac{10}{3}t \end{pmatrix}$

図は省略.

53 ページの練習問題(下)の答え

(1) $\begin{pmatrix} -36 \\ -4 \end{pmatrix}$, $\begin{pmatrix} 60 \\ -16 \end{pmatrix}$

(2) $\begin{pmatrix} -31 \\ -53 \end{pmatrix}$, $\begin{pmatrix} 41 \\ 79 \end{pmatrix}$

(3) $\begin{pmatrix} -45 \\ -60 \end{pmatrix}$, $\begin{pmatrix} 63 \\ 84 \end{pmatrix}$

(4) $\begin{pmatrix} -\frac{31}{2} \\ \frac{28}{3} \end{pmatrix}$, $\begin{pmatrix} \frac{41}{2} \\ -\frac{32}{3} \end{pmatrix}$

図は省略.

3

直交変換の考え方

直交変換

　線形変換の考え方を説明してきましたが，これまで取り扱ってきた線形変換の多くの場合，ベクトルの長さが線形変換によって変わってしまいました．たとえば，つぎの線形変換を考えてみましょう．

$$\begin{cases} x' = 3x - y \\ y' = x + 2y \end{cases}$$

この線形変換は，マトリックスであらわすと

$$\begin{pmatrix} x' \\ y' \end{pmatrix} = A \begin{pmatrix} x \\ y \end{pmatrix}, \quad A = \begin{pmatrix} 3 & -1 \\ 1 & 2 \end{pmatrix}$$

この線形変換によって，直線は直線に写像されます．(X, Y) 平面上に，3つの点 $O=(0,0)$，$A=(1,0)$，$B=(0,1)$ からつくられる直角三角形 △OAB を考えます．線形変換 A による △OAB の写像 △OA'B' もまた三角形になります．原点 O は変わりませんが，A'$=(3,1)$，B'$=(-1,2)$．しかし，もとの △OAB は直角三角形ですが，写像の △OA'B' は直角三角形ではありません．

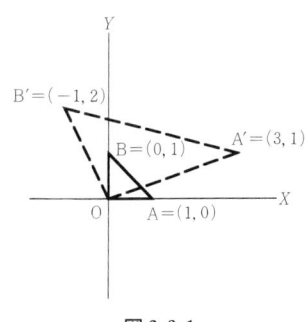

図 2-3-1

　ところで，つぎの線形変換を考えてみましょう．

$$\begin{cases} x' = \dfrac{\sqrt{3}}{2}x + \dfrac{1}{2}y \\ y' = -\dfrac{1}{2}x + \dfrac{\sqrt{3}}{2}y \end{cases} \quad \begin{pmatrix} x' \\ y' \end{pmatrix} = \begin{pmatrix} \dfrac{\sqrt{3}}{2} & \dfrac{1}{2} \\ -\dfrac{1}{2} & \dfrac{\sqrt{3}}{2} \end{pmatrix} \begin{pmatrix} x \\ y \end{pmatrix}$$

この線形変換によって △OAB が △OA'B' に変換されたとすれば

$$\overrightarrow{OA'} = \begin{pmatrix} \dfrac{\sqrt{3}}{2} & \dfrac{1}{2} \\ -\dfrac{1}{2} & \dfrac{\sqrt{3}}{2} \end{pmatrix} \begin{pmatrix} 1 \\ 0 \end{pmatrix} = \begin{pmatrix} \dfrac{\sqrt{3}}{2} \\ -\dfrac{1}{2} \end{pmatrix},$$

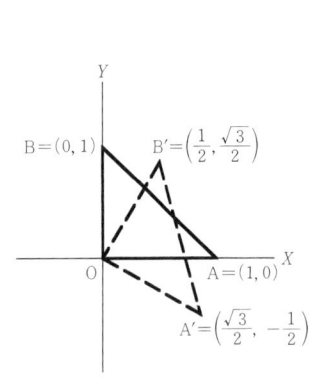

図 2-3-2

$$\overrightarrow{\mathrm{OB'}} = \begin{pmatrix} \dfrac{\sqrt{3}}{2} & \dfrac{1}{2} \\ -\dfrac{1}{2} & \dfrac{\sqrt{3}}{2} \end{pmatrix} \begin{pmatrix} 0 \\ 1 \end{pmatrix} = \begin{pmatrix} \dfrac{1}{2} \\ \dfrac{\sqrt{3}}{2} \end{pmatrix}$$

△OA′B′ の各辺の長さを計算すれば

$$\overrightarrow{\mathrm{OA'}}^2 = \left(\dfrac{\sqrt{3}}{2}\right)^2 + \left(-\dfrac{1}{2}\right)^2 = \dfrac{3}{4} + \dfrac{1}{4} = 1$$

$$\overrightarrow{\mathrm{OB'}}^2 = \left(\dfrac{1}{2}\right)^2 + \left(\dfrac{\sqrt{3}}{2}\right)^2 = 1$$

$$\overrightarrow{\mathrm{A'B'}}^2 = \left(\dfrac{1}{2} - \dfrac{\sqrt{3}}{2}\right)^2 + \left(\dfrac{\sqrt{3}}{2} + \dfrac{1}{2}\right)^2 = 2$$

$$\overrightarrow{\mathrm{OB'}}^2 = \overrightarrow{\mathrm{OA'}}^2 + \overrightarrow{\mathrm{A'B'}}^2$$

ピタゴラスの定理によって,△OA′B′ は直角三角形となり,しかも,もとの直角三角形 △OAB と合同となっていることがわかります.

つぎに,上の変換によってベクトルの長さがどのように変わるかを計算してみましょう.

$$\begin{aligned} x'^2 + y'^2 &= \left(\dfrac{\sqrt{3}}{2}x + \dfrac{1}{2}y\right)^2 + \left(-\dfrac{1}{2}x + \dfrac{\sqrt{3}}{2}y\right)^2 \\ &= \left(\dfrac{3}{4}x^2 + \dfrac{\sqrt{3}}{2}xy + \dfrac{1}{4}y^2\right) + \left(\dfrac{1}{4}x^2 - \dfrac{\sqrt{3}}{2}xy + \dfrac{3}{4}y^2\right) \\ &= x^2 + y^2 \end{aligned}$$

つまり,上の線形変換によって,ベクトルの長さが変わらないことがわかります.この計算をマトリックス記号 $A = \begin{pmatrix} \dfrac{\sqrt{3}}{2} & \dfrac{1}{2} \\ -\dfrac{1}{2} & \dfrac{\sqrt{3}}{2} \end{pmatrix}$ を使って,もう一度やってみましょう.

$$\begin{aligned} A'A &= \begin{pmatrix} \dfrac{\sqrt{3}}{2} & -\dfrac{1}{2} \\ \dfrac{1}{2} & \dfrac{\sqrt{3}}{2} \end{pmatrix} \begin{pmatrix} \dfrac{\sqrt{3}}{2} & \dfrac{1}{2} \\ -\dfrac{1}{2} & \dfrac{\sqrt{3}}{2} \end{pmatrix} \\ &= \begin{pmatrix} \dfrac{\sqrt{3}}{2} \times \dfrac{\sqrt{3}}{2} - \dfrac{1}{2} \times \left(-\dfrac{1}{2}\right) & \dfrac{\sqrt{3}}{2} \times \dfrac{1}{2} - \dfrac{1}{2} \times \dfrac{\sqrt{3}}{2} \\ \dfrac{1}{2} \times \dfrac{\sqrt{3}}{2} + \dfrac{\sqrt{3}}{2} \times \left(-\dfrac{1}{2}\right) & \dfrac{1}{2} \times \dfrac{1}{2} + \dfrac{\sqrt{3}}{2} \times \dfrac{\sqrt{3}}{2} \end{pmatrix} \end{aligned}$$

54 ページの練習問題の答え

(1) $\begin{pmatrix} -35 \\ 44 \end{pmatrix}$ (2) $\begin{pmatrix} -\dfrac{15}{4} \\ \dfrac{21}{4} \end{pmatrix}$

図は省略.

55 ページの練習問題の答え

(1) $\overrightarrow{\mathrm{OA}} = a$, $-\overrightarrow{\mathrm{OB}} = -b$ の二等分線を考えればよい.

(2) $\left(\dfrac{a}{\|a\|} + \dfrac{b}{\|b\|}, \dfrac{a}{\|a\|} - \dfrac{b}{\|b\|}\right) = \dfrac{(a,a)}{\|a\|^2} - \dfrac{(b,b)}{\|b\|^2} = 0$

$$= \begin{pmatrix} 1 & 0 \\ 0 & 1 \end{pmatrix} = I$$
$$(x', y')\begin{pmatrix} x' \\ y' \end{pmatrix} = (x, y)A'A\begin{pmatrix} x \\ y \end{pmatrix} = (x, y)\begin{pmatrix} x \\ y \end{pmatrix}$$

ベクトル $\begin{pmatrix} x \\ y \end{pmatrix}$ の長さを $\left\| \begin{pmatrix} x \\ y \end{pmatrix} \right\| = \sqrt{x^2 + y^2}$ と記すと,

$$\left\| A\begin{pmatrix} x \\ y \end{pmatrix} \right\| = \left\| \begin{pmatrix} x \\ y \end{pmatrix} \right\|.$$

一般に,線形変換

$$\begin{pmatrix} x' \\ y' \end{pmatrix} = A\begin{pmatrix} x \\ y \end{pmatrix}$$

を考えます.いま,マトリックス A がつぎの条件をみたしているとします.

(∗) $\qquad\qquad A'A = I$

このとき

$$(x', y')\begin{pmatrix} x' \\ y' \end{pmatrix} = (x, y)A'A\begin{pmatrix} x \\ y \end{pmatrix} = (x, y)I\begin{pmatrix} x \\ y \end{pmatrix} = (x, y)\begin{pmatrix} x \\ y \end{pmatrix}$$
$$\Leftrightarrow \left\| \begin{pmatrix} x' \\ y' \end{pmatrix} \right\| = \left\| \begin{pmatrix} x \\ y \end{pmatrix} \right\|$$

[ここで,x', y' についているダッシュ($'$)は,転置マトリックスを意味する A' のダッシュ($'$)とことなる記号であることに注意してください.] すなわち,ベクトルの長さは直交変換 A によって不変で一定に保たれます.

このように,線形変換 A によって,ベクトルの長さが変わらないために必要,十分な条件は,上の条件(∗)となるわけです.この条件(∗)がみたされるような線形変換を直交変換といい,そのマトリックス A を直交マトリックスといいます.

単位ベクトル $\begin{pmatrix} 1 \\ 0 \end{pmatrix}, \begin{pmatrix} 0 \\ 1 \end{pmatrix}$ について,上の線形変換 A による写像を計算します.

$$A\begin{pmatrix} 1 \\ 0 \end{pmatrix} = \begin{pmatrix} \frac{\sqrt{3}}{2} & \frac{1}{2} \\ -\frac{1}{2} & \frac{\sqrt{3}}{2} \end{pmatrix}\begin{pmatrix} 1 \\ 0 \end{pmatrix} = \begin{pmatrix} \frac{\sqrt{3}}{2} \\ -\frac{1}{2} \end{pmatrix},$$

$$A\begin{pmatrix}0\\1\end{pmatrix}=\begin{pmatrix}\dfrac{\sqrt{3}}{2}&\dfrac{1}{2}\\-\dfrac{1}{2}&\dfrac{\sqrt{3}}{2}\end{pmatrix}\begin{pmatrix}0\\1\end{pmatrix}=\begin{pmatrix}\dfrac{1}{2}\\\dfrac{\sqrt{3}}{2}\end{pmatrix}$$

この 2 つのベクトル $\begin{pmatrix}\dfrac{\sqrt{3}}{2}\\-\dfrac{1}{2}\end{pmatrix}$, $\begin{pmatrix}\dfrac{1}{2}\\\dfrac{\sqrt{3}}{2}\end{pmatrix}$ の内積を計算してみます.

$$\begin{pmatrix}\dfrac{\sqrt{3}}{2},-\dfrac{1}{2}\end{pmatrix}\begin{pmatrix}\dfrac{1}{2}\\\dfrac{\sqrt{3}}{2}\end{pmatrix}=\dfrac{\sqrt{3}}{2}\times\dfrac{1}{2}+\left(-\dfrac{1}{2}\right)\times\dfrac{\sqrt{3}}{2}$$

$$=\dfrac{\sqrt{3}}{4}-\dfrac{\sqrt{3}}{4}=0$$

図 2-3-2 から明らかなように，2 つのベクトル $\begin{pmatrix}\dfrac{\sqrt{3}}{2}\\-\dfrac{1}{2}\end{pmatrix}$, $\begin{pmatrix}\dfrac{1}{2}\\\dfrac{\sqrt{3}}{2}\end{pmatrix}$ は直交していますが，その内積が 0 になることが示されたわけです．一般に，2 つのベクトルが直交しているときは，その内積は 0 になり，また内積が 0 であるような 2 つのベクトルは直交しています．この性質は，線形代数でもっとも基本的な性質の 1 つです．

練習問題 つぎの変換が直交変換となることをじっさいに計算してたしかめなさい．

$$\begin{pmatrix}-\dfrac{\sqrt{3}}{2}&-\dfrac{1}{2}\\\dfrac{1}{2}&-\dfrac{\sqrt{3}}{2}\end{pmatrix},\ \begin{pmatrix}\dfrac{\sqrt{2}}{2}&-\dfrac{\sqrt{2}}{2}\\\dfrac{\sqrt{2}}{2}&\dfrac{\sqrt{2}}{2}\end{pmatrix},\ \begin{pmatrix}-\dfrac{\sqrt{2}}{2}&-\dfrac{\sqrt{2}}{2}\\\dfrac{\sqrt{2}}{2}&-\dfrac{\sqrt{2}}{2}\end{pmatrix},$$

$$\begin{pmatrix}-1&0\\0&-1\end{pmatrix},\ \begin{pmatrix}0&1\\1&0\end{pmatrix},\ \begin{pmatrix}0&-1\\1&0\end{pmatrix}$$

答え 略

第2章 ベクトルの考え方 問題

問題1 直交変換について,つぎの性質がみたされることを証明しなさい.
(1) 単位マトリックス I は直交変換である.
(2) A が直交変換のとき,その逆マトリックス A^{-1} も直交変換となる.
(3) A, B が直交変換のとき,その積 AB も直交変換となる.

問題2 マトリックス $A = \begin{pmatrix} a & b \\ c & d \end{pmatrix}$ が直交変換であるとすれば

$\Delta(A) = ad - bc = 1$ のとき, $A = \begin{pmatrix} a & b \\ -b & a \end{pmatrix}$, $a^2 + b^2 = 1$

$\Delta(A) = ad - bc = -1$ のとき, $A = \begin{pmatrix} a & b \\ b & -a \end{pmatrix}$, $a^2 + b^2 = 1$

逆に,上のようなかたちをしたマトリックス A は直交変換となる.

以上のことを証明しなさい.

第 3 章
ベクトルと幾何

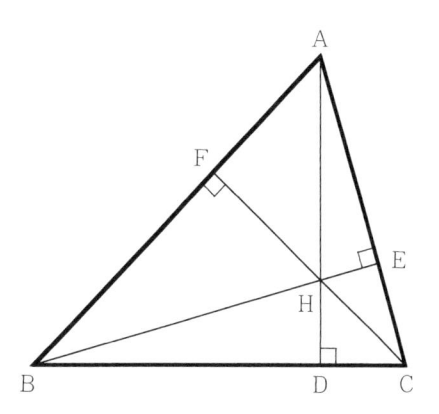

垂心の存在をベクトルを使って証明する

ベクトルを使うと，幾何のむずかしい問題がかんたんに解けることが往々にしてあります．その1つの例として，三角形 △ABC の垂心について，ベクトルを使ったかんたんな存在証明をあげておきましょう．

△ABC の外接円の半径の大きさが1であるとし，△ABC の外心 O を座標軸の原点にとります．$a = \overrightarrow{OA}$, $b = \overrightarrow{OB}$, $c = \overrightarrow{OC}$ とおけば

$$(a, a) = (b, b) = (c, c) = 1$$

つぎのようなベクトル h を考えます．

$$h = a + b + c$$

このベクトル h に対応する点を H とすれば，H が △ABC の垂心となります．△ABC の各頂点 A, B, C と H をむすぶ線分が対辺に対して垂直となることを示せばよいわけす．たとえば，頂点 A についてみれば

$$\overrightarrow{AH} = \overrightarrow{OH} - \overrightarrow{OA} = h - a = b + c, \quad \overrightarrow{BC} = c - b$$
$$(\overrightarrow{AH}, \overrightarrow{BC}) = (c+b, c-b) = (c, c) - (b, b) = 0$$

他の頂点についても同様です．

1

ベクトルと三角形

三角形の重心

三角形の重心については，第 2 巻『図形を考える—幾何』で，その存在を証明しました．三角形の各頂点とその対辺の中点をむすぶ 3 つの直線はかならず 1 点で交わります．その交点が重心ですが，ベクトルを使えばかんたんに証明できます．

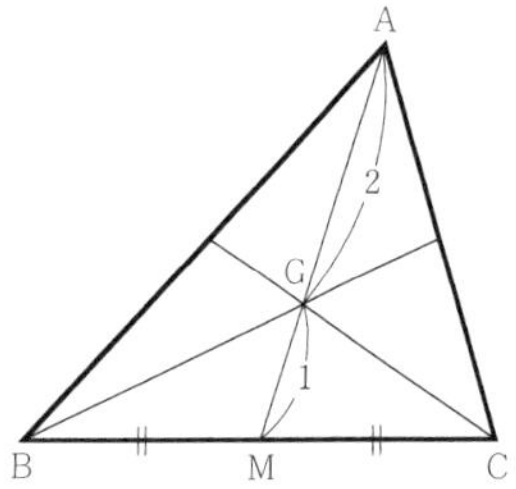

与えられた三角形 △ABC の 3 つの頂点を A, B, C とし，原点 O を任意にとって，$a = \overrightarrow{OA}$, $b = \overrightarrow{OB}$, $c = \overrightarrow{OC}$ とおきます．1 つの頂点 A と，その対辺 BC の中点 M をむすぶ線分を考え，線分 AM を 2 : 1 の比で内分する点を G とし，G に対応するベクトルを $g = \overrightarrow{OG}$ とおきます．

$$g = \frac{1}{3}a + \frac{2}{3}\frac{b+c}{2} = \frac{a+b+c}{3}$$

図 3-1-1

この g の表現からすぐわかるように，G は，他の頂点 B, C についても，それぞれ相対する辺の中点とむすんだ線分上にあります．このようにして，3 つの点 A, B, C に対応するベクトルを a, b, c とすると，△ABC の重心 G に対応するベクトル g は，$g = \dfrac{a+b+c}{3}$ となります．

練習問題 つぎの命題をベクトルを使って証明しなさい．

(1) 三角形 △ABC の辺 BC の中点を M とするとき，△ABC の重心 G は 2 つの三角形 △ABM, △ACM の重心 G′, G″ をむすぶ線分 G′G″ の中点となる．

(2) 三角形 △ABC の辺 BC を 1 : 3 に分割する点を P とするとき，△ABC の重心 G は 2 つの三角形 △ABP, △ACP の重心 G′, G″ をむすぶ線分 G′G″ を 3 : 1 に分割する点となる．

(3) 三角形 △ABC の辺 BC の中点を M とすれば

$$\overrightarrow{AB}+\overrightarrow{AC} > 2\overrightarrow{AM}$$

外心の存在をベクトルを使って証明する

三角形 △ABC の外心の存在も，ベクトルを使うとかんたんに証明することができます．三角形 △ABC の各辺の中点 D, E, F において各辺に垂直な直線を立てると，この3つの垂線はかならず1点 Z で交わります．この点 Z が外心です．

△ABC の3つの頂点を A, B, C とし，原点 O を任意にとって，$\overrightarrow{OA}=a$, $\overrightarrow{OB}=b$, $\overrightarrow{OC}=c$ とおきます．辺 BC の中点 D，辺 AC の中点 E においてそれぞれの辺に立てた垂直な直線の交点を Z とし，$\overrightarrow{OZ}=z$ とおけば

$$\overrightarrow{OD} = \frac{b+c}{2}, \quad \overrightarrow{DZ} = \overrightarrow{OZ}-\overrightarrow{OD} = z-\frac{b+c}{2}, \quad \overrightarrow{CB} = b-c$$

$\overrightarrow{DZ}$ と $\overrightarrow{CB}$ は垂直だから，その内積はゼロとなります．

$$\left(z-\frac{b+c}{2}, b-c\right) = 0 \Rightarrow (z, b-c)-\left(\frac{b+c}{2}, b-c\right) = 0$$

$$\Rightarrow (z, b-c) = \frac{1}{2}(b+c, b-c)$$

$$\Rightarrow (z, b-c) = \frac{1}{2}\{(b,b)-(c,c)\}$$

同じようにして，

$$(z, c-a) = \frac{1}{2}\{(c,c)-(a,a)\}$$

$$\begin{aligned}(z, b-a) &= (z, b-c)+(z, c-a) \\ &= \frac{1}{2}\{(b,b)-(c,c)\}+\frac{1}{2}\{(c,c)-(a,a)\} \\ &= \frac{1}{2}\{(b,b)-(a,a)\}\end{aligned}$$

したがって，

$$\left(z-\frac{b+a}{2}, b-a\right) = 0$$

Z と辺 AB の中点 F をむすぶ直線は辺 AB に対して垂直になり，Z が三角形 △ABC の外心となることがわかります．

Q. E. D.

垂心の存在をベクトルを使って証明する

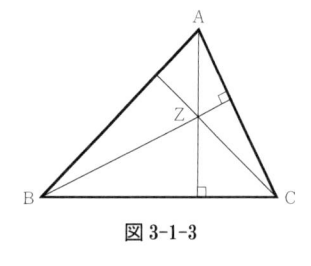

三角形 △ABC の垂心も，ベクトルを使うと，かんたんにその存在を証明することができます．三角形 △ABC の各頂点 A, B, C から対辺に下ろした垂線の足をそれぞれ D, E, F とします．このとき3つの直線 AD, BE, CF はかならず1点 H で交わります．この点 H が垂心です．

このことは本章の冒頭でも示しましたが，今度は少しだけちがうやり方で証明してみましょう．三角形 △ABC の2つの頂点 A, B からその対辺 BC, CA に下ろした垂線が交わる点を Z とします．第3の頂点 C とこの点 Z をむすぶ直線が頂点 C の対辺 AB に対して垂直になることを示せばよいわけです．原点 O を任意にとって $a = \overrightarrow{OA}$, $b = \overrightarrow{OB}$, $c = \overrightarrow{OC}$, $z = \overrightarrow{OZ}$ とおけば，ZA と辺 BC が垂直であるという条件は

$$(z-a, b-c) = 0 \quad \Rightarrow \quad (z, b-c) = (a, b) - (a, c)$$

同じように，ZB と辺 AC が垂直であるという条件は

$$(z-b, c-a) = 0 \quad \Rightarrow \quad (z, c-a) = (b, c) - (b, a)$$

したがって，この2つの関係式の両辺を足し合わせて，整理すれば

$$(z, b-a) = (c, b) - (c, a) \quad \Rightarrow \quad (z-c, b-a) = 0$$

ZC と辺 BC が垂直であるということがわかります．

Q. E. D.

図 3-1-3

内心の存在をベクトルを使って証明する

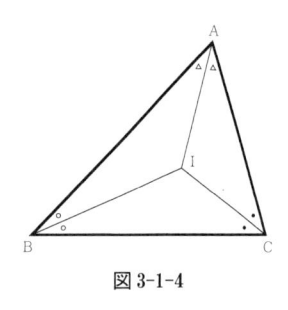

三角形 △ABC の内心の存在もベクトルを使って証明することができます．△ABC の3つの角 ∠A, ∠B, ∠C について，それぞれ角を二等分する直線を引きます．この3つの直線はかならず1点 I で交わります．この点 I が内心です．

内心の存在を証明するために，∠B, ∠C をそれぞれ二等分する直線の交点を I とするとき，AI が ∠A を二等分することを示せばよいわけです．頂点 A を原点にとり，$b = \overrightarrow{AB}$, $c = \overrightarrow{AC}$ とおきます．

∠B, ∠C の二等分線はそれぞれ

図 3-1-4

$$b+\beta\left(\frac{-b}{\|-b\|}+\frac{c-b}{\|c-b\|}\right), \quad c+\gamma\left(\frac{-c}{\|-c\|}+\frac{b-c}{\|b-c\|}\right)$$

(β, γ は任意の数)

によってあらわすことができます．したがって，I に対応するベクトルを $z=\overrightarrow{AI}$ とおけば

$$z = b+\beta\left(\frac{-b}{\|-b\|}+\frac{c-b}{\|c-b\|}\right) = c+\gamma\left(\frac{-c}{\|-c\|}+\frac{b-c}{\|b-c\|}\right)$$

$$\left\{1-\beta\left(\frac{1}{\|b\|}+\frac{1}{\|b-c\|}\right)-\gamma\frac{1}{\|b-c\|}\right\}b$$

$$= \left\{1-\beta\frac{1}{\|b-c\|}-\gamma\left(\frac{1}{\|c\|}+\frac{1}{\|b-c\|}\right)\right\}c$$

2つのベクトル b, c は平行でないから，$tb=sc$ (t, s は実数)とすれば，$t=s=0$ でなければならない（このことから，一般にゼロでない2つのベクトル a, b が平行でないとき，$\lambda a+\mu b=0$ [λ, μ は実数] となるのは，$\lambda=\mu=0$ の場合にかぎることがわかります）．したがって

$$1-\beta\left(\frac{1}{\|b\|}+\frac{1}{\|b-c\|}\right)-\gamma\frac{1}{\|b-c\|}=0,$$

$$1-\beta\frac{1}{\|b-c\|}-\gamma\left(\frac{1}{\|c\|}+\frac{1}{\|b-c\|}\right)=0$$

$$\beta=\frac{\|b\|\|b-c\|}{\|b\|+\|c\|+\|b-c\|}, \quad \gamma=\frac{\|c\|\|b-c\|}{\|b\|+\|c\|+\|b-c\|},$$

$$z=\frac{\|b\|\|c\|}{\|b\|+\|c\|+\|b-c\|}\left(\frac{b}{\|b\|}+\frac{c}{\|c\|}\right)$$

∠B と ∠C をそれぞれ二等分する2つの直線の交点 I が ∠A の二等分線上にあることは，$\overrightarrow{AI}=z$ が $\frac{b}{\|b\|}+\frac{c}{\|c\|}$ の何倍かになっていることからすぐわかるでしょう． Q. E. D.

三角形 △ABC の内心 I のベクトル $z=\overrightarrow{OI}$ は一般につぎのようにあらわすことができます．原点 O を任意にとって，あらためて，$a=\overrightarrow{OA}, b=\overrightarrow{OB}, c=\overrightarrow{OC}$ とおけば

$$\overrightarrow{AI}=\overrightarrow{OI}-\overrightarrow{OA}=z-a, \quad \overrightarrow{AB}=\overrightarrow{OB}-\overrightarrow{OA}=b-a,$$

$$\overrightarrow{AC}=\overrightarrow{OC}-\overrightarrow{OA}=c-a$$

$$z-a=\frac{\|b-a\|\|c-a\|}{\|b-a\|+\|c-a\|+\|b-c\|}\left(\frac{b-a}{\|b-a\|}+\frac{c-a}{\|c-a\|}\right)$$

したがって，

62 ページの練習問題の答え
(1) M, G, G′, G″ に対応するベクトルを m, g, g', g'' とすれば，$m=\frac{b+c}{2}$, $g=\frac{a+b+c}{3}$, $g'=\frac{a+b+m}{3}$, $g''=\frac{a+c+m}{3}$ $\Rightarrow g=\frac{g'+g''}{2}$.

(2) P, G, G′, G″ に対応するベクトルを p, g, g', g'' とすれば，$p=\frac{3b+c}{4}$, $g=\frac{a+b+c}{3}$, $g'=\frac{a+b+p}{3}$, $g''=\frac{a+c+p}{3}$ $\Rightarrow g=\frac{g'+3g''}{4}$.

(3) $b=\overrightarrow{AB}, c=\overrightarrow{AC}$ とおけば，$\overrightarrow{AM}=\frac{1}{2}(b+c)\Rightarrow\|\overrightarrow{AM}\|=\frac{1}{2}\|b+c\|<\frac{1}{2}(\|b\|+\|c\|)=\frac{1}{2}(\overrightarrow{AB}+\overrightarrow{AC})$.

$$z = \frac{s_A}{s}a + \frac{s_B}{s}b + \frac{s_C}{s}c$$

ここで，
$$s = s_A + s_B + s_C,$$
$$s_A = \|b-c\|, \quad s_B = \|c-a\|, \quad s_C = \|a-b\|$$

練習問題 三角形の傍心の存在をベクトルを使って証明しなさい．△ABC について，たとえば頂点 A をとれば，その内角 ∠A，および他の 2 つの頂点 B, C のそれぞれの外角，この 3 つの角の二等分線は 1 点で交わります．この点が頂点 A に対する傍心です．

ヒント 頂点 A を原点にとり，$b = \overrightarrow{AB}$, $c = \overrightarrow{AC}$ とおけば，∠B, ∠C の外角の二等分線の方程式はそれぞれ，$b + \beta\left(\frac{b}{\|-b\|} + \frac{c-b}{\|c-b\|}\right)$, $c + \gamma\left(\frac{c}{\|-c\|} + \frac{b-c}{\|b-c\|}\right)$ となることを使う．

角の二等分線は対辺を角をはさむ 2 辺の長さの比に内分する

三角形 △ABC の角 ∠A の二等分線が対辺 BC と交わる点を D とすれば
$$\overline{DB} : \overline{DC} = \overline{AB} : \overline{AC}$$

証明 頂点 A を原点にとり，$b = \overrightarrow{AB}$, $c = \overrightarrow{AC}$, $z = \overrightarrow{AD}$ とおく．∠A の二等分線は $\frac{b}{\|b\|} + \frac{c}{\|c\|}$ のつくる直線となるから

$$z = \lambda\left(\frac{b}{\|b\|} + \frac{c}{\|c\|}\right) = (1-t)b + tc \quad (\lambda > 0)$$

$$\lambda = \frac{\|b\|\|c\|}{\|b\| + \|c\|}, \quad 1 - t = \frac{\|c\|}{\|b\| + \|c\|}, \quad t = \frac{\|b\|}{\|b\| + \|c\|}$$

$$\|b - z\| = t\|b - c\|, \quad \|c - z\| = (1-t)\|b - c\|$$
$$\|b - z\| : \|c - z\| = \|b\| : \|c\| \qquad \text{Q.E.D.}$$

練習問題 三角形 △ABC の角 ∠A の外角の二等分線が対辺 BC と交わる点 D は，対辺 BC を ∠A をはさむ 2 辺の長さの比に外分する．
$$\overline{DB} : \overline{DC} = \overline{AB} : \overline{AC}$$

ヒント ∠A の外角の二等分線は $-\frac{b}{\|b\|} + \frac{c}{\|c\|}$ からつくられる直線となることを使う．

2

ベクトルと円

ベクトルと円の性質

ベクトルを使うと，中心 a，半径 r の円はつぎのようにあらわすことができます．
$$(x-a, x-a) = r^2$$
円にかんする幾何の問題を考えるとき，円の中心 O を原点として，半径の大きさが 1 になるように座標軸をとるとかんたんになります．このとき，円 O の方程式は，
$$(x, x) = 1$$
以下の証明では，とくにことわらないかぎり，このような座標をとって考えます．

円の接線 円 O 上の点 P を通り半径 OP に垂直な直線 PQ は円の接線になる．逆に，円 O 上の点 P における円の接線 PQ は半径 OP に垂直である．

証明 円の中心 O を原点として，半径の大きさが 1 になるように座標軸をとれば，円 O の方程式は，
$$(x, x) = 1$$
P を通り OP に垂直な直線 PQ 上の P 以外の任意の点を Q とし，$\overrightarrow{OP}=p$, $\overrightarrow{OQ}=q$, $\overrightarrow{PQ}=u=q-p$ とおけば
$$(p, p) = 1, \quad (p, u) = 0, \quad u \neq 0$$
$$\overrightarrow{OQ}^2 = (q, q) = (p+u, p+u) = (p, p) + 2(p, u) + (u, u)$$
$$= 1 + (u, u) > 1$$
すなわち，直線 PQ は円の接線となります．

逆に，直線 PQ が円 O 上の点 P における円の接線であるとします．すなわち，PQ 上の任意の点 Q に対して，$\overrightarrow{OQ} > 1$．$p=\overrightarrow{OP}$, $q=\overrightarrow{OQ}$, $u=q-p$ とおけば，任意の t について，$p+tu$ に対応する点はかならず接線 PQ の上にある．したがって，つぎの不等式が任意の t について成立します．
$$(p+tu, p+tu) \geq 1$$

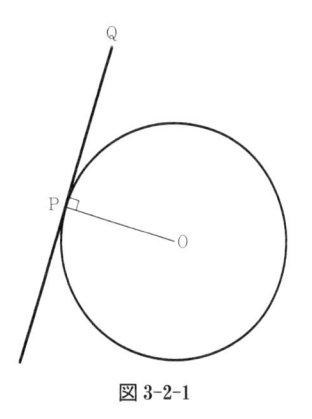

図 3-2-1

$$(u,u)t^2+2(p,u)t+(p,p) \geqq 1 \quad \Rightarrow \quad (u,u)t^2+2(p,u)t \geqq 0$$

この不等式がすべての t について成立しているから，$(p,u)=0$．すなわち，直線 PQ は半径 OP に垂直となる．

Q. E. D.

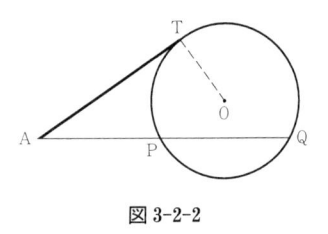

円の外の点から接線を引く 円 O の外の点 A から円 O に引いた接線の接点を T とし，A を通る任意の直線が円 O と交わる点を P, Q とすれば

$$\overline{AT}^2 = \overline{AP} \times \overline{AQ}$$

図 3-2-2

証明 円の中心 O を原点とし，円の半径を 1 とすれば，円の方程式は

$$(x,x) = 1$$

$\overrightarrow{OA}=a$ とおけば，$(a,a)>1$．A を通る任意の直線 $x=a+tu$ (u はある一定のベクトル，t は任意の数)が円 O と交わる点を P, Q とし，$p=\overrightarrow{OP}$, $q=\overrightarrow{OQ}$ とおけば

$$p = a+t_1 u, \quad q = a+t_2 u, \quad (p,p) = (q,q) = 1$$

このとき，t_1, t_2 はつぎの二次方程式の根となります．

$$(a+tu, a+tu) = 1 \quad \Rightarrow \quad (u,u)t^2+2(a,u)t+(a,a)-1 = 0$$

根と係数の関係によって，$t_1 t_2 = \dfrac{(a,a)-1}{(u,u)}$．

$$\overline{AP}^2 = (p-a, p-a) = (t_1 u, t_1 u) = t_1^2 (u,u),$$
$$\overline{AQ}^2 = (q-a, q-a) = (t_2 u, t_2 u) = t_2^2 (u,u)$$

$$\overline{AP} \times \overline{AQ} = t_1 t_2 (u,u) = \frac{(a,a)-1}{(u,u)}(u,u) = (a,a)-1$$

A から円 O に引いた接線 AT は上の二次方程式が等根をもつ場合で

$$\overline{AT}^2 = \overline{AT} \times \overline{AT} = (a,a)-1 \quad \Rightarrow \quad \overline{AT}^2 = \overline{AP} \times \overline{AQ}$$

Q. E. D.

上の証明はそのまま，つぎの方ベキの定理(I)の証明になっています．

方ベキの定理(I) 円 O の外の点 A を通る任意の 2 つの直線が円 O と交わる点をそれぞれ P, Q, P′, Q′ とすれば

$$\overline{AP} \times \overline{AQ} = \overline{AP'} \times \overline{AQ'}$$

方ベキの定理(II) 円 O のなかの点 A を通る任意の 2 つの直線が円 O と交わる点をそれぞれ P, Q, P′, Q′ とすれば

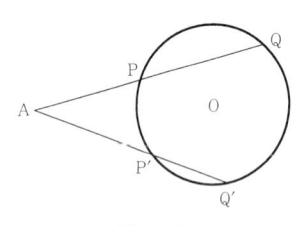

図 3-2-3

$$\overrightarrow{\mathrm{AP}} \times \overrightarrow{\mathrm{AQ}} = \overrightarrow{\mathrm{AP'}} \times \overrightarrow{\mathrm{AQ'}}$$

証明 $\overrightarrow{\mathrm{OA}} = a$ とすれば，$(a,a) < 1$．A を通る任意の直線 $x = a + tu$ が円 O と交わる交点を P, Q とし，$p = \overrightarrow{\mathrm{OP}}$, $q = \overrightarrow{\mathrm{OQ}}$ とおけば，

$$p = a + t_1 u, \quad q = a + t_2 u, \quad (p,p) = (q,q) = 1$$

このとき，t_1, t_2 はつぎの二次方程式の根となります．

$$(a+tu, a+tu) = 1$$
$$\Rightarrow (u,u)t^2 + 2(a,u)t - \{1-(a,a)\} = 0$$

根と係数の関係によって，$t_1 t_2 = -\dfrac{1-(a,a)}{(u,u)}$．

$$\overrightarrow{\mathrm{AP}}^2 = (p-a, p-a) = (t_1 u, t_1 u) = t_1^2 (u,u),$$
$$\overrightarrow{\mathrm{AQ}}^2 = (q-a, q-a) = (t_2 u, t_2 u) = t_2^2 (u,u)$$

$$\overrightarrow{\mathrm{AP}} \times \overrightarrow{\mathrm{AQ}} = -t_1 t_2 (u,u) = \dfrac{1-(a,a)}{(u,u)}(u,u) = 1-(a,a)$$

Q. E. D.

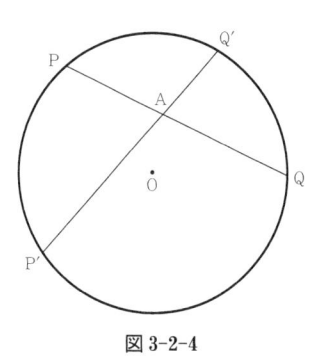

図 3-2-4

直径の円周角は 90° である　円の直径の円周角は 90° となる．逆に，円周角が 90° となるような弦は直径である．

証明　円の中心 O を原点として，半径の大きさが 1 になるように座標軸をとる．AB を直径とし $\overrightarrow{\mathrm{OA}} = a$ とおけば，$\overrightarrow{\mathrm{OB}} = -a$．円 O 上の任意の点 P のベクトルを $\overrightarrow{\mathrm{OP}} = x$ とおけば，$\overrightarrow{\mathrm{AP}} = x - a$, $\overrightarrow{\mathrm{BP}} = x + a$ で

$$(a,a) = 1, \quad (x,x) = 1$$
$$(x-a, x+a) = (x,x) - (a,a) = 0 \Rightarrow \angle \mathrm{APB} = 90°$$

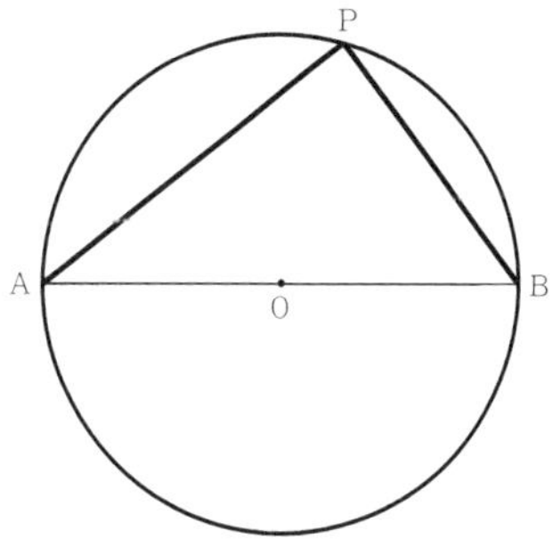

逆に，円周角が 90° となるような円 O の弦 AB をとり，AB の中点を C とし，$\overrightarrow{\mathrm{CA}} = b$, $\overrightarrow{\mathrm{OC}} = c$ とおけば

$$\overrightarrow{\mathrm{OA}} = \overrightarrow{\mathrm{OC}} + \overrightarrow{\mathrm{CA}} = c + b, \quad \overrightarrow{\mathrm{OB}} = \overrightarrow{\mathrm{OC}} + \overrightarrow{\mathrm{CB}} = c - b$$
$$(c, b) = 0$$
$$\overrightarrow{\mathrm{OA}}^2 = (c+b, c+b) = (c,c) + (b,b) = 1$$

図 3-2-5

ここで C は O と一致しないと仮定する．O, C を通る半径の端点を D とし，$\overrightarrow{\mathrm{OD}} = tc$ とおけば，$t > 1$．

$$\overrightarrow{\mathrm{OD}}^2 = (tc, tc) = t^2 (c,c) = 1$$
$$\angle \mathrm{ADB} = 90° \Rightarrow (tc-c-b, tc-c+b) = 0$$
$$\Rightarrow (t-1)^2 (c,c) - (b,b) = 0$$
$$\Rightarrow 2(t-1)(c,c) = 0$$
$$\Rightarrow (c,c) = 0 \Rightarrow c = 0$$

よって，仮定は矛盾し，C は O と一致して，AB は直径となります．　　　　　　　　　　　　　　　　　　　Q. E. D.

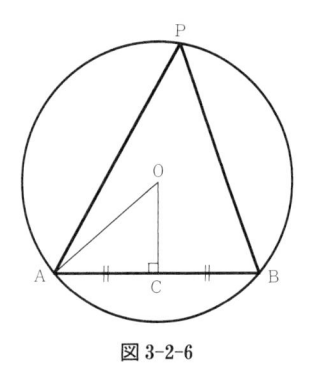

円周角は一定である　　円 O の弧 AB の円周角は一定である．

証明　円の中心 O を原点として，半径の大きさが 1 になるように座標軸をとります．弦 AB の中点を C とし，$\overrightarrow{OC}=c$, $\overrightarrow{CA}=a$ とおけば

$$\overrightarrow{CB} = -a, \quad (a,c) = 0$$
$$\overrightarrow{OA} = \overrightarrow{OC}+\overrightarrow{CA} = c+a, \quad \overrightarrow{OB} = \overrightarrow{OC}+\overrightarrow{CB} = c-a$$
$$\overrightarrow{OA}^2 = (c+a, c+a) = (c,c)+(a,a) = 1$$

円 O 上の任意の点 P をとり，$\overrightarrow{OP}=p$ とおけば，$(p,p)=1$.

$$\cos \angle APB = \frac{(p-c-a, p-c+a)}{\|p-c-a\|\,\|p-c+a\|}$$

$$(p-c-a, p-c+a) = (p-c, p-c)-(a,a)$$
$$= (p,p)-2(p,c)+(c,c)-(a,a)$$
$$= 2\{(c,c)-(p,c)\}$$

$$\|p-c-a\|^2 = (p,p)-2(p,c+a)+(c+a,c+a)$$
$$= 2\{1-(p,c)-(p,a)\}$$

$$\|p-c+a\|^2 = (p,p)-2(p,c-a)+(c-a,c-a)$$
$$= 2\{1-(p,c)+(p,a)\}$$

$$\|p-c-a\|^2\|p-c+a\|^2$$
$$= 4\{1-(p,c)-(p,a)\}\{1-(p,c)+(p,a)\}$$
$$= 4\{1-2(p,c)+(p,c)^2-(p,a)^2\}$$

p と c, a との間の角の大きさをそれぞれ α, β とすれば，2つのベクトル c, a は直交するから，$\beta = \dfrac{\pi}{2}+\alpha$. したがって

$$\cos^2\alpha + \cos^2\beta = \cos^2\alpha + \sin^2\alpha = 1$$
$$\Rightarrow \quad \frac{(p,c)^2}{(c,c)}+\frac{(p,a)^2}{(a,a)} = 1$$
$$\Rightarrow \quad (p,a)^2 = (a,a)\left\{1-\frac{(p,c)^2}{(c,c)}\right\}$$

$$\|p-c-a\|^2\|p-c+a\|^2$$
$$= 4\left[1-2(p,c)+(p,c)^2-(a,a)\left\{1-\frac{(p,c)^2}{(c,c)}\right\}\right]$$
$$= 4\left\{(c,c)-2(p,c)+\frac{(p,c)^2}{(c,c)}\right\}$$

$$= \frac{4}{(c,c)}\{(c,c)-(p,c)\}^2$$

$$\cos^2\angle\text{APB} = \frac{(p-c-a,\,p-c+a)^2}{\|p-c-a\|^2\|p-c+a\|^2} = (c,c) = \text{一定}$$

Q. E. D.

練習問題 つぎの命題をベクトルを使って証明しなさい．

円 O の 2 つの弦 AB, CD の長さの大小と中心 O からの距離の大小は逆の関係にある．また，2 つの弦 AB, CD がともに劣弧の弦のとき，2 つの弦 AB, CD の長さの大小と中心角の大小は一致する．

ヒント
上の証明における $\angle\text{AOB}=2\angle\text{APB}$, $\cos\angle\text{APB}=\sqrt{(c,c)}$, $(c,c)=1-(a,a)$ を使う．

3 ベクトルを使って幾何の問題を解く

　ベクトルを使って幾何の問題を解くことができます．第 2 巻『図形を考える―幾何』で数多くの幾何の問題を解きましたが，なかにはたいへんむずかしい問題があって，みなさんもうまい補助線を見つけるのに苦労したことと思います．ベクトルを使って幾何の問題を解くとき，一般に計算は複雑になることが多いのですが，デリケートな補助線を使わなくても解答を見いだすことができます．また，ベクトルの考え方はこれからお話しする数学で基本的といってよい役割をはたしますので，ベクトルの考え方の理解を深めるという意味もあって，代表的な幾何の問題をベクトルを使って解くことにしましょう．

例題 1 三角形 △ABC の垂心 H，重心 G，外心 O は一直線上にあり，垂心 H と重心 G との間の距離 $\overrightarrow{HG}$ は重心 G と外心 O との間の距離 $\overrightarrow{OG}$ の 2 倍となる．

証明 外接円の中心 O を原点として，$a=\overrightarrow{OA}$, $b=\overrightarrow{OB}$, $c=\overrightarrow{OC}$ とおけば

$$\overrightarrow{OH}=h=a+b+c, \quad \overrightarrow{OG}=g=\frac{a+b+c}{3}$$

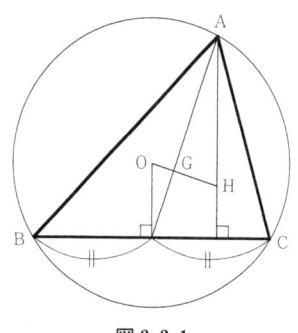

図 3-3-1

$$\Rightarrow \quad \overrightarrow{OH} = 3\overrightarrow{OG}, \quad \overrightarrow{HG} = 2\overrightarrow{OG} \qquad \text{Q. E. D.}$$

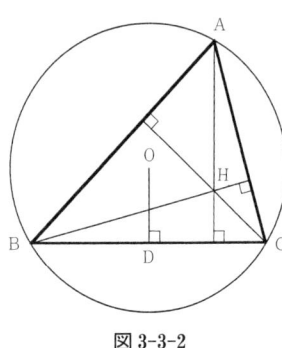

例題 2 (オイラーの定理) 三角形 △ABC の頂点 A と垂心 H の距離 AH は，外接円の中心 O から辺 BC に下ろした垂線 OD の長さの 2 倍となる．

証明 外接円の中心 O を原点として，$a = \overrightarrow{OA}$, $b = \overrightarrow{OB}$, $c = \overrightarrow{OC}$ とおけば

$$\overrightarrow{OH} = h = a+b+c \quad \Rightarrow \quad \overrightarrow{AH} = h-a = b+c$$

$$\overrightarrow{OD} = \frac{1}{2}(b+c) \quad \Rightarrow \quad \overrightarrow{AH} = 2\overrightarrow{OD} \quad \Rightarrow \quad \overrightarrow{AH} = 2\overrightarrow{OD}$$

Q. E. D.

図 3-3-2

例題 3 (カルノーの定理) 三角形 △ABC の重心を G とすれば

$$\overline{BC}^2 + 3\overline{AG}^2 = \overline{CA}^2 + 3\overline{BG}^2 = \overline{AB}^2 + 3\overline{CG}^2$$

証明 外接円の中心 O を原点とし，半径を 1 とし，$a = \overrightarrow{OA}$, $b = \overrightarrow{OB}$, $c = \overrightarrow{OC}$ とおけば

$$(a,a) = (b,b) = (c,c) = 1$$

$$\overrightarrow{OG} = \frac{a+b+c}{3}$$

$$\overrightarrow{AG} = \overrightarrow{OG} - \overrightarrow{OA} = \frac{a+b+c}{3} - a = \frac{-2a+b+c}{3}$$

$$\overline{BC}^2 + 3\overline{AG}^2 = (b-c, b-c) + \frac{1}{3}(-2a+b+c, -2a+b+c)$$

$$= 2\{1-(b,c)\} + \frac{1}{3}\{6 + 2(b,c) - 4(c,a) - 4(a,b)\}$$

$$= \frac{4}{3}\{3 - (b,c) - (c,a) - (a,b)\} = \text{一定}$$

図 3-3-3

Q. E. D.

例題 4 (メネラウスの定理) 1 つの直線 l が三角形 △ABC の辺 BC, CA, AB あるいはその延長と交わる点をそれぞれ P, Q, R とすれば

$$\frac{\overline{PB}}{\overline{PC}} \frac{\overline{QC}}{\overline{QA}} \frac{\overline{RA}}{\overline{RB}} = 1$$

メネラウスの定理の逆も成立する．

証明 $\overrightarrow{AB} = b$, $\overrightarrow{AC} = c$, $\overrightarrow{AR} = rb$, $\overrightarrow{AQ} = sc$, $\overrightarrow{AP} = (1-t)b + tc$, $t > 1$ とおけば

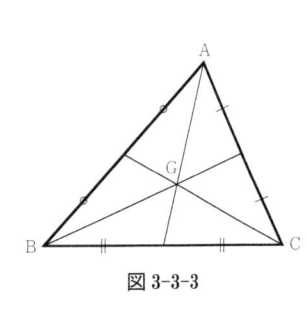

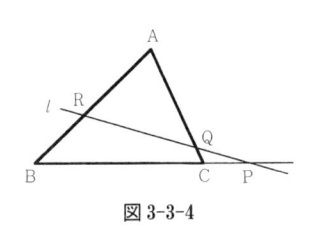

図 3-3-4

$$\frac{\overline{PB}}{\overline{PC}} = \frac{t}{t-1}, \quad \frac{\overline{QC}}{\overline{QA}} = \frac{1-s}{s}, \quad \frac{\overline{RA}}{\overline{RB}} = \frac{r}{1-r}$$

P, Q, R が一直線上にあるとき
$$sc - rb = \lambda\{(1-t)b + tc - rb\}$$
となるような λ が存在します．したがって

$$s = \lambda t, \ r = \lambda(r+t-1) \Rightarrow r = \frac{s(t-1)}{t-s}, \ 1-r = \frac{t(1-s)}{t-s}$$

$$\Rightarrow \frac{r}{1-r} = \frac{s(t-1)}{t(1-s)}$$

$$\Rightarrow \frac{t}{t-1}\frac{1-s}{s}\frac{r}{1-r} = 1$$

メネラウスの定理の逆は，上の証明を逆にたどればよい．
[奇数個の辺（つまり，1 個か 3 個の辺）について，t, s, r の値が負数か，1 より大きい数の場合，対応する点 P, Q, R は対応する辺の延長上にある．] Q. E. D.

例題 5（チェバの定理） 三角形 △ABC の 3 つの辺 BC, CA, AB あるいはその延長上に，それぞれ点 P, Q, R がある．この 3 つの点 P, Q, R とそれぞれ相対する頂点 A, B, C とをむすぶ直線が 1 点 O で交わるとすれば

$$\frac{\overline{PB}}{\overline{PC}}\frac{\overline{QC}}{\overline{QA}}\frac{\overline{RA}}{\overline{RB}} = 1$$

チェバの定理の逆も成立する．

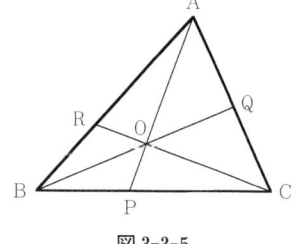

図 3-3-5

証明 $\overrightarrow{AB} = b$, $\overrightarrow{AC} = c$, $\overrightarrow{AR} = rb$, $\overrightarrow{AQ} = sc$, $\overrightarrow{AP} = (1-t)b + tc$ とおけば

$$\frac{\overline{PB}}{\overline{PC}} = \frac{t}{1-t}, \quad \frac{\overline{QC}}{\overline{QA}} = \frac{1-s}{s}, \quad \frac{\overline{RA}}{\overline{RB}} = \frac{r}{1-r}$$

AP, BQ, CR が 1 点 O で交わるとき
$$\overrightarrow{AO} = (1-\lambda)rb + \lambda c = (1-\mu)b + \mu sc = u\{(1-t)b + tc\}$$
をみたす λ, μ, u が存在します．したがって

$$ut = \frac{s(1-r)}{1-sr}, \ u(1-t) = \frac{r(1-s)}{1-sr} \Rightarrow \frac{t}{1-t} = \frac{s(1-r)}{r(1-s)}$$

$$\Rightarrow \frac{t}{1-t}\frac{1-s}{s}\frac{r}{1-r} = 1$$

チェバの定理の逆は，上の証明を逆にたどればよい．
[偶数個の辺（つまり，0 個か 2 個の辺）について，t, s, r の値が負数か，1 より大きい数の場合，対応する点 P, Q, R は対

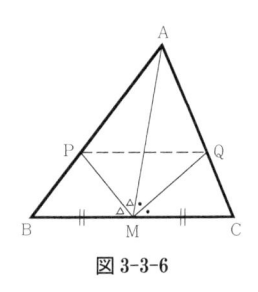

応する辺の延長上にある．] Q. E. D.

例題 6 三角形 △ABC の辺 BC の中点を M とする．角 ∠AMB, ∠AMC の二等分線が辺 AB, AC と交わる点をそれぞれ P, Q とすれば，PQ は辺 BC と平行になる．

証明 $a = \overrightarrow{MA}$, $b = \overrightarrow{MB}$, $p = \overrightarrow{MP}$ とおけば，$\overrightarrow{MC} = -b$.

∠AMB の二等分線はベクトル $\dfrac{a}{\|a\|} + \dfrac{b}{\|b\|}$ によってつくられるから

$$p = (1-t)a + tb = \lambda\left(\dfrac{a}{\|a\|} + \dfrac{b}{\|b\|}\right) \quad (0 < t < 1,\ \lambda > 0)$$

したがって，

$$p = \dfrac{\|b\|}{\|a\|+\|b\|} a + \dfrac{\|a\|}{\|a\|+\|b\|} b$$

同じようにして，

$$q = \dfrac{\|b\|}{\|a\|+\|b\|} a - \dfrac{\|a\|}{\|a\|+\|b\|} b$$

$$\overrightarrow{QP} = p - q = \dfrac{2\|a\|}{\|a\|+\|b\|} b \quad \Rightarrow \quad QP \parallel BC$$

Q. E. D.

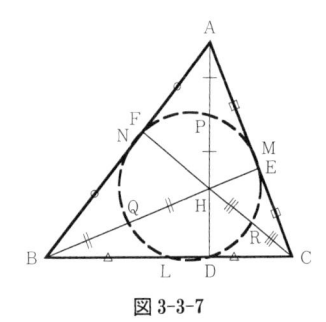

例題 7（九点円にかんするフォイエルバッハの定理） 三角形 △ABC の各辺 BC, CA, AB の中点 L, M, N，各頂点 A, B, C から対辺に下ろした垂線の足 D, E, F，各頂点 A, B, C と垂心 H をむすぶ線分の中点 P, Q, R の 9 個の点は 1 つの円（九点円）の上にある．九点円の中心 V は，外心 O と垂心 H をむすぶ線分の中点にあって，その半径は外接円の半径の $\dfrac{1}{2}$ に等しい．

証明 外接円の中心 O を原点とし，半径 1 とし，$a = \overrightarrow{OA}$, $b = \overrightarrow{OB}$, $c = \overrightarrow{OC}$ とおけば，$h = \overrightarrow{OH} = a+b+c$. OH の中点 K のベクトルは $k = \overrightarrow{OK} = \dfrac{1}{2}(a+b+c)$.

$$\overrightarrow{LK} = \overrightarrow{OK} - \overrightarrow{OL} = \dfrac{1}{2}h - \dfrac{1}{2}(b+c) = \dfrac{1}{2}a$$

$$\Rightarrow \quad \overrightarrow{LK} = \dfrac{1}{2}\|a\| = \dfrac{1}{2}$$

$$\overrightarrow{PK} = \overrightarrow{OK} - \overrightarrow{OP} = \frac{1}{2}h - \frac{1}{2}(a+h) = -\frac{1}{2}a$$

$$\Rightarrow \quad \overline{PK} = \frac{1}{2}\|-a\| = \frac{1}{2}$$

また，$\overline{OK} = \overline{KH}$，$OL \perp LD$，$HD \perp LD$ であるから，K から LD に下ろした垂線の足を X とおくと，$\overline{LX} = \overline{XD}$．ゆえに △KLD は二等辺三角形となり，

$$\overline{DK} = \overline{LK} = \frac{1}{2}$$

他の 6 つの点についても，K からの距離が $\frac{1}{2}$ になります．

Q. E. D.

例題 8（ブラーマグプタの定理） 円に内接する四角形 □ABCD の 2 つの対角線が直交するとき，2 つの対角線の交点 P から 1 つの辺 AD に下ろした垂線 PQ の延長が対辺 BC と交わる点 R は辺 BC を二等分する：$\overline{RB} = \overline{RC}$．

証明 P を原点として，$a = \overrightarrow{PA}$，$b = \overrightarrow{PB}$ とおけば

$(a, b) = 0$，$\overrightarrow{PC} = -ta$，$\overrightarrow{PD} = -sb$，$\overrightarrow{AD} = -sb - a$

方ベキの定理によって

$$\overline{PA} \times \overline{PC} = \overline{PB} \times \overline{PD} \Rightarrow t(a,a) = s(b,b)$$

辺 BC の中点を M とおけば，$\overrightarrow{PM} = \frac{1}{2}(b - ta)$．

$$(\overrightarrow{AD}, \overrightarrow{PM}) = \left(-sb - a, \frac{1}{2}(b - ta)\right)$$

$$= \frac{1}{2}\{t(a,a) - s(b,b)\} = 0$$

Q. E. D.

図 3-3-8

例題 9（プトレマイオスの定理） 円に内接する四角形 □ABCD について，相対する辺の積の和は対角線の積に等しい．

$$\overline{AB} \times \overline{DC} + \overline{AD} \times \overline{BC} = \overline{AC} \times \overline{BD}$$

証明 □ABCD の 2 つの対角線 AC, BD の交点 O を原点として，$a = \overrightarrow{OA}$，$b = \overrightarrow{OB}$ とおけば，

$$\overrightarrow{OC} = -\lambda a, \quad \overrightarrow{OD} = -\mu b, \quad \lambda, \mu > 0$$

方ベキの定理によって

$$\overline{OA} \times \overline{OC} = \overline{OB} \times \overline{OD} \Rightarrow \lambda(a,a) = \mu(b,b) \ (= k \text{ とおく})$$

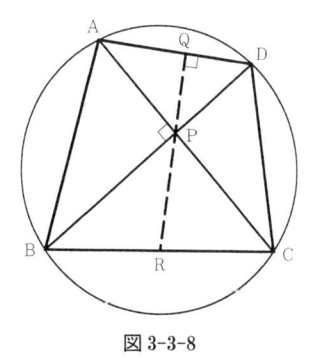

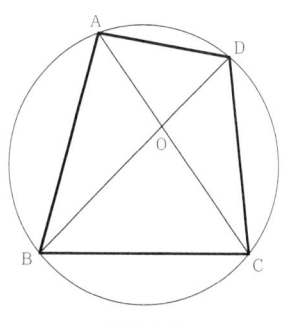

図 3-3-9

$$\overrightarrow{AB}^2 = (a-b, a-b),$$
$$\overrightarrow{DC}^2 = (-\lambda a + \mu b, -\lambda a + \mu b)$$
$$= \lambda^2(a,a) - 2\lambda\mu(a,b) + \mu^2(b,b)$$
$$= \lambda\{\lambda(a,a) - \mu(a,b)\} - \mu\{\lambda(a,b) - \mu(b,b)\}$$
$$= \lambda\{\mu(b,b) - \mu(a,b)\} - \mu\{\lambda(a,b) - \lambda(a,a)\}$$
$$= \lambda\mu\{(a,a) - 2(a,b) + (b,b)\} = \lambda\mu(a-b, a-b)$$

$$\overrightarrow{AB} \times \overrightarrow{DC} = \sqrt{\lambda\mu}(a-b, a-b) = \frac{1}{\sqrt{\lambda\mu}}(\lambda+\mu)k - 2\sqrt{\lambda\mu}(a,b)$$

同様にして,
$$\overrightarrow{AD} \times \overrightarrow{BC} = \sqrt{\frac{\mu}{\lambda}}(\lambda a + b, \lambda a + b)$$
$$= \frac{1}{\sqrt{\lambda\mu}}(1+\lambda\mu)k + 2\sqrt{\lambda\mu}(a,b)$$

$$\overrightarrow{AB} \times \overrightarrow{DC} + \overrightarrow{AD} \times \overrightarrow{BC} = \frac{(1+\lambda)(1+\mu)}{\sqrt{\lambda\mu}}k$$

$$\overrightarrow{AC} \times \overrightarrow{BD} = (1+\lambda)(1+\mu)\|a\|\|b\| = \frac{(1+\lambda)(1+\mu)}{\sqrt{\lambda\mu}}k$$

ゆえに,
$$\overrightarrow{AB} \times \overrightarrow{DC} + \overrightarrow{AD} \times \overrightarrow{BC} = \overrightarrow{AC} \times \overrightarrow{BD} \quad \text{Q. E. D.}$$

例題 10 円 O に内接する四角形 □ABCD の各辺 AB, BC, CD, DA の中点からそれぞれの対辺に下ろした垂線はある 1 点で交わる.

証明 外接円の中心 O を原点とし, $a = \overrightarrow{OA}$, $b = \overrightarrow{OB}$, $c = \overrightarrow{OC}$, $d = \overrightarrow{OD}$ とおき,
$$p = \overrightarrow{OP} = \frac{1}{2}(a+b+c+d)$$

とすれば, P が求める点である. たとえば, 辺 AB の中点 M をとれば
$$\overrightarrow{OM} = \frac{1}{2}(a+b), \quad \overrightarrow{MP} = \overrightarrow{OP} - \overrightarrow{OM} = \frac{1}{2}(c+d),$$
$$\overrightarrow{DC} = c - d$$
$$(\overrightarrow{MP}, \overrightarrow{DC}) = \left(\frac{1}{2}(c+d), c-d\right) = \frac{1}{2}\{(c,c) - (d,d)\} = 0$$
$$\Rightarrow \quad MP \perp DC \qquad\qquad \text{Q. E. D.}$$

例題 11 任意の点 P から円 O に引いた 2 つの接線 PA, PB と 1 つの割線 PCD について

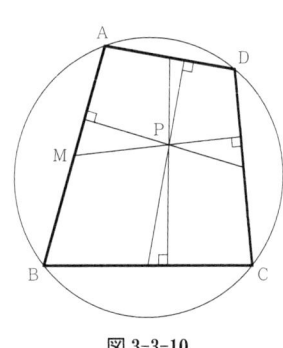

図 3-3-10

$$\overrightarrow{AD} \times \overrightarrow{BC} = \overrightarrow{AC} \times \overrightarrow{BD}$$

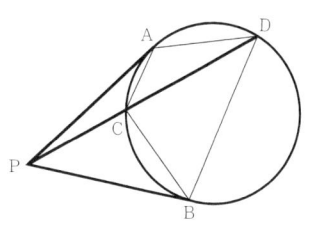

証明 円 O の中心を原点とし，半径が 1 になるように座標軸をとり，$p=\overrightarrow{OP}$, $a=\overrightarrow{OA}$, $b=\overrightarrow{OB}$, $c=\overrightarrow{OC}$, $d=\overrightarrow{OD}$ とおけば

$$(p-a, a) = 0, \quad (p-b, b) = 0$$
$$\Rightarrow \quad (p, a) = (a, a) = 1, \quad (p, b) = (b, b) = 1$$

また，$c = p + t_1 u$, $d = p + t_2 u$, $(u, u) = 1$ とおけば，$(c, c) = (d, d) = 1$.

t_1, t_2 はつぎの二次方程式の根となります．

$$t^2 + 2(p, u)t + (p, p) - 1 = 0$$
$$\overrightarrow{AC}^2 = -2t_1(a, u), \quad \overrightarrow{AD}^2 = -2t_2(a, u),$$
$$\overrightarrow{BC}^2 = -2t_1(b, u), \quad \overrightarrow{BD}^2 = -2t_2(b, u)$$
$$\overrightarrow{AD}^2 \times \overrightarrow{BC}^2 = 4t_1 t_2 (a, u)(b, u),$$
$$\overrightarrow{AC}^2 \times \overrightarrow{BD}^2 = 4t_1 t_2 (a, u)(b, u) \quad \text{Q. E. D.}$$

例題 12（ニュートンの定理） 任意の四辺形 □ABCD について，2つの対角線 AC, BD の中点を P, Q とし，2組の対辺 AD, BC と BA, CD の延長の交点 H, K をむすぶ線分 HK の中点を R とすれば，3つの点 P, Q, R は一直線上にある．

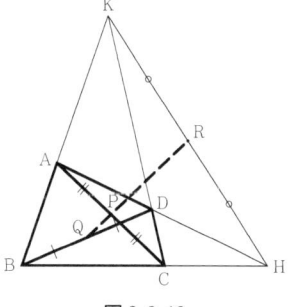

証明 □ABCD が図 3-3-12 のような場合を考え，$\overrightarrow{BA}=a$, $\overrightarrow{BC}=c$, $\overrightarrow{BK}=\lambda a$, $\overrightarrow{BH}=\mu c$ とおけば

$$\overrightarrow{BD} = (1-s)a + s\mu c = (1-t)c + t\lambda a$$

と書くことができるから，

$$t = \frac{\mu - 1}{\lambda \mu - 1}, \quad 1 - t = \frac{\mu(\lambda - 1)}{\lambda \mu - 1}$$

$$\overrightarrow{BD} = \frac{\lambda(\mu - 1)}{\lambda \mu - 1} a + \frac{\mu(\lambda - 1)}{\lambda \mu - 1} c$$

$$\Rightarrow \quad q = \overrightarrow{BQ} = \frac{1}{2}\overrightarrow{BD} = \frac{1}{2}\left\{\frac{\lambda(\mu-1)}{\lambda\mu-1}a + \frac{\mu(\lambda-1)}{\lambda\mu-1}c\right\}$$

$$p = \overrightarrow{BP} = \frac{1}{2}(a+c), \quad r = \overrightarrow{BR} = \frac{1}{2}(\lambda a + \mu c)$$

$$p - q = \frac{1}{2}\left(\frac{\lambda-1}{\lambda\mu-1}a + \frac{\mu-1}{\lambda\mu-1}c\right)$$

$$= \frac{1}{2(\lambda\mu-1)}\{(\lambda-1)a + (\mu-1)c\}$$

$$r - p = \frac{1}{2}\{(\lambda-1)a + (\mu-1)c\}$$

$p-q$ と $r-p$ は比例するから，P, Q, R は一直線上にあることがわかります． Q. E. D.

練習問題

(1) 四角形 □ABCD の各辺 AB, BC, CD, DA の中点 P, Q, R, S からつくられる四角形 □PQRS は平行四辺形である．

(2) 二等辺三角形 △ABC の 1 つの等辺 AB の延長上に点 D，もう 1 つの等辺 AC 上に点 E を $\overline{BD}=\overline{CE}$ となるようにとり，線分 DE と辺 BC の交点を P とすれば，$\overline{DP}=\overline{PE}$．

(3) 辺 AB の長さが辺 AC の長さの 2 倍であるような △ABC について ($\overline{AB}=2\overline{AC}$)，角 ∠A の二等分線が対辺 BC と交わる点を D とし，B から線分 AD の延長に下ろした垂線の足を H とすれば，$\overline{AD}=2\overline{DH}$．

(4) 三角形 △ABC の垂心を H とすれば
$$\overline{AH}^2+\overline{BC}^2 = \overline{BH}^2+\overline{CA}^2 = \overline{CH}^2+\overline{AB}^2$$

(5) 点 O においてお互いに 60° の角度をもって交わる 3 つの直線 OX, OY, OZ が図 3-3-13 に示されているような位置にある．任意に与えられた直線 l がこの 3 つの直線 OX, OY, OZ と O 以外で交わる点をそれぞれ P, Q, R とし，$x=\overline{OP},\ y=\overline{OQ},\ z=\overline{OR}$ とおけば
$$\frac{1}{z}=\frac{1}{x}+\frac{1}{y}$$

(6) (一般化されたピタゴラスの定理)　鋭角三角形 △ABC の 2 つの頂点 B, C から対辺 AC, AB に下ろした垂線の足をそれぞれ P, Q とすれば
$$\overline{AB}\times\overline{QB}+\overline{AC}\times\overline{PC} = \overline{BC}^2$$

(7) 三角形 △ABC の辺 AB, AC 上に
$$\overline{AP}:\overline{PB} = \overline{AQ}:\overline{QC} = 1:k$$
となるような点 P, Q をとり，BQ と CP の交点を R とすれば
$$\overline{PR}:\overline{RC} = \overline{QR}:\overline{RB} = 1:(k+1)$$

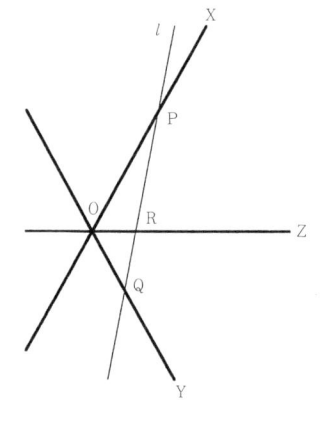

図 3-3-13

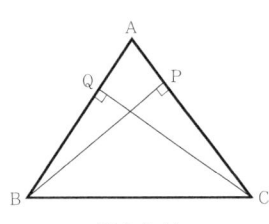

図 3-3-14

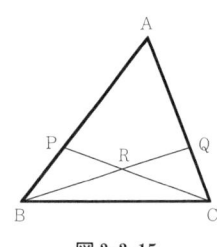

図 3-3-15

4

ベクトルを使って最大最小問題と軌跡の問題を解く

ベクトルを使うと最大最小問題，一定問題，軌跡の問題を比較的かんたんに解けることがあります．みなさんもすでに気づかれたと思いますが，この章に出てくる幾何の問題は 2, 3 の例外をのぞいて，すべて第 2 巻『図形を考える─幾何』に出てきた問題です．ユークリッド幾何の考え方を使って解くのとベクトルを使って解くのとを比較してみて下さい．ページ数の制約もあって，第 2 巻『図形を考える─幾何』の問題すべてを網羅することができませんでしたが，残された問題を自分でベクトルの方法を使って解いてみてください．（じつは，なかにはどうしてもベクトルでは解けない問題もあります．）

例題 1 与えられた線分 AB を直径とする半円 O に内接し，1 辺 QR が線分 AB の上にある長方形 □PQRS のなかで面積が最大のものを求めよ．

---

78 ページの練習問題のヒントと略解

(1) □ABCD の 2 つの対角線 AC, BD の交点 O を原点として，$a = \overrightarrow{OA}$, $b = \overrightarrow{OB}$ とおけば，$\overrightarrow{OC} = -\lambda a$, $\overrightarrow{OD} = -\mu b$ となることを使う．

(2) $b = \overrightarrow{AB}$, $c = \overrightarrow{AC}$, $\|b\| = \|c\|$, $\overrightarrow{AD} = (1+\beta)b$, $\overrightarrow{AE} = (1-\beta)c$, $0 < \beta < 1$. $\overrightarrow{AP}$ とおけば，$p = (1-t)b + tc = (1-s)$
$(1+\beta)b + s(1-\beta)c \Rightarrow s = \frac{1}{2}$.

(3) $b = \overrightarrow{AB}$, $c = \overrightarrow{AC}$, $(b,b) = 4(c,c)$,
$\overrightarrow{AD} = \frac{1}{3}b + \frac{2}{3}c$, $\overrightarrow{AH} = \lambda\left(\frac{1}{3}b + \frac{2}{3}c\right)$
とおけば，
$\left(b - \lambda\left(\frac{1}{3}b + \frac{2}{3}c\right), \frac{1}{3}b + \frac{2}{3}c\right) = 0$
$\Rightarrow \lambda = \frac{3}{2} \Rightarrow \overrightarrow{AD} = 2\overrightarrow{DH}$

(4) △ABC の外接円の中心 O を原点とし，半径を 1 とする．$a = \overrightarrow{OA}$, $b = \overrightarrow{OB}$,

$c = \overrightarrow{OC}$ とおけば，$h = \overrightarrow{OH} = a + b + c$,
$\overrightarrow{AH} = (a+b+c) - a = b + c$, $\overrightarrow{BC} = c - b$.
$\overrightarrow{AH}^2 + \overrightarrow{BC}^2 = (b+c, b+c) + (c-b, c-b)$
$= 2\{(b,b) + (c,c)\} = 4$

(5) $a = \overrightarrow{OP}$, $b = \overrightarrow{OQ}$, $c = \overrightarrow{OR}$ とおけば，
$x = \|a\|$, $y = \|b\|$, $z = \|c\|$.

$(a,c) = \|a\|\|c\|\cos 60° = \frac{1}{2}xz$,

$(a,b) = \|a\|\|b\|\cos 120° = -\frac{1}{2}xy$

OR は ∠POQ の二等分線だから，R は線分 PQ を $x:y$ の比に内分する．

$c = \frac{\|b\|}{\|a\| + \|b\|}a + \frac{\|a\|}{\|a\| + \|b\|}b$
$= \frac{y}{x+y}a + \frac{x}{x+y}b$

$(a,c) = \left(a, \frac{y}{x+y}a + \frac{x}{x+y}b\right) = \frac{1}{2}\frac{x^2 y}{x+y}$

$\Rightarrow z = \frac{xy}{x+y} \Rightarrow \frac{1}{z} = \frac{1}{x} + \frac{1}{y}$

(6) $b = \overrightarrow{AB}$, $c = \overrightarrow{AC}$ とおけば
$\overrightarrow{AB} \times \overrightarrow{QB} = \overrightarrow{AB} \times \overrightarrow{BC}\cos B = (b, b-c)$,
$\overrightarrow{AC} \times \overrightarrow{PC} = \overrightarrow{AC} \times \overrightarrow{BC}\cos C = (c, c-b)$
$\overrightarrow{AB} \times \overrightarrow{QB} + \overrightarrow{AC} \times \overrightarrow{PC}$
$= (b, b-c) + (c, c-b)$
$= (b-c, b-c) = \overrightarrow{BC}^2$

(7) $b = \overrightarrow{AB}$, $c = \overrightarrow{AC}$ とおけば，$\overrightarrow{AP} = \frac{1}{1+k}b$, $\overrightarrow{AQ} = \frac{1}{1+k}c$.

$(1-t)b + \frac{t}{1+k}c = (1-s)c + \frac{s}{1+k}b$

$\Rightarrow 1-t = \frac{s}{1+k}, \quad 1-s = \frac{t}{1+k}$

$\Rightarrow s - t = \frac{s-t}{1+k}$

$\Rightarrow s = t$

$\Rightarrow \frac{1-s}{s} = \frac{1-t}{t} = \frac{1}{1+k}$

$\Rightarrow \overrightarrow{PR} : \overrightarrow{RC} = \overrightarrow{QR} : \overrightarrow{RB}$
$\qquad = 1 : (k+1)$

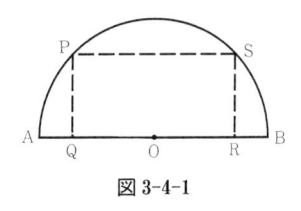

解答 円の中心 O を原点，半径を 1 とする．$a=\overrightarrow{OA}$, $p=\overrightarrow{OP}$, $q=\overrightarrow{OQ}=ta$ $(0\leq t\leq 1)$ とおけば，$(p-ta,a)=0 \Rightarrow (p,a)=t(a,a)=t.$

$$\overrightarrow{PQ}^2 = (p-ta, p-ta) = (p,p)-2t(p,a)+t^2(a,a)$$
$$= (p,p)-t^2(a,a) = 1-t^2$$
$$\overrightarrow{OQ}^2 = (q,q) = t^2(a,a) = t^2$$
$$\overrightarrow{PQ}^2 \times \overrightarrow{OQ}^2 = (1-t^2)t^2 = \frac{1}{4}-\left(\frac{1}{2}-t^2\right)^2$$

最大値は $t^2=\frac{1}{2}$, つまり $t=\frac{\sqrt{2}}{2}$ のときで，$\overrightarrow{PQ}\times\overrightarrow{OQ}=\frac{1}{2}$, □PQRS=1. このとき，∠POS=90° となる．

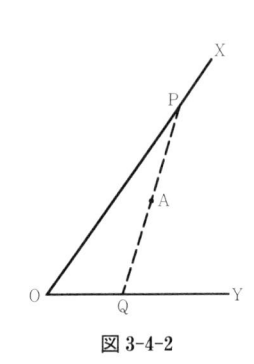

例題 2 点 O で交わる 2 つの半直線 OX, OY でかこまれた角 ∠XOY のなかに定点 A がある．A を通る任意の直線が OX, OY と交わる点をそれぞれ P, Q とするとき，△OPQ の面積が最小となるものを求めよ．

解答 O を原点とし，$a=\overrightarrow{OA}$, $(a,a)=1$ とする．OX, OY 上にそれぞれ $b=\overrightarrow{OB}$, $c=\overrightarrow{OC}$ を $(b,b)=(c,c)=1$ となるようにとり，$\overrightarrow{OP}=p=\lambda b$, $\overrightarrow{OQ}=q=\mu c$ とおけば，$a=(1-t)\lambda b+t\mu c$ をみたす t $(0\leq t\leq 1)$ が存在します．

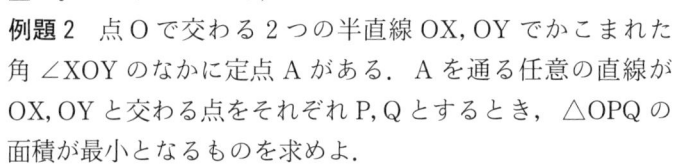

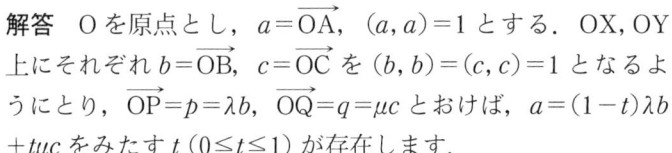

$$(a,b)=(1-t)\lambda+t\mu(c,b), \quad (a,c)=(1-t)\lambda(b,c)+t\mu$$
$$\lambda=\frac{1}{1-t}\frac{(a,b)-(a,c)(c,b)}{1-(b,c)^2},$$
$$\mu=\frac{1}{t}\frac{(a,c)-(a,b)(b,c)}{1-(b,c)^2}$$

一方，
$$\triangle POQ=\frac{1}{2}\overrightarrow{OP}\times\overrightarrow{OQ}\sin\angle POQ=\frac{1}{2}\lambda\mu\sin\angle POQ$$
$$\lambda\mu=\frac{1}{(1-t)t}\frac{\{(a,b)-(a,c)(c,b)\}\{(a,c)-(a,b)(b,c)\}}{\{1-(b,c)^2\}^2}$$

したがって，△POQ が最小になるのは，$t=\frac{1}{2}$ のとき，すなわち，A が線分 PQ の中点となるときです．

例題 3 与えられた半円 AOB 上に任意の点 P をとるとき，∠APB の二等分線は定点を通る．

証明 円の中心 O を原点，半径を 1 とする．$a=\overrightarrow{OA}$, $p=\overrightarrow{OP}$ とおけば

$$(a, a) = (p, p) = 1, \quad \overrightarrow{OB} = -a$$

∠APB の二等分線上の点を Q とおけば

$$q = \overrightarrow{OQ} = p - t\left(\frac{p-a}{\|p-a\|} + \frac{p+a}{\|p+a\|}\right)$$

この Q が円 O 上にあるとすれば, $(q, q) = 1$.

$1-(p, a) \geqq 0$, $1+(p, a) \geqq 0$ であるから

$$\|p-a\| = \sqrt{(p-a, p-a)} = \sqrt{2\{1-(p, a)\}},$$
$$\|p+a\| = \sqrt{(p+a, p+a)} = \sqrt{2\{1+(p, a)\}}$$

$$\left(p - t\left\{\frac{p-a}{\|p-a\|} + \frac{p+a}{\|p+a\|}\right\}, p - t\left\{\frac{p-a}{\|p-a\|} + \frac{p+a}{\|p+a\|}\right\}\right)$$

$$= 1 - 2t\left(\sqrt{\frac{1-(p, a)}{2}} + \sqrt{\frac{1+(p, a)}{2}}\right) + 2t^2$$

$$(q, q) = 1 \Rightarrow t = \sqrt{\frac{1-(p, a)}{2}} + \sqrt{\frac{1+(p, a)}{2}}$$

$$(q, a) = \left(p - t\left\{\frac{p-a}{\|p-a\|} + \frac{p+a}{\|p+a\|}\right\}, a\right)$$

$$= (p, a) - t\left(-\sqrt{\frac{1-(p, a)}{2}} + \sqrt{\frac{1+(p, a)}{2}}\right) = 0$$

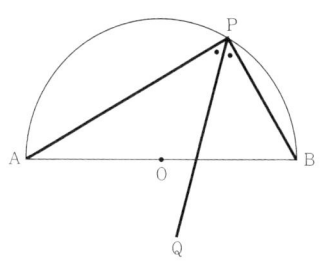

図 3-4-3

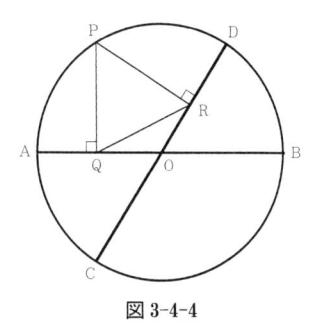

Q は AB に垂直な半径の端点(P と反対側)で，問題の軌跡はかならず Q を通る．　　　　　　　　　　　　　　Q. E. D.

例題 4　円 O と 2 つの直径 AB, CD が与えられている．円 O 上の任意の点 P から AB, CD に下ろした垂線の足をそれぞれ Q, R とすれば, 線分 QR の長さは一定となる．

証明　円の中心 O を原点，半径を 1 とする．$a = \overrightarrow{OA}$, $c = \overrightarrow{OC}$, $p = \overrightarrow{OP}$ とおけば

$$(a, a) = (c, c) = (p, p) = 1,$$
$$\overrightarrow{OQ} = q = \lambda a, \quad \overrightarrow{OR} = r = \mu c$$

$(p - \lambda a, a) = (p - \mu c, c) = 0$ より

$$\lambda = (p, a), \quad \mu = (p, c)$$

$$\overline{QR}^2 = (\lambda a - \mu c, \lambda a - \mu c) = \lambda^2 - 2\lambda\mu(a, c) + \mu^2$$

$$= (p, a)^2 - 2(p, a)(p, c)(a, c) + (p, c)^2$$

図 3-4-4

∠AOP = α, ∠AOC = β, ∠COP = γ とおけば

$$\beta = \gamma - \alpha, \quad \cos\alpha = (p, a),$$
$$\cos\beta = (a, c), \quad \cos\gamma = (p, c)$$
$$\cos\beta = \cos(\gamma - \alpha) = \cos\alpha\cos\gamma + \sin\alpha\sin\gamma$$
$$(a, c) = (p, a)(p, c) + \sqrt{1-(p, a)^2}\sqrt{1-(p, c)^2}$$

$$\sqrt{1-(p,a)^2}\sqrt{1-(p,c)^2} = (a,c)-(p,a)(p,c)$$

この式の両辺を自乗して, 整理すれば,
$$\overline{\mathrm{QR}}^2 = (p,a)^2 - 2(p,a)(p,c)(a,c) + (p,c)^2$$
$$= 1-(a,c)^2 = \text{一定} \qquad \text{Q. E. D.}$$

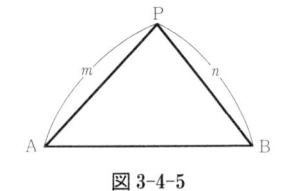

例題5（アポロニウスの円） 2つの点 A, B が与えられているとき, 2点 A, B との間の距離の比がある与えられた比 $m:n$ に等しいような点 P の軌跡を求めよ.
$$\overline{\mathrm{PA}}:\overline{\mathrm{PB}} = m:n \qquad (m>n>0)$$

図3-4-5

解答 A を原点とし, $\overrightarrow{\mathrm{AB}} = b$, $\overrightarrow{\mathrm{AP}} = p$ とおけば
$$\overline{\mathrm{PA}}:\overline{\mathrm{PB}} = \|p\|:\|p-b\| = m:n$$
$$\Rightarrow \frac{(p,p)}{m^2} = \frac{(p-b,p-b)}{n^2}$$
$$\Rightarrow (m^2-n^2)(p,p) - 2m^2(p,b) + m^2(b,b) = 0$$

$c = \overrightarrow{\mathrm{AC}} = \dfrac{m^2}{m^2-n^2}b = \dfrac{1}{2}\left(\dfrac{m}{m+n} + \dfrac{m}{m-n}\right)b$ とおけば

$$(p-c,p-c) = \left\{\frac{1}{2}\left(\frac{m}{m-n} - \frac{m}{m+n}\right)\right\}^2 (b,b)$$

求める軌跡は C を中心とする半径 $\dfrac{1}{2}\left(\dfrac{m}{m-n} - \dfrac{m}{m+n}\right)\|b\| = \dfrac{mn}{m^2-n^2}\|b\|$ の円となる.

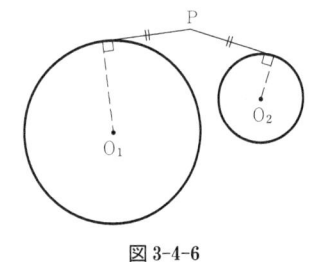

例題6（根軸） 2つの円 O_1, O_2 に引いた接線の長さが等しい点 P の軌跡を求めよ. ［第3巻で述べたように, この軌跡を根軸とよびます.］

図3-4-6

解答 原点 O を適当にとり, $a_1 = \overrightarrow{OO_1}$, $a_2 = \overrightarrow{OO_2}$, 半径を r_1, r_2 とすれば, 円 O_1, O_2 の方程式はそれぞれ
$$(x-a_1, x-a_1) = r_1^2, \qquad (x-a_2, x-a_2) = r_2^2$$

円 O_1, O_2 の外のベクトル $p = \overrightarrow{OP}$ が根軸上にあるための条件は
$$(p-a_1, p-a_1) - r_1^2 = (p-a_2, p-a_2) - r_2^2$$
$$(p, a_2-a_1) = \frac{1}{2}[(r_2^2 - r_1^2) - \{(a_2,a_2)-(a_1,a_1)\}] = \text{一定}$$

ここで $p = \begin{pmatrix} x \\ y \end{pmatrix}$, $a_2 - a_1 = \begin{pmatrix} m \\ n \end{pmatrix}$（$x, y$ は変数, m, n は定数）とあらわすと,
$$(p, a_2-a_1) = mx+ny = \text{一定}$$

これは直線の方程式であり，求める軌跡は直線となる．

例題 7 平行な 2 つの直線 l, l' があり，直線 l 上に定点 A がある．A において直線 l と接する任意の円が直線 l' と交わる点 P における接線はある定円に接する．

証明 A を原点，直線 l, l' の間の距離を 1 とする．A から直線 l' に下ろした垂線の足を H，A で直線 l と接する円の中心を O とし，$p=\overrightarrow{AP}$, $a=\overrightarrow{AH}$ とすると，$(a,a)=(p,a)=1$. $\overrightarrow{AO}=ta$, $0<t<1$ とおけば

$$(p-ta, p-ta) = (ta, ta) \Rightarrow (p,p) = 2t(p,a) = 2t$$

A から P における接線に下ろした垂線の足を Q とし，$\overrightarrow{AQ}=x$ とおけば

$$(x-p, p-ta) = 0, \quad (x-p, x) = 0$$

$(x-p, p-ta) = 0$
$\Rightarrow (x, p-ta) = (p, p-ta) = (p,p) - t(p,a) = 2t - t = t$
また，$x = s(p-ta)$ となるような $s>0$ が存在するから
$(x, p-ta) = s(p-ta, p-ta) = st^2 \Rightarrow t = st^2 \Rightarrow st = 1$
$(x-p, x) = 0 \Rightarrow (x,x) = (p, s(p-ta)) = st = 1$

P における接線は A を中心とする半径 1 の円に接する．

Q. E. D.

図 3-4-7

例題 8 与えられた線分 BC を 1 辺とし，角 ∠A がある一定の大きさ α をもつような三角形 △ABC の重心 G の軌跡を求めよ．

解答 線分 BC を 1 辺とし，角 ∠A がある一定の大きさ α をもつ三角形 △ABC の外接円は一意的に決まるから，その中心 O を原点，半径を 1 とする．$a=\overrightarrow{OA}$, $b=\overrightarrow{OB}$, $c=\overrightarrow{OC}$, $g=\overrightarrow{OG}$ とおけば，

$$g = \frac{1}{3}(a+b+c), \quad g - \frac{1}{3}(b+c) = \frac{1}{3}a$$

$$\Rightarrow \left\| g - \frac{1}{3}(b+c) \right\| = \frac{1}{3}$$

$\overrightarrow{OO'} = \frac{1}{3}(b+c)$ とおくと，求める軌跡は，O' を中心として，半径 $\frac{1}{3}$ の円の弧となる．

図 3-4-8

例題 9 与えられた円 O の直径 AB の 1 端 B で円 O に接する直線 l がある．A を通る円 O の弦 AP の延長上の点 Q か

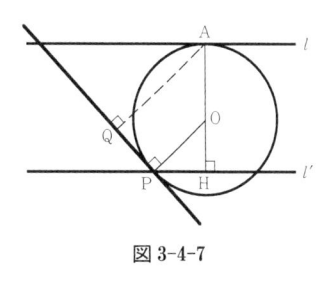

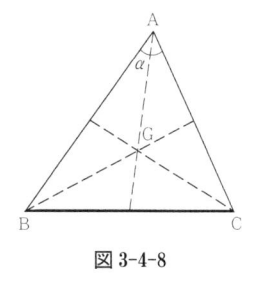

83

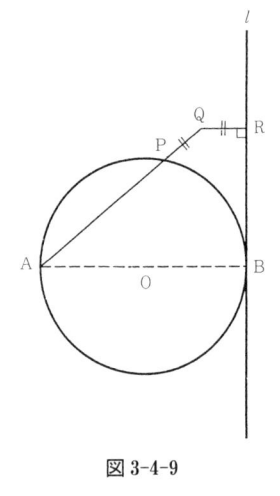

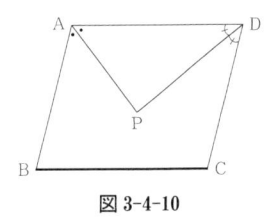

ら直線 l に下ろした垂線の足を R とするとき，$\overrightarrow{PQ}=\overrightarrow{QR}$ となるような点 Q の軌跡を求めよ．

解答 A を原点として，円 O の半径を 1 とする．$\overrightarrow{AO}=a$, $\overrightarrow{AP}=p$ とおけば

$$(a,a)=1,\quad (p-a,p-a)=1 \Rightarrow (p,p)=2(p,a)$$

$\overrightarrow{AQ}=q=(1+t)p\ (t>0)$, $\overrightarrow{QR}=sa\ (s>0)$ とおけば

$$\overrightarrow{AR}=(1+t)p+sa \Rightarrow ((1+t)p+sa-2a,a)=0$$
$$\Rightarrow (1+t)(p,a)+s-2=0$$
$$\Rightarrow (1+t)(p,p)=4-2s$$

また，$\overrightarrow{PQ}=\overrightarrow{QR} \Rightarrow s=t\|p\| \Rightarrow (1+t)\|p\|^2=4-2t\|p\| \Rightarrow t=\dfrac{4-\|p\|^2}{\|p\|^2+2\|p\|} \Rightarrow 1+t=\dfrac{2(2+\|p\|)}{\|p\|^2+2\|p\|}=\dfrac{2}{\|p\|} \Rightarrow \|q\|=2.$

求める軌跡は，A を中心として A において AB にたいして垂直で長さが等しい線分を半径とする半円 (B の側) となる．

例題 10 各辺の長さが一定である平行四辺形 □ABCD の辺 BC が固定されているとき，∠A, ∠D の二等分線の交点 P の軌跡を求めよ．

解答 BC の中点 O を原点として，$\overrightarrow{AB}=k$, $\overrightarrow{BC}=l$ とする． $b=\overrightarrow{OB}$, $c=\overrightarrow{OC}$, $p=\overrightarrow{BA}=\overrightarrow{CD}$ とおけば

$$c=-b,\quad \|b\|=\frac{l}{2},\quad \|p\|=k$$

$$\overrightarrow{OA}=a=b+p,\quad \overrightarrow{OD}=d=-b+p$$

∠A, ∠D の二等分線の交点 P のベクトルを $x=\overrightarrow{OP}$ とおけば

$$x=a+t\left(\frac{b-a}{k}+\frac{d-a}{l}\right)=d+s\left(\frac{c-d}{k}+\frac{a-d}{l}\right) \quad (t,s>0)$$

この方程式を t,s について解けば，$t=s=\dfrac{l}{2}$, $x=\left(1-\dfrac{l}{2k}\right)p.$

求める軌跡は，辺 BC の中点 O を原点とする半径 $k-\dfrac{l}{2}$ の半円となる．

例題 11 与えられた正三角形 △ABC の 2 辺 AB, AC 上に $\overrightarrow{AP}=\overrightarrow{CQ}$ となるような点 P, Q を任意にとるとき，BQ, CP の交点 R の軌跡を求めよ．

解答 正三角形 △ABC の外心 O を原点として，外接円の半径の大きさを 1 とする．$a=\overrightarrow{OA}$, $b=\overrightarrow{OB}$, $c=\overrightarrow{OC}$ とおけば

$$(a,a)=(b,b)=(c,c)=1,$$

$$(b,c) = (c,a) = (a,b) = -\frac{1}{2}$$

$\overrightarrow{AP}:\overrightarrow{AB}=t\ (0<t<1)$ とおけば，$\overrightarrow{AB}=\overrightarrow{AC}$，$\overrightarrow{AP}=\overrightarrow{CQ}$ だから

$$\overrightarrow{AQ}:\overrightarrow{AC}=1-t$$

BQ, CP の交点 R のベクトルを $x=\overrightarrow{OR}$ とおけば

$$x-a = \{(1-\lambda)(b-a)+\lambda(1-t)(c-a)\}$$
$$= \{(1-\mu)(c-a)+\mu t(b-a)\} \quad (0<\lambda,\mu<1)$$

両辺の $b-a, c-a$ の係数をそれぞれ相等しいとおいて

$$1-\lambda = \mu t,\ \lambda(1-t) = 1-\mu$$
$$\Rightarrow\ \lambda = \frac{1-t}{1-t+t^2},\ \mu = \frac{t}{1-t+t^2}$$
$$x-a = \frac{t^2}{1-t+t^2}(b-a)+\frac{(1-t)^2}{1-t+t^2}(c-a)$$

ここで，$u-a=\frac{2}{3}(b-a)+\frac{2}{3}(c-a)$，すなわち $u=-\frac{1}{3}a+\frac{2}{3}b+\frac{2}{3}c$ とおけば

$$(x-u, x-u) = 1$$

［この計算は複雑ですが，$(b-a, b-a)=(c-a, c-a)=3$，$(b-a, c-a)=\frac{3}{2}$ を使って，順序を追ってていねいにやればできます．］

$\overrightarrow{OU}=u=-\frac{1}{3}a+\frac{2}{3}b+\frac{2}{3}c$ とおくと，求める軌跡は，U を中心とする半径 1 の円の弧となる．

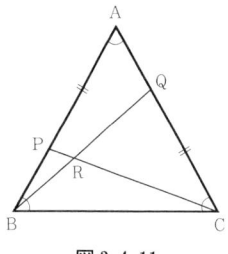

図 3-4-11

練習問題

(1) 円 O とそのなかに点 A が与えられている．A を直角頂とし，2 つの頂点 P, Q が円 O 上にあるような任意の直角三角形 △PAQ の斜辺 PQ の中点 R は定円の上にある．

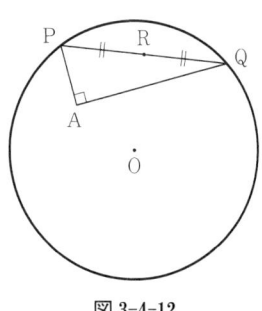

図 3-4-12

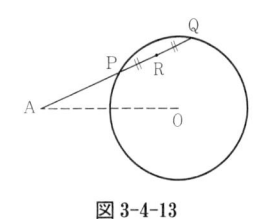

(2) 円 O とその外側に点 A が与えられている．A を通る直線によって切られる円 O の弦 PQ の中点 R の軌跡を求めよ．

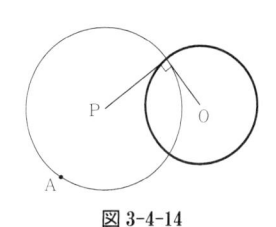

図 3-4-13

(3) 円 O と点 A が与えられている．A を通って，円 O と直交するような円 P の中心 P の軌跡を求めよ．

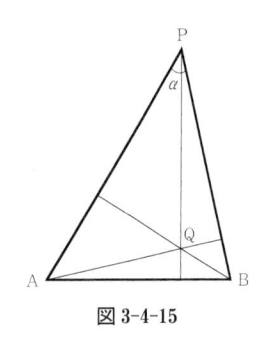

図 3-4-14

(4) 与えられた線分 AB を 1 辺として，角 ∠P がある一定の大きさ α をもつような三角形 △PAB の垂心 Q の軌跡を求めよ．

図 3-4-15

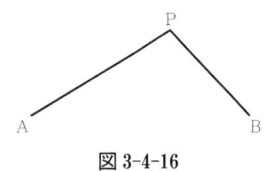

(5) 2 つの点 A, B が与えられているとき，$\overline{PA}^2+\overline{PB}^2=$ 一定 となるような点 P の軌跡を求めよ．

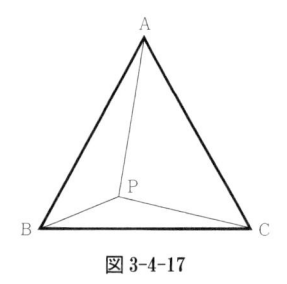

図 3-4-16

(6) 与えられた正三角形 △ABC のなかにあって，$\overline{PA}^2=\overline{PB}^2+\overline{PC}^2$ となるような点 P の軌跡を求めよ．

図 3-4-17

第3章 ベクトルと幾何 問題

問題 (I)

つぎの幾何の問題をベクトルを使って証明しなさい．

問題1 三角形 △ABC の辺 AC の中点を D とし，線分 BD の中点を E とする．線分 AE の延長が辺 BC と交わる点 P は辺 BC を三等分する．

$$\overline{BP} = \frac{1}{3}\overline{BC}$$

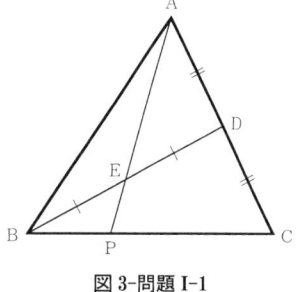

図 3-問題 I-1

問題2 $\overline{AB} > \overline{AC}$ であるような三角形 △ABC の角 ∠A の二等分線に頂点 C から下ろした垂線の足を D とし，辺 BC の中点を E とすれば，

$$\overline{DE} = \frac{1}{2}(\overline{AB} - \overline{AC})$$

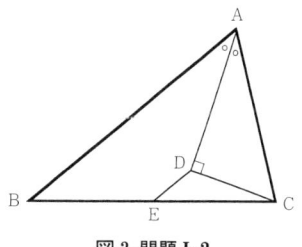

図 3-問題 I-2

問題3 ∠A を直角とする直角二等辺三角形 △ABC の辺 AC の中点を D とし，頂点 A から BD に下ろした垂線が斜辺 BC と交わる点を E とすれば，∠ADB=∠CDE．

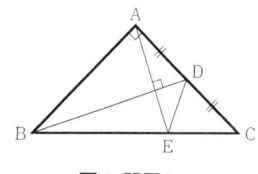

図 3-問題 I-3

問題4 三角形 △ABC の2つの辺 AB, AC を1辺としてつくった正方形の頂点のうちで A と隣り合う頂点をそれぞれ P, Q とすれば，線分 PQ の中点 M と A をむすぶ線分 MA は辺 BC に対して垂直となる．

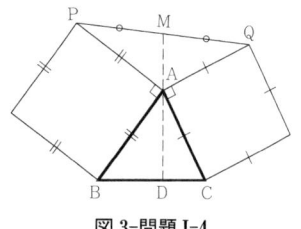

図 3-問題 I-4

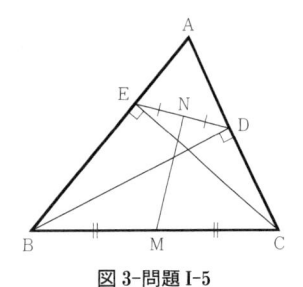

問題 5 三角形 △ABC の頂点 B, C から対辺 AC, AB に下ろした垂線の足をそれぞれ D, E とし,辺 BC および線分 DE の中点をそれぞれ M, N とすれば,MN は DE に対して垂直となる.

図 3-問題 I-5

問題 6 三角形 △ABC の辺 AB の長さが辺 AC の 3 倍であるとする ($\overrightarrow{AB}=3\overrightarrow{AC}$). 角 ∠A の二等分線が対辺 BC と交わる点を D とし,B から線分 AD の延長に下ろした垂線の足を H とすれば,$\overrightarrow{AD}=\overrightarrow{DH}$.

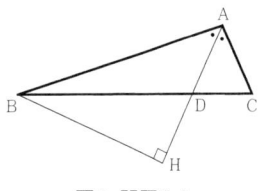

図 3-問題 I-6

---

85 ページの練習問題の答え

(1) 円の中心 O を原点,半径を 1 とする. $a=\overrightarrow{OA}$, $p=\overrightarrow{OP}$, $q=\overrightarrow{OQ}$, $x=\overrightarrow{OR}$ とおけば,$(a,a)<1$, $(p,p)=(q,q)=1$, $x=\dfrac{p+q}{2}$. △PAQ は直角三角形だから
$$(p-a, q-a) = 0$$
$$\Rightarrow (p,q) - (p+q, a) + (a,a) = 0$$
$$\Rightarrow (p,q) = 2(x,a) - (a,a)$$
$$(x,x) = \frac{1}{4}(p+q, p+q)$$
$$= \frac{1}{2}\{1+(p,q)\}$$
$$= \frac{1}{2}\{1-(a,a)\} + (x,a)$$
$$\left(x-\frac{a}{2}, x-\frac{a}{2}\right) = \frac{1}{4}\{2-(a,a)\}$$
求める定円は,AO の中点を中心とする半径 $\dfrac{\sqrt{2-(a,a)}}{2}$ の円である.

(2) 円の中心 O を原点,半径を 1 とし,つぎのような表現を用いる.
$\overrightarrow{OA}=a$, $\overrightarrow{OP}=p=a+t_1 u$,
$\overrightarrow{OQ}=q=a+t_2 u$, $(u,u)=1$,
$\overrightarrow{OR}=x$
$(\overrightarrow{OP},\overrightarrow{OP})=(\overrightarrow{OQ},\overrightarrow{OQ})=1$ であるから,t_1, t_2 はつぎの二次方程式の根となる.
$$t^2 + 2(a,u)t + (a,a) - 1 = 0$$
$$t_1 + t_2 = -2(a,u)$$
$$\Rightarrow x = \frac{1}{2}(p+q) = a - (a,u)u$$
$$\left(x-\frac{a}{2}, x-\frac{a}{2}\right)$$
$$= \left(\frac{a}{2}-(a,u)u, \frac{a}{2}-(a,u)u\right)$$
$$= \left(\frac{a}{2}, \frac{a}{2}\right)$$
求める軌跡は,OA の中点を中心とする半径 $\dfrac{1}{2}\overrightarrow{OA}$ の円となる.

(3) 円の中心 O を原点,半径を 1 とし,円 P が円 O と交わる点を Q とする. $a=\overrightarrow{OA}$, $p=\overrightarrow{OP}$, $q=\overrightarrow{OQ}$ とおけば
$(q,q)=1$, $(a-p, a-p)=(q-p, q-p)$,
$(q, q-p) = 0$
$(p,q) = (q,q) = 1$,
$(a,a) - 2(p,a) = (q,q) - 2(p,q) = -1$
$\Rightarrow 2(p,a) = (a,a) + 1$
$\Rightarrow \left(p - \frac{1}{2}\left\{1+\frac{1}{(a,a)}\right\}a, a\right) = 0$
$\overrightarrow{OB} = \dfrac{1}{2}\left\{1+\dfrac{1}{(a,a)}\right\}a$ とおくと,求める軌跡は B において OA に対して垂直に立てた直線となる.

(4) △PAB の外接円は一定となるから,その中心 O を原点,半径を 1 とする. $a=\overrightarrow{OA}$, $b=\overrightarrow{OB}$, $p=\overrightarrow{OP}$, $q=\overrightarrow{OQ}$ とおけば
$q = a+b+p \Rightarrow p = q-(a+b)$
$\overrightarrow{OP}^2 = (p,p) = 1$ であるから,$\overrightarrow{OD}=a+b$ とおくと,求める軌跡は,D を中心とする半径 1 の円となる.

(5) 線分 AB の中点 M を原点にとり,$\overrightarrow{MA}=a$, $\overrightarrow{MB}=-a$, $\overrightarrow{MP}=p$ とおく.
$\overrightarrow{PA}^2 + \overrightarrow{PB}^2 = (p-a, p-a) + (p+a, p+a)$
$= 2\{(p,p)+(a,a)\}$
$\Rightarrow (p,p) = $ 一定
求める軌跡は,M を中心とする円である.

(6) △ABC の外心 O を原点,外接円の半径を 1 とし,$a=\overrightarrow{OA}$, $b=\overrightarrow{OB}$, $c=\overrightarrow{OC}$, $p=\overrightarrow{OP}$ とおく.
$(a,a) = (b,b) = (c,c) = 1$,
$(b,c) = (c,a) = (a,b) = -\dfrac{1}{2}$
$\overrightarrow{PA}^2 = (p-a, p-a)$
$= (p,p) - 2(p,a) + 1$
$\overrightarrow{PB}^2 + \overrightarrow{PC}^2 = (p-b, p-b) + (p-c, p-c)$
$= 2(p,p) - 2(p, b+c) + 2$
$(p-(b+c-a), p-(b+c-a)) = 3$
$\overrightarrow{OD}=b+c-a$ とおくと,求める軌跡は,D を中心とする半径 $\sqrt{3}$ の円である.

問題 7 三角形 △ABC の垂心 H から辺 BC に下ろした垂線の足を D として，線分 AD の延長が外接円 O と交わる点を K とすれば，D は HK の中点となる．

問題 8 ∠C が直角であるような直角二等辺三角形 △ABC の斜辺 AB 上に任意の点 P をとると，
$$\overline{PA}^2 + \overline{PB}^2 = 2\overline{PC}^2$$

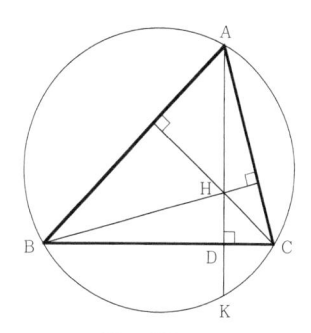

図 3-問題 I-7

問題 9 ∠A が直角である直角三角形 △ABC について，$\overline{AB} > \overline{AC}$ とし，A から斜辺 BC に下ろした垂線の足を H，辺 BC の中点を M とすれば
$$\overline{AB}^2 - \overline{AC}^2 = 2\overline{BC} \times \overline{MH}$$

問題 10 2 つの対角線が直交している（AC⊥BD）ような四辺形 □ABCD の 2 組の対辺の自乗の和は等しい．
$$\overline{AB}^2 + \overline{CD}^2 = \overline{AD}^2 + \overline{BC}^2$$

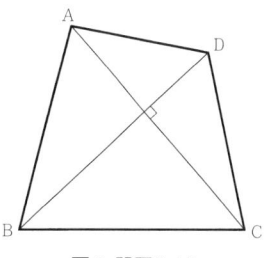

図 3-問題 I-10

問題 11 長方形 □ABCD が与えられている．このとき，任意の点 P に対して
$$\overline{PA}^2 + \overline{PC}^2 = \overline{PB}^2 + \overline{PD}^2$$

問題 12 三角形 △ABC の角 ∠A の二等分線が対辺 BC と交わる点を D とし，外接円と交わる点を E とすれば，
$$\overline{AB} \times \overline{AC} = \overline{AD} \times \overline{AE}$$

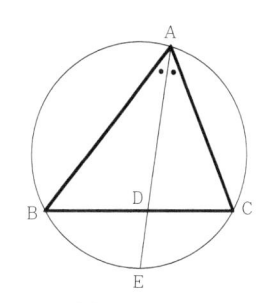

図 3-問題 I-12

問題 13 三角形 △ABC の 2 つの辺 AB, AC の上にそれぞれ点 P, Q をとり，PQ が辺 BC と平行になるようにする．BQ, CP の交点を R とし，AR の延長が BC と交わる点を S とすれば，S は BC の中点となる．

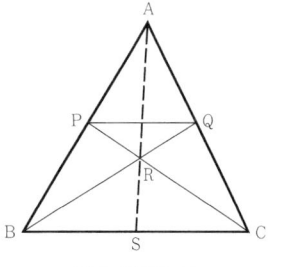

図 3-問題 I-13

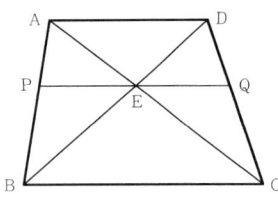

図 3-問題 I-14

問題 14 ADとBCが平行な四辺形の対角線AC, BDの交点Eを通り，平行辺AD, BCに平行な直線がAB, DCと交わる点をそれぞれP, Qとすれば，Eは線分PQの中点となる．

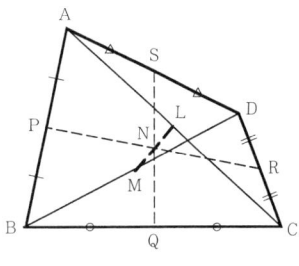

図 3-問題 I-15

問題 15 四角形□ABCDの各辺AB, BC, CD, DAの中点をそれぞれP, Q, R, Sとし，PR, QSの交点をNとし，対角線AC, BDの中点をそれぞれL, Mとすれば，3つの点L, M, Nは一直線上にある．

問 題（II）

つぎの最大最小問題と軌跡問題をベクトルを使って解きなさい．

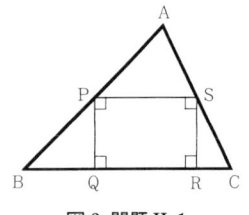

図 3-問題 II-1

問題 1 与えられた三角形△ABCに内接し，1辺QRが辺BC上にある長方形□PQRSのなかで面積が最大のものを求めよ．

問題 2 点Oで直交する2つの直線OX, OYによってつくられる角のなかに点Aが与えられている．直線OX, OY上にそれぞれ点P, Qをとって，$\overline{AP}^2 + \overline{PQ}^2 + \overline{QA}^2$ を最小にせよ．

問題 3 ∠Cが直角であるような直角三角形△ABCの2辺CA, CBの上にそれぞれ任意の点P, Qをとると，
$$\overline{AQ}^2 + \overline{BP}^2 - \overline{PQ}^2 = 一定$$

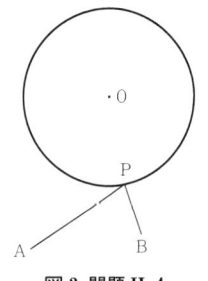

図 3-問題 II-4

問題 4 円Oとその外に点A, Bが与えられている．円O上の任意の点PとA, Bとの間の距離の自乗の和 $\overline{PA}^2 + \overline{PB}^2$ を最小にせよ．

問題 5 円 P が与えられた半円 AB の半円周，直径 AB とそれぞれ Q, R で接するとき，QR の延長は定点を通る．

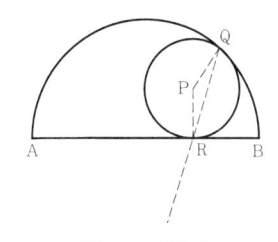

図 3-問題 II-5

問題 6 円 O とその外に点 A が与えられている．A との距離 $\overline{PA}$ が，円 O に引いた接線の接点 Q との間の距離 $\overline{PQ}$ と等しくなるような点 P の軌跡を求めよ．
$$\overline{PA} = \overline{PQ}$$

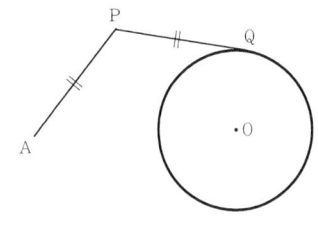

図 3-問題 II-6

問題 7 直線 l とその上に 2 つの点 A, B が与えられている．円 P, 円 Q をそれぞれ A, B で直線 l に接し，かつお互いに接する任意の 2 つの円とするとき，円 P, 円 Q の接点 R の軌跡を求めよ．

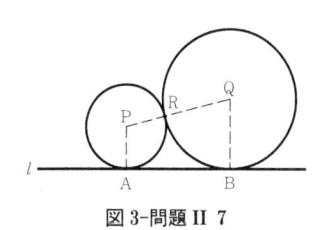

図 3-問題 II 7

問題 8 直角三角形 △ABC の 2 つの直角辺 AB, AC あるいはその延長上にそれぞれ点 P, Q を，PQ が BC に垂直になるようにとるとき，直線 BQ, CP の交点 R の軌跡を求めよ．

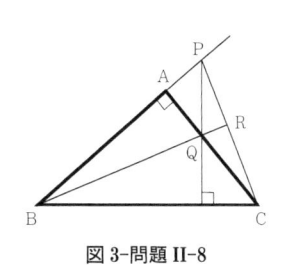

図 3-問題 II-8

問題 9 与えられた線分 AB を 1 辺として，三角形 △PAB を一定の側にえがき，B から辺 PA に下ろした垂線 BH が辺 PA と等しくなるようにするとき，頂点 P の軌跡を求めよ．

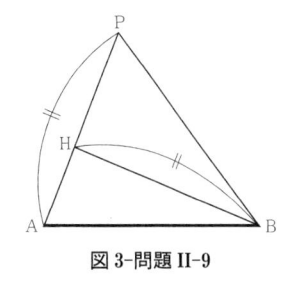

図 3-問題 II-9

問題 10 線分 AB とその上の 1 点 C において直交する直線 l が与えられている．直線 l 上に任意の点 P をとり，A, B でそれぞれ PA, PB に直交する直線が交わる点を Q とするとき，この交点 Q の軌跡を求めよ．

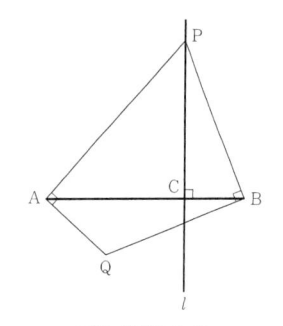

図 3-問題 II-10

問題 11 円 O とその外に点 A が与えられている．円 O 上の任意の点 P と A をむすぶ線分上にあって，$\overline{PA} : \overline{QA} = k$（$k > 1$ とする）となるような点 Q の軌跡を求めよ．

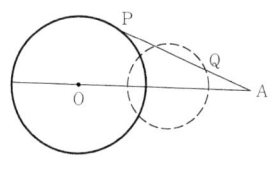

図 3-問題 II-11

第 4 章
回転と直交変換

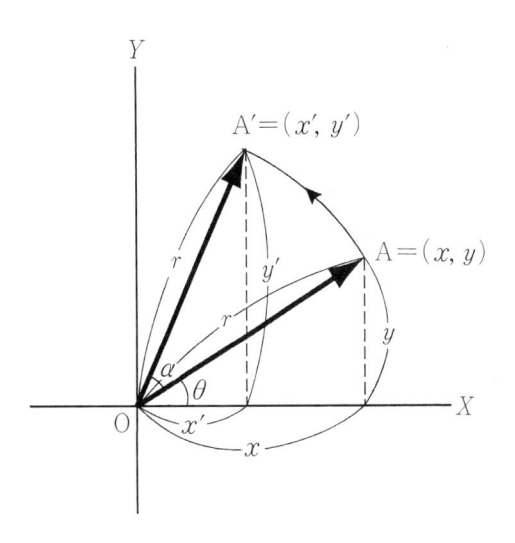

ベクトルを回転する

原点 O を中心として回転するとき,各ベクトルがどのように変わるかを計算してみましょう.

いま,原点 O を中心として,正の方向に α だけ回転したとき,$\overrightarrow{\mathrm{OA}} = \begin{pmatrix} x \\ y \end{pmatrix}$ が $\overrightarrow{\mathrm{OA'}} = \begin{pmatrix} x' \\ y' \end{pmatrix}$ に変換されるものとします. x, y を図の r, θ を用いて

$$x = r\cos\theta, \quad y = r\sin\theta$$

とあらわせば,

$$x' = r\cos(\alpha+\theta), \quad y' = r\sin(\alpha+\theta)$$

三角関数の加法定理を使えば,

$$x' = r(\cos\theta\cos\alpha - \sin\theta\sin\alpha) = x\cos\alpha - y\sin\alpha$$
$$y' = r(\sin\theta\cos\alpha + \cos\theta\sin\alpha) = x\sin\alpha + y\cos\alpha$$

マトリックス記号であらわすと,

$$\begin{pmatrix} x' \\ y' \end{pmatrix} = \begin{pmatrix} x\cos\alpha - y\sin\alpha \\ x\sin\alpha + y\cos\alpha \end{pmatrix} = \begin{pmatrix} \cos\alpha & -\sin\alpha \\ \sin\alpha & \cos\alpha \end{pmatrix}\begin{pmatrix} x \\ y \end{pmatrix}$$

図では,A が第 1 象限にある場合を考えていますが,他の象限にある場合も,まったく同じようにして計算できます.

1

回転と加法定理

ベクトルを回転する

原点 O を中心として,正の方向に α だけ回転するとき,$\overrightarrow{OA} = \begin{pmatrix} x \\ y \end{pmatrix}$ が $\overrightarrow{OA'} = \begin{pmatrix} x' \\ y' \end{pmatrix}$ に変換されるとすれば,つぎの公式が成り立つことを加法定理を使って証明しました.

$$\begin{pmatrix} x' \\ y' \end{pmatrix} = \begin{pmatrix} \cos\alpha & -\sin\alpha \\ \sin\alpha & \cos\alpha \end{pmatrix} \begin{pmatrix} x \\ y \end{pmatrix}$$

この公式を使って,たとえば,$\alpha = \dfrac{\pi}{6}$ の場合について,計算してみましょう.

$$\begin{pmatrix} x' \\ y' \end{pmatrix} = \begin{pmatrix} \cos\dfrac{\pi}{6} & -\sin\dfrac{\pi}{6} \\ \sin\dfrac{\pi}{6} & \cos\dfrac{\pi}{6} \end{pmatrix} \begin{pmatrix} x \\ y \end{pmatrix} = \begin{pmatrix} \dfrac{\sqrt{3}}{2} & -\dfrac{1}{2} \\ \dfrac{1}{2} & \dfrac{\sqrt{3}}{2} \end{pmatrix} \begin{pmatrix} x \\ y \end{pmatrix}$$

これからは

$$\begin{pmatrix} \cos\alpha & -\sin\alpha \\ \sin\alpha & \cos\alpha \end{pmatrix}$$

を回転のマトリックスとよぶことにして,回転のマトリックスを $T(\alpha)$ であらわすことにします.

$$\begin{pmatrix} x' \\ y' \end{pmatrix} = T(\alpha) \begin{pmatrix} x \\ y \end{pmatrix}, \quad T(\alpha) = \begin{pmatrix} \cos\alpha & -\sin\alpha \\ \sin\alpha & \cos\alpha \end{pmatrix}$$

練習問題 つぎの大きさの角度の回転をマトリックスであらわしなさい.

$$\dfrac{\pi}{4} = 45°, \quad \dfrac{\pi}{3} = 60°, \quad \dfrac{3\pi}{4} = 135°, \quad \dfrac{5\pi}{6} = 150°,$$

$$-\dfrac{\pi}{6} = -30°, \quad -\dfrac{\pi}{4} = -45°, \quad -\dfrac{\pi}{3} = -60°$$

回転と加法定理

最初に β だけ回転して，つぎに α だけ回転する変換を考えると，$\alpha+\beta$ の回転となります．ベクトルであらわすと

$$\begin{pmatrix} x' \\ y' \end{pmatrix} = T(\beta) \begin{pmatrix} x \\ y \end{pmatrix}, \quad \begin{pmatrix} x'' \\ y'' \end{pmatrix} = T(\alpha) \begin{pmatrix} x' \\ y' \end{pmatrix},$$

$$\begin{pmatrix} x'' \\ y'' \end{pmatrix} = T(\alpha+\beta) \begin{pmatrix} x \\ y \end{pmatrix}$$

$$\begin{pmatrix} x'' \\ y'' \end{pmatrix} = T(\alpha) \begin{pmatrix} x' \\ y' \end{pmatrix} = T(\alpha)T(\beta) \begin{pmatrix} x \\ y \end{pmatrix} = T(\alpha+\beta) \begin{pmatrix} x \\ y \end{pmatrix}$$

$$T(\alpha+\beta) = T(\alpha)T(\beta)$$

$$\begin{pmatrix} \cos(\alpha+\beta) & -\sin(\alpha+\beta) \\ \sin(\alpha+\beta) & \cos(\alpha+\beta) \end{pmatrix}$$

$$= \begin{pmatrix} \cos\alpha & -\sin\alpha \\ \sin\alpha & \cos\alpha \end{pmatrix} \begin{pmatrix} \cos\beta & -\sin\beta \\ \sin\beta & \cos\beta \end{pmatrix}$$

$$= \begin{pmatrix} \cos\alpha\cos\beta - \sin\alpha\sin\beta & -\cos\alpha\sin\beta - \sin\alpha\cos\beta \\ \sin\alpha\cos\beta + \cos\alpha\sin\beta & -\sin\alpha\sin\beta + \cos\alpha\cos\beta \end{pmatrix}$$

したがって

$$\sin(\alpha+\beta) = \sin\alpha\cos\beta + \cos\alpha\sin\beta$$
$$\cos(\alpha+\beta) = \cos\alpha\cos\beta - \sin\alpha\sin\beta$$

三角関数の加法定理が確認されたことになります．

練習問題 つぎの三角関数の加法定理を回転のマトリックスを使って確認しなさい．

$$\sin(\alpha-\beta) = \sin\alpha\cos\beta - \cos\alpha\sin\beta$$
$$\cos(\alpha-\beta) = \cos\alpha\cos\beta + \sin\alpha\sin\beta$$

ヒント
上の計算で，β の代わりに $-\beta$ を使えばよい．

2

回転と直交変換

回転は直交変換である

　　回転は直交変換となります．回転のマトリックスを $T(\alpha)$ とおけば

$$T(\alpha) = \begin{pmatrix} \cos\alpha & -\sin\alpha \\ \sin\alpha & \cos\alpha \end{pmatrix}, \quad T(\alpha)' = \begin{pmatrix} \cos\alpha & \sin\alpha \\ -\sin\alpha & \cos\alpha \end{pmatrix}$$

$$\begin{aligned}T(\alpha)'T(\alpha) &= \begin{pmatrix} \cos\alpha & \sin\alpha \\ -\sin\alpha & \cos\alpha \end{pmatrix}\begin{pmatrix} \cos\alpha & -\sin\alpha \\ \sin\alpha & \cos\alpha \end{pmatrix} \\ &= \begin{pmatrix} \cos^2\alpha+\sin^2\alpha & -\cos\alpha\sin\alpha+\sin\alpha\cos\alpha \\ -\sin\alpha\cos\alpha+\cos\alpha\sin\alpha & \sin^2\alpha+\cos^2\alpha \end{pmatrix} \\ &= \begin{pmatrix} 1 & 0 \\ 0 & 1 \end{pmatrix}\end{aligned}$$

また，回転のマトリックス $T(\alpha)$ の行列式 $\varDelta[T(\alpha)]$ を計算すれば

$$\varDelta[T(\alpha)] = \begin{vmatrix} \cos\alpha & -\sin\alpha \\ \sin\alpha & \cos\alpha \end{vmatrix} = \cos^2\alpha+\sin^2\alpha = 1$$

94 ページの練習問題の答え

$$\begin{pmatrix} \frac{\sqrt{2}}{2} & -\frac{\sqrt{2}}{2} \\ \frac{\sqrt{2}}{2} & \frac{\sqrt{2}}{2} \end{pmatrix}, \begin{pmatrix} \frac{1}{2} & -\frac{\sqrt{3}}{2} \\ \frac{\sqrt{3}}{2} & \frac{1}{2} \end{pmatrix},$$

$$\begin{pmatrix} -\frac{\sqrt{2}}{2} & -\frac{\sqrt{2}}{2} \\ \frac{\sqrt{2}}{2} & -\frac{\sqrt{2}}{2} \end{pmatrix}, \begin{pmatrix} -\frac{\sqrt{3}}{2} & -\frac{1}{2} \\ \frac{1}{2} & -\frac{\sqrt{3}}{2} \end{pmatrix},$$

$$\begin{pmatrix} \frac{\sqrt{3}}{2} & \frac{1}{2} \\ -\frac{1}{2} & \frac{\sqrt{3}}{2} \end{pmatrix}, \begin{pmatrix} \frac{\sqrt{2}}{2} & \frac{\sqrt{2}}{2} \\ -\frac{\sqrt{2}}{2} & \frac{\sqrt{2}}{2} \end{pmatrix},$$

$$\begin{pmatrix} \frac{1}{2} & \frac{\sqrt{3}}{2} \\ -\frac{\sqrt{3}}{2} & \frac{1}{2} \end{pmatrix}$$

直交変換を回転によって表現する

　　直交変換 A がどのようなかたちをしているかをしらべたいと思います．マトリックス $A = \begin{pmatrix} a & b \\ c & d \end{pmatrix}$ が任意の直交変換とすれば

$$A'A = \begin{pmatrix} a & c \\ b & d \end{pmatrix}\begin{pmatrix} a & b \\ c & d \end{pmatrix} = \begin{pmatrix} a^2+c^2 & ab+cd \\ ba+dc & b^2+d^2 \end{pmatrix} = \begin{pmatrix} 1 & 0 \\ 0 & 1 \end{pmatrix}$$

$$a^2+c^2 = b^2+d^2 = 1, \quad ab+cd = 0$$

したがって，つぎの条件をみたすような α,β が存在します．

$$a = \cos\alpha, \quad c = \sin\alpha, \quad b = -\sin\beta, \quad d = \cos\beta$$

$$ab+cd = -\cos\alpha\sin\beta+\sin\alpha\cos\beta = \sin(\alpha-\beta)$$

$$ab+cd = 0 \;\Rightarrow\; \sin(\alpha-\beta) = 0 \;\Rightarrow\; \beta = \alpha, \alpha+\pi$$
$$\sin(\alpha+\pi) = -\sin\alpha, \quad \cos(\alpha+\pi) = -\cos\alpha$$

したがって
$$A = \begin{pmatrix} \cos\alpha & -\sin\alpha \\ \sin\alpha & \cos\alpha \end{pmatrix} = T(\alpha), \quad \varDelta(A) = 1$$

あるいは
$$A = \begin{pmatrix} \cos\alpha & \sin\alpha \\ \sin\alpha & -\cos\alpha \end{pmatrix} = \begin{pmatrix} \cos\alpha & -\sin\alpha \\ \sin\alpha & \cos\alpha \end{pmatrix}\begin{pmatrix} 1 & 0 \\ 0 & -1 \end{pmatrix}$$
$$= T(\alpha)\begin{pmatrix} 1 & 0 \\ 0 & -1 \end{pmatrix},$$
$$\varDelta(A) = -1$$

$A = T(\alpha)$ は正の方向に α だけ回転することを意味します. また, $\begin{pmatrix} 1 & 0 \\ 0 & -1 \end{pmatrix}$ は, X 軸にかんする鏡像をとることを意味します.

$$\begin{pmatrix} x' \\ y' \end{pmatrix} = \begin{pmatrix} 1 & 0 \\ 0 & -1 \end{pmatrix}\begin{pmatrix} x \\ y \end{pmatrix} = \begin{pmatrix} x \\ -y \end{pmatrix}$$

したがって, $A = T(\alpha)\begin{pmatrix} 1 & 0 \\ 0 & -1 \end{pmatrix}$ は, 最初に X 軸にかんする鏡像をとって, つぎに正の方向に α だけ回転することを意味します.

練習問題 つぎの鏡像のマトリックスを求め, それを使って行列式が $\varDelta(A) = -1$ であるような直交変換 A を回転によってあらわしなさい.

(1) Y 軸にかんする鏡像

(2) 原点を通り X 軸と $45°$ の角度をなす直線にかんする鏡像

直交変換は群の性質をもつ

これから, ベクトル, マトリックスの表記法を少し変えて説明することにします. この一般的な表記法は, はじめはむずかしいかもしれませんが, なれるとたいへん便利です. デカルト座標の表記法を (x_1, x_2) のように記し, ベクトル

$\begin{pmatrix} x_1 \\ x_2 \end{pmatrix}$ 自体を x と記すことにします．異なるベクトルは

$$x = \begin{pmatrix} x_1 \\ x_2 \end{pmatrix}, \quad y = \begin{pmatrix} y_1 \\ y_2 \end{pmatrix}, \quad z = \begin{pmatrix} z_1 \\ z_2 \end{pmatrix} \quad \text{あるいは}$$

$$a = \begin{pmatrix} a_1 \\ a_2 \end{pmatrix}, \quad b = \begin{pmatrix} b_1 \\ b_2 \end{pmatrix}, \quad c = \begin{pmatrix} c_1 \\ c_2 \end{pmatrix}$$

などであらわすことにします．

（ⅰ）単位マトリックス I は直交変換のマトリックスになっている．

（ⅱ）A が直交変換とすれば，その逆変換 A^{-1} も直交変換となる．

$$A'A = I \;\Rightarrow\; (A'A)A^{-1} = IA^{-1} \;\Rightarrow\; A' = A^{-1}$$
$$(A^{-1})'A^{-1} = (A')'A^{-1} = AA^{-1} = I$$

ノート：$A'A=I$, $AA'=I$ のどちらかが成立すれば，A は直交変換となります．

（ⅲ）A, B が直交変換のとき，その積 AB も直交変換となる．

$$(AB)'(AB) = B'A'AB = B'(A'A)B = B'IB = B'B = I$$

ある変換の集合 G がつぎの3つの条件をみたすとき，G は群をなすといいます（$A \in G$ は，変換 A が集合 G に属することをあらわしています）．

(1) 恒等変換 I は G に属する [$I \in G$]

(2) 変換 A が G に属するとき，逆変換 A^{-1} も G に属する [$A \in G \Rightarrow A^{-1} \in G$]

(3) 変換 A, B が G に属するとき，その積 AB も G に属する [$A, B \in G \Rightarrow AB \in G$]

上の(ⅰ), (ⅱ), (ⅲ)から，直交変換全体は群の性質をもっていることがわかります．直交変換の全体を直交変換群といいます．回転の全体も群をなし，回転群といいます．

直交変換に平行移動を組み合わせた変換を運動といいます．平行移動は

$$y = x + b \quad (b \text{ は定ベクトル})$$

のかたちにあらわせますから，運動は

$$y = Ax + b \quad (A \text{ は直交変換}, b \text{ は定ベクトル})$$

とあらわせます．運動は群の性質をもっています．運動の全体を運動群といいます．

97ページの練習問題の答え

(1) $\begin{pmatrix} -1 & 0 \\ 0 & 1 \end{pmatrix}$, $T(\alpha)\begin{pmatrix} -1 & 0 \\ 0 & 1 \end{pmatrix}$

(2) $\begin{pmatrix} 0 & 1 \\ 1 & 0 \end{pmatrix}$, $T(\alpha)\begin{pmatrix} 0 & 1 \\ 1 & 0 \end{pmatrix}$

（ⅰ）　運動 $y=Ax+b$ の逆も運動となる．
$$y = Ax+b \;\Rightarrow\; x = A^{-1}(y-b) = A^{-1}y - A^{-1}b$$
$$(A^{-1} は直交変換)$$

（ⅱ）　2つの運動 $y=Ax+b$, $z=By+c$ の積も運動となる．
$$y = Ax+b, \quad z = B(Ax+b)+c = BAx+(Bb+c)$$
$$(BA は直交変換)$$

運動によって，直線であるという性質や，線分の長さ，2つの直線の間の角の大きさは変わりません．このことは直交変換にかんするつぎの性質からすぐわかります．2つのベクトル x, y の間の角の大きさを $\angle[x, y]$ とあらわすことにすると，A が直交変換のとき（$A^{-1}A = I$），
$$y = Ax, \; z = Au \;\Rightarrow\; \alpha y + \beta z = A(\alpha x + \beta u)$$
$$(Ax, Ax) = (Ax)'(Ax) = x'A'Ax = x'Ix = x'x = (x, x)$$
$$(Ax, Ay) = (Ax)'(Ay) = x'A'Ay = x'Iy = x'y = (x, y)$$
$$\cos \angle[Ax, Ay] = \frac{(Ax, Ay)}{\sqrt{(Ax, Ax)}\sqrt{(Ay, Ay)}} = \frac{(x, y)}{\sqrt{(x, x)}\sqrt{(y, y)}}$$
$$= \cos \angle[x, y]$$

直交変換，運動の英語はそれぞれ Orthogonal Transformation, Movement です．第 2 巻『図形を考える—幾何』の主題であったユークリッド幾何は，運動によって変わらない図形の性質を考えるものです．直交変換群あるいは運動群の基礎となっている群の考え方は，現代数学でもっとも重要な役割をはたす概念の 1 つです．

第4章 回転と直交変換　問　題

つぎの幾何の問題を回転の考え方を使って解きなさい．

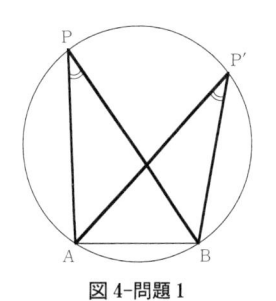

問題1　ある円 O の弦 AB 上の円周角 ∠APB はすべて一定の大きさをもつ．

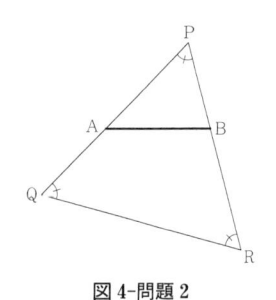

図 4-問題 1

問題2　線分 AB と各辺の長さがある一定の大きさをもつ正三角形 △PQR がある．△PQR の 2 つの辺 PQ, PR の上にそれぞれ A, B があるようにおくとき，第 3 辺 QR はある一定の円に接する．

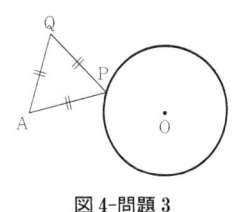

図 4-問題 2

問題3　円 O とその外に点 A が与えられている．A と円 O 上の任意の点 P を 2 つの頂点とする正三角形 △APQ の第 3 の頂点 Q の軌跡を求めよ．

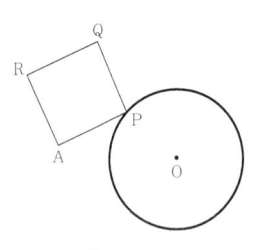

図 4-問題 3

問題4　円 O とその外に点 A が与えられている．円 O 上の任意の点 P をとり，正方形 □APQR をつくるとき，他の頂点 Q, R の軌跡を求めよ．

図 4-問題 4

問題 5 直線 l とその外に点 A が与えられている．A と直線 l 上の任意の点 P を 2 つの頂点とする正三角形 △APQ の第 3 の頂点 Q の軌跡を求めよ．

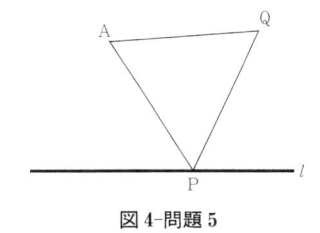

図 4-問題 5

問題 6 与えられた正三角形 △ABC のなかにあって，つぎの条件をみたすような点 P の軌跡を求めよ．
$$\overline{AP}^2 = \overline{BP}^2 + \overline{CP}^2$$

問題 7 外接円の半径が 1 である正三角形 △ABC のなかにあって，つぎの条件をみたすような点 P の軌跡を求めよ．
$$\overline{AP}^2 + \overline{BP}^2 + \overline{CP}^2 = k^2 \quad (k > \sqrt{3})$$

問題 8 点 O で交わる 2 つの直線 OX, OY と ∠XOY の二等分線上の定点 A が与えられている．2 点 A, O を通る任意の円が直線 OX, OY と交わる点をそれぞれ P, Q とすれば，$\overline{OP} + \overline{OQ}$ は一定となる．

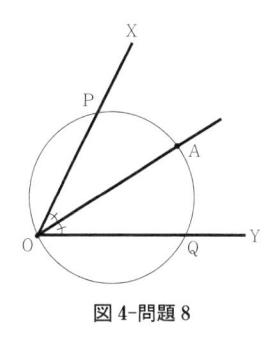

図 4-問題 8

第 5 章
円錐曲線を変換する

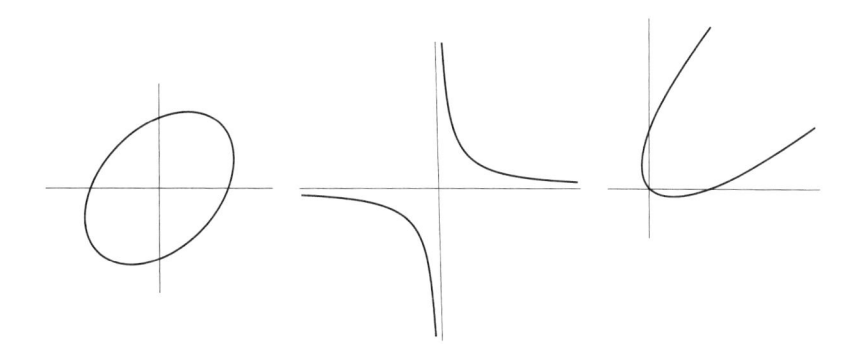

円錐曲線と二次方程式

円錐曲線のもっとも一般的な表現は，次の二次方程式です．

(1) $$ax^2 + 2bxy + cy^2 + 2mx + 2ny + l = 0$$

円錐曲線には，楕円，双曲線，あるいは放物線の3種類がありますが，マトリックス $A = \begin{pmatrix} a & b \\ b & c \end{pmatrix}$ の性質からかんたんにその種類を見分けることができます．

（ⅰ） $\begin{vmatrix} a & b \\ b & c \end{vmatrix} = ac - b^2 > 0$ のとき，楕円

（ⅱ） $\begin{vmatrix} a & b \\ b & c \end{vmatrix} = ac - b^2 < 0$ のとき，双曲線

（ⅲ） $\begin{vmatrix} a & b \\ b & c \end{vmatrix} = ac - b^2 = 0$ のとき，放物線

この分類には，x, y の二次の項の係数だけが関係していることに注意してください．

この章では，楕円，双曲線，放物線の順にしらべていきますが，これからの話をわかりやすくするために，すこし準備をしておきたいと思います．

じつは，楕円と双曲線(上の(ⅰ), (ⅱ))の場合には，x, y の一次の項を消して，式(1)をもっとかんたんにすることができるのです．

(i), (ii) の場合には，$\begin{vmatrix} a & b \\ b & c \end{vmatrix} \neq 0$ なので，連立方程式

(2) $\begin{cases} ax+by+m=0 \\ bx+cy+n=0 \end{cases}$

はただ1組の解 (x_0, y_0) をもちます．

(3) $\begin{cases} ax_0+by_0+m=0 \\ bx_0+cy_0+n=0 \end{cases}$

そこで，円錐曲線(1)を X 方向に $-x_0$，Y 方向に $-y_0$ だけ平行移動してみます．新しい変数を x', y' とすると，

$$x' = x - x_0, \qquad y' = y - y_0$$

これを式(1)に代入して整理すると，

$ax'^2 + 2bx'y' + cy'^2 + 2(ax_0+by_0+m)x' + 2(bx_0+cy_0+n)y'$
$= k$

ただし，

$$k = -(ax_0^2 + 2bx_0y_0 + cy_0^2 + 2mx_0 + 2ny_0 + l)$$

ここで x', y' の係数は式(3)から0になるので，結局

$$ax'^2 + 2bx'y' + cy'^2 = k$$

という方程式が得られます．$k=0$ の場合は考えないことにして，この両辺を k で割ると，

(4) $\qquad a'x'^2 + 2b'x'y' + c'y'^2 = 1$

とあらわすことができます．ただし，

$$a = ka', \qquad b = kb', \qquad c = kc'$$

最初にのべた分類(i), (ii)の条件は，式(1)の係数を用いても，式(4)の係数を用いても同じであることを確認してください．

1

楕円を回転する

楕円の回転

楕円はつぎの方程式であらわすことができます．

$$\frac{x^2}{A^2}+\frac{y^2}{B^2}=1 \qquad (A,B>0)$$

この楕円を回転したときの方程式を計算したいと思います。マトリックスを使って表現すると

$$\frac{x^2}{A^2}+\frac{y^2}{B^2}=(x,y)\begin{pmatrix}\dfrac{1}{A^2}&0\\0&\dfrac{1}{B^2}\end{pmatrix}\begin{pmatrix}x\\y\end{pmatrix}$$

図 5-1-1

したがって，楕円の方程式はつぎのように表現できます.

$$(x,y)\begin{pmatrix}\dfrac{1}{A^2}&0\\0&\dfrac{1}{B^2}\end{pmatrix}\begin{pmatrix}x\\y\end{pmatrix}=1$$

計算をかんたんにするために，$u=\dfrac{1}{A^2}$, $v=\dfrac{1}{B^2}$ とおけば，楕円の方程式はつぎのようになります．

$$ux^2+vy^2=(x,y)\begin{pmatrix}u&0\\0&v\end{pmatrix}\begin{pmatrix}x\\y\end{pmatrix}=1 \qquad (u,v>0)$$

この楕円を原点 O を中心として，正の方向に θ だけ回転します．この回転によってベクトル $\begin{pmatrix}x\\y\end{pmatrix}$ がベクトル $\begin{pmatrix}\xi\\\eta\end{pmatrix}$ に変換されたとすれば

$$\begin{pmatrix}\xi\\\eta\end{pmatrix}=\begin{pmatrix}\cos\theta&-\sin\theta\\\sin\theta&\cos\theta\end{pmatrix}\begin{pmatrix}x\\y\end{pmatrix}$$

$$\begin{pmatrix}x\\y\end{pmatrix}=\begin{pmatrix}\cos\theta&-\sin\theta\\\sin\theta&\cos\theta\end{pmatrix}^{-1}\begin{pmatrix}\xi\\\eta\end{pmatrix}=\begin{pmatrix}\cos\theta&\sin\theta\\-\sin\theta&\cos\theta\end{pmatrix}\begin{pmatrix}\xi\\\eta\end{pmatrix}$$

この関係式を上の楕円の方程式の左辺に代入すれば

$$(x,y)\begin{pmatrix}u&0\\0&v\end{pmatrix}\begin{pmatrix}x\\y\end{pmatrix}$$

$$=(\xi,\eta)\begin{pmatrix}\cos\theta&-\sin\theta\\\sin\theta&\cos\theta\end{pmatrix}\begin{pmatrix}u&0\\0&v\end{pmatrix}\begin{pmatrix}\cos\theta&\sin\theta\\-\sin\theta&\cos\theta\end{pmatrix}\begin{pmatrix}\xi\\\eta\end{pmatrix}$$

$$=(\xi,\eta)\begin{pmatrix}u\cos^2\theta+v\sin^2\theta&(u-v)\sin\theta\cos\theta\\(u-v)\sin\theta\cos\theta&u\sin^2\theta+v\cos^2\theta\end{pmatrix}\begin{pmatrix}\xi\\\eta\end{pmatrix}$$

ここで，つぎのマトリックス A を考えます．

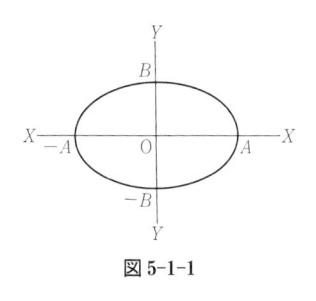

$$A=\begin{pmatrix}a&b\\b&c\end{pmatrix}=\begin{pmatrix}\cos\theta&-\sin\theta\\\sin\theta&\cos\theta\end{pmatrix}\begin{pmatrix}u&0\\0&v\end{pmatrix}\begin{pmatrix}\cos\theta&\sin\theta\\-\sin\theta&\cos\theta\end{pmatrix}$$

$$= \begin{pmatrix} u\cos^2\theta+v\sin^2\theta & (u-v)\sin\theta\cos\theta \\ (u-v)\sin\theta\cos\theta & u\sin^2\theta+v\cos^2\theta \end{pmatrix}$$

$$a = u\cos^2\theta+v\sin^2\theta, \quad b = (u-v)\sin\theta\cos\theta,$$
$$c = u\sin^2\theta+v\cos^2\theta$$

ベクトル $\begin{pmatrix} \xi \\ \eta \end{pmatrix}$ はつぎの方程式をみたします.

$$(\xi, \eta) A \begin{pmatrix} \xi \\ \eta \end{pmatrix} = (\xi, \eta) \begin{pmatrix} a & b \\ b & c \end{pmatrix} \begin{pmatrix} \xi \\ \eta \end{pmatrix} = 1$$

この楕円は，X 軸を正の方向に θ だけ回転した直線を主軸とします．その方程式は，変数を ξ, η から x, y に変えると

$$ax^2 + 2bxy + cy^2 = 1$$

練習問題

(1) 長半径 3，短半径 2 の楕円 $\dfrac{x^2}{9} + \dfrac{y^2}{4} = 1$ を正の方向に $60°$ だけ回転した図形の方程式を求めなさい．

(2) 長半径 5，短半径 4 の楕円 $\dfrac{x^2}{25} + \dfrac{y^2}{16} = 1$ を正の方向に $45°$ だけ回転した図形の方程式を求めなさい．

ポジティヴ・デフィニットなマトリックス

ここで，マトリックス

$$A = \begin{pmatrix} a & b \\ b & c \end{pmatrix}$$
$$= \begin{pmatrix} u\cos^2\theta+v\sin^2\theta & (u-v)\sin\theta\cos\theta \\ (u-v)\sin\theta\cos\theta & u\sin^2\theta+v\cos^2\theta \end{pmatrix}$$

の性質を考えてみましょう．

（ⅰ）マトリックス $A = \begin{pmatrix} a & b \\ b & c \end{pmatrix}$ は対称的である．すなわち，A とその転置マトリックス A' は等しい: $A' = A$.

（ⅱ）マトリックス $A = \begin{pmatrix} a & b \\ b & c \end{pmatrix}$ の対角成分(Diagonal)は正である: $a, c > 0$.

$$a = u\cos^2\theta+v\sin^2\theta > 0, \quad c = u\sin^2\theta+v\cos^2\theta > 0$$
$$[u, v > 0 \text{ だから}]$$

（ⅲ）　マトリックス $A=\begin{pmatrix} a & b \\ b & c \end{pmatrix}$ の行列式 $\mathit{\Delta}$ は正である：$\mathit{\Delta} = \begin{vmatrix} a & b \\ b & c \end{vmatrix} = ac - b^2 > 0.$

$$A = \begin{pmatrix} \cos\theta & -\sin\theta \\ \sin\theta & \cos\theta \end{pmatrix} \begin{pmatrix} u & 0 \\ 0 & v \end{pmatrix} \begin{pmatrix} \cos\theta & \sin\theta \\ -\sin\theta & \cos\theta \end{pmatrix}$$

$$\mathit{\Delta} = \begin{vmatrix} \cos\theta & -\sin\theta \\ \sin\theta & \cos\theta \end{vmatrix} \begin{vmatrix} u & 0 \\ 0 & v \end{vmatrix} \begin{vmatrix} \cos\theta & \sin\theta \\ -\sin\theta & \cos\theta \end{vmatrix}$$

$$= uv(\cos^2\theta + \sin^2\theta)^2 = uv > 0$$

　一般に，性質(i), (ii), (iii)をみたすようなマトリックス A を正値定形式といいます．正値定形式は Positive-Definite（ポジティヴ・デフィニット）の訳語です．正値定形式というのは，よびにくいので，ここではポジティヴ・デフィニットという表現を使うことにします．性質(i), (ii), (iii)をみたすようなマトリックス A を正値定形式，あるいはポジティヴ・デフィニットとよぶのは，つぎの理由からです．

　一般に，対称的なマトリックス $A=\begin{pmatrix} a & b \\ b & c \end{pmatrix}$ が与えられているとき，つぎの二次関数 $f(x, y)$ を A にかんする二次形式といいます．

$$f(x, y) = ax^2 + 2bxy + cy^2$$

　条件(ii), (iii)がみたされているとき，$(x, y) \neq (0, 0)$ であるかぎり，この二次形式はつねに正の値をとります．

$$f(x, y) = ax^2 + 2bxy + cy^2 > 0$$

証明　$y=0$, $x\neq 0$ のとき，$f(x, y) = ax^2 > 0$.

$y \neq 0$ のときには，$\dfrac{x}{y} = t$ とおけば

$$f(x, y) = y^2(at^2 + 2bt + c) = y^2 \left\{ a\left(t + \frac{b}{a}\right)^2 + \frac{ac-b^2}{a} \right\} > 0$$

Q. E. D.

　上の性質は，マトリックスを使うとつぎのようにあらわすことができます．マトリックス $A = \begin{pmatrix} a & b \\ b & c \end{pmatrix}$ がポジティヴ・デフィニットであるとすれば

(♯) $f(x,y) = (x,y)A\begin{pmatrix}x\\y\end{pmatrix} = (x,y)\begin{pmatrix}a & b\\b & c\end{pmatrix}\begin{pmatrix}x\\y\end{pmatrix} > 0$

$\left[\begin{pmatrix}x\\y\end{pmatrix} \neq \begin{pmatrix}0\\0\end{pmatrix}のとき\right]$

逆に，条件(♯)がみたされているときには，マトリックス $A=\begin{pmatrix}a & b\\b & c\end{pmatrix}$ がポジティヴ・デフィニットになることもすぐわかります．

ノート：二次方程式 $ax^2+2bx+c=0$ の判別式を D とおけば，$\dfrac{D}{4} = b^2 - ac = -\varDelta$. したがって，$\varDelta > 0 \Leftrightarrow D < 0$.

練習問題 つぎの各マトリックスがポジティヴ・デフィニットであることをたしかめなさい．

(1) $\begin{pmatrix}31 & -5\sqrt{3}\\-5\sqrt{3} & 21\end{pmatrix}$ (2) $\begin{pmatrix}41 & -9\\-9 & 41\end{pmatrix}$

(3) $\begin{pmatrix}4 & 3\\3 & 5\end{pmatrix}$ (4) $\begin{pmatrix}7 & -5\\-5 & 4\end{pmatrix}$ (5) $\begin{pmatrix}\dfrac{1}{5} & -\dfrac{1}{4}\\-\dfrac{1}{4} & \dfrac{1}{3}\end{pmatrix}$

楕円の一般的な表現

ポジティヴ・デフィニットなマトリックス $A=\begin{pmatrix}a & b\\b & c\end{pmatrix}$ が与えられているとき，つぎの方程式のグラフを考えます．

$$(x,y)A\begin{pmatrix}x\\y\end{pmatrix} = ax^2 + 2bxy + cy^2 = 1$$

$(a, c > 0, \ \varDelta = ac - b^2 > 0)$

このグラフが楕円になることを証明したいと思います．そのために，この方程式の変数を (ξ, η) であらわします．

$$(\xi, \eta)A\begin{pmatrix}\xi\\\eta\end{pmatrix} = (\xi, \eta)\begin{pmatrix}a & b\\b & c\end{pmatrix}\begin{pmatrix}\xi\\\eta\end{pmatrix} = 1$$

いまかりに，この曲線が楕円

$$ux^2 + vy^2 = (x,y)\begin{pmatrix}u & 0\\0 & v\end{pmatrix}\begin{pmatrix}x\\y\end{pmatrix} = 1 \qquad (u, v > 0)$$

106 ページの練習問題の答え
(1) $31x^2 - 10\sqrt{3}\,xy + 21y^2 = 144$
(2) $41x^2 - 18xy + 41y^2 = 800$

を原点 O を中心として，正の方向に θ だけ回転した図形と一致したとします．上の計算をそのまま使って，つぎの結果が得られます．

$$\begin{pmatrix} \xi \\ \eta \end{pmatrix} = \begin{pmatrix} \cos\theta & -\sin\theta \\ \sin\theta & \cos\theta \end{pmatrix} \begin{pmatrix} x \\ y \end{pmatrix},$$

$$\begin{pmatrix} x \\ y \end{pmatrix} = \begin{pmatrix} \cos\theta & \sin\theta \\ -\sin\theta & \cos\theta \end{pmatrix} \begin{pmatrix} \xi \\ \eta \end{pmatrix}$$

$$A = \begin{pmatrix} a & b \\ b & c \end{pmatrix} = \begin{pmatrix} \cos\theta & -\sin\theta \\ \sin\theta & \cos\theta \end{pmatrix} \begin{pmatrix} u & 0 \\ 0 & v \end{pmatrix} \begin{pmatrix} \cos\theta & \sin\theta \\ -\sin\theta & \cos\theta \end{pmatrix}$$

$$= \begin{pmatrix} u\cos^2\theta + v\sin^2\theta & (u-v)\sin\theta\cos\theta \\ (u-v)\sin\theta\cos\theta & u\sin^2\theta + v\cos^2\theta \end{pmatrix}$$

$$a = u\cos^2\theta + v\sin^2\theta, \quad b = (u-v)\sin\theta\cos\theta,$$
$$c = u\sin^2\theta + v\cos^2\theta$$

ここで，$\cos^2\theta + \sin^2\theta = 1$，$2\sin\theta\cos\theta = \sin 2\theta$ を使うと

$$u+v = a+c, \quad u-v = \frac{2b}{\sin 2\theta}$$

$$u = \frac{a+c}{2} + \frac{b}{\sin 2\theta}, \quad v = \frac{a+c}{2} - \frac{b}{\sin 2\theta}$$

さらに，$\cos^2\theta + \sin^2\theta = 1$，$\cos^2\theta - \sin^2\theta = \cos 2\theta$ を使って

$$a = \left(\frac{a+c}{2} + \frac{b}{\sin 2\theta}\right)\cos^2\theta + \left(\frac{a+c}{2} - \frac{b}{\sin 2\theta}\right)\sin^2\theta$$

$$= \frac{a+c}{2}(\cos^2\theta + \sin^2\theta) + \frac{b}{\sin 2\theta}(\cos^2\theta - \sin^2\theta)$$

$$= \frac{a+c}{2} + \frac{b\cos 2\theta}{\sin 2\theta} = \frac{a+c}{2} + \frac{b}{\tan 2\theta}$$

$$\frac{a-c}{2} = \frac{b}{\tan 2\theta} \Rightarrow \tan 2\theta = \frac{2b}{a-c}$$

$$\sin^2 2\theta = \frac{\tan^2 2\theta}{1+\tan^2 2\theta} = \frac{\left(\frac{2b}{a-c}\right)^2}{1+\left(\frac{2b}{a-c}\right)^2} = \frac{b^2}{\left(\frac{a-c}{2}\right)^2 + b^2}$$

$$\Rightarrow \sin 2\theta = \frac{\pm b}{\sqrt{\left(\frac{a-c}{2}\right)^2 + b^2}}$$

$$u = \frac{a+c}{2} \pm \sqrt{\left(\frac{a-c}{2}\right)^2 + b^2}, \quad v = \frac{a+c}{2} \mp \sqrt{\left(\frac{a-c}{2}\right)^2 + b^2}$$

1 楕円を回転する

$u, v > 0$ となるための必要,十分な条件は

$$\frac{a+c}{2} > \sqrt{\left(\frac{a-c}{2}\right)^2 + b^2} \quad \Leftrightarrow \quad a, c > 0, \quad \varDelta = ac - b^2 > 0$$

楕円の一般的な方程式にかんする命題

$$ax^2 + 2bxy + cy^2 = 1$$

のグラフが楕円になるための必要,十分な条件は,対称的なマトリックス $A = \begin{pmatrix} a & b \\ b & c \end{pmatrix}$ がポジティヴ・デフィニットとなることである.

$$a, c > 0, \quad \varDelta = ac - b^2 > 0$$

この楕円の標準形は

$$ux^2 + vy^2 = 1 \quad (u, v > 0)$$

$$u = \frac{a+c}{2} \pm \sqrt{\left(\frac{a-c}{2}\right)^2 + b^2}, \quad v = \frac{a+c}{2} \mp \sqrt{\left(\frac{a-c}{2}\right)^2 + b^2}$$

$$\tan 2\theta = \frac{2b}{a-c}, \quad \sin 2\theta = \frac{\pm b}{\sqrt{\left(\frac{a-c}{2}\right)^2 + b^2}}$$

この楕円の主軸は X 軸を正の方向に θ だけ回転した直線となり,長半径,短半径の長さはつぎの式によって与えられます.

$$\sqrt{\frac{\frac{a+c}{2} + \sqrt{\left(\frac{a-c}{2}\right)^2 + b^2}}{ac - b^2}}, \quad \sqrt{\frac{\frac{a+c}{2} - \sqrt{\left(\frac{a-c}{2}\right)^2 + b^2}}{ac - b^2}}$$

練習問題 つぎの方程式のグラフが楕円になることを示し,その主軸と長半径,短半径の長さを求めなさい.
(1) $x^2 + 2xy + 3y^2 = 1$ (2) $3x^2 + 2\sqrt{3}\,xy + 5y^2 = 1$
(3) $31x^2 - 12\sqrt{3}\,xy + 43y^2 = 1225$
(4) $4x^2 - 2xy + 4y^2 = 1$

A の行列式が正($\varDelta = ac - b^2 > 0$)のときでも,$a, c > 0$ という条件がみたされないことがあります.このときには,$a, c < 0$ となっていなければなりません.A にかんする二次形式を考えると

---

108 ページの練習問題の答え

(1) $31, 21 > 0$, $\begin{vmatrix} 31 & -5\sqrt{3} \\ -5\sqrt{3} & 21 \end{vmatrix} = 576 > 0$ (2) $41, 41 > 0$, $\begin{vmatrix} 41 & -9 \\ -9 & 41 \end{vmatrix} = 1600 > 0$ (3) $4, 5 > 0$, $\begin{vmatrix} 4 & 3 \\ 3 & 5 \end{vmatrix} = 11 > 0$
(4) $7, 4 > 0$, $\begin{vmatrix} 7 & -5 \\ -5 & 4 \end{vmatrix} = 3 > 0$
(5) $\frac{1}{5}, \frac{1}{3} > 0$, $\begin{vmatrix} \frac{1}{5} & -\frac{1}{4} \\ -\frac{1}{4} & \frac{1}{3} \end{vmatrix} = \frac{1}{240} > 0$

$$ax^2+2bxy+cy^2 = a\left(x+\frac{b}{2a}y\right)^2+\frac{4ac-b^2}{4a}y^2 < 0$$
$$[(x,y) \neq (0,0)]$$

したがって,
$$ax^2+2bxy+cy^2 = 1$$
をみたす (x,y) は存在しません.このようなマトリックス $A = \begin{pmatrix} a & b \\ b & c \end{pmatrix}$ を負値定形式といいます.負値定形式は,Negative-Definite(ネガティヴ・デフィニット)の訳ですが,ここでは,ネガティヴ・デフィニットということにします.

2

双曲線を回転する

双曲線の回転

双曲線はつぎの方程式であらわすことができます.
$$\frac{x^2}{A^2} - \frac{y^2}{B^2} = 1 \quad (A, B > 0)$$
この双曲線を回転したときの方程式を計算したいと思います.楕円の場合と同じように,マトリックスを使って表現すると
$$(x,y) \begin{pmatrix} \dfrac{1}{A^2} & 0 \\ 0 & -\dfrac{1}{B^2} \end{pmatrix} \begin{pmatrix} x \\ y \end{pmatrix} = 1$$

図 5-2-1

計算をかんたんにするために,$u = \dfrac{1}{A^2}$,$v = \dfrac{1}{B^2}$ とおけば,双曲線の方程式はつぎのようになります.
$$(x,y) \begin{pmatrix} u & 0 \\ 0 & -v \end{pmatrix} \begin{pmatrix} x \\ y \end{pmatrix} = ux^2 - vy^2 = 1$$
ここで,一般に,$u, v > 0$ の場合だけでなく,$u, v < 0$ の場合も考えることにします.

この双曲線を原点 O を中心として,正の方向に θ だけ回

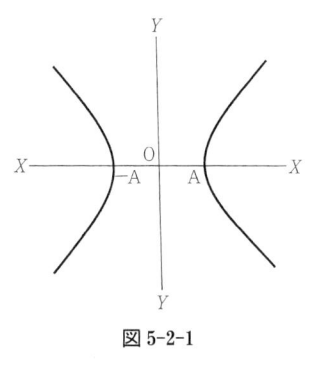

転します．この回転によってベクトル $\begin{pmatrix} x \\ y \end{pmatrix}$ がベクトル $\begin{pmatrix} \xi \\ \eta \end{pmatrix}$ に変換されたとすれば

$$\begin{pmatrix} \xi \\ \eta \end{pmatrix} = \begin{pmatrix} \cos\theta & -\sin\theta \\ \sin\theta & \cos\theta \end{pmatrix} \begin{pmatrix} x \\ y \end{pmatrix}$$

$$\begin{pmatrix} x \\ y \end{pmatrix} = \begin{pmatrix} \cos\theta & \sin\theta \\ -\sin\theta & \cos\theta \end{pmatrix} \begin{pmatrix} \xi \\ \eta \end{pmatrix}$$

この関係式を上の双曲線の方程式の左辺に代入すれば

$$(x, y) \begin{pmatrix} u & 0 \\ 0 & -v \end{pmatrix} \begin{pmatrix} x \\ y \end{pmatrix}$$

$$= (\xi, \eta) \begin{pmatrix} \cos\theta & -\sin\theta \\ \sin\theta & \cos\theta \end{pmatrix} \begin{pmatrix} u & 0 \\ 0 & -v \end{pmatrix} \begin{pmatrix} \cos\theta & \sin\theta \\ -\sin\theta & \cos\theta \end{pmatrix} \begin{pmatrix} \xi \\ \eta \end{pmatrix}$$

ここで，

$$A = \begin{pmatrix} a & b \\ b & c \end{pmatrix}$$

$$= \begin{pmatrix} \cos\theta & -\sin\theta \\ \sin\theta & \cos\theta \end{pmatrix} \begin{pmatrix} u & 0 \\ 0 & -v \end{pmatrix} \begin{pmatrix} \cos\theta & \sin\theta \\ -\sin\theta & \cos\theta \end{pmatrix}$$

とおけば，

$$\begin{pmatrix} a & b \\ b & c \end{pmatrix} = \begin{pmatrix} u\cos^2\theta - v\sin^2\theta & (u+v)\sin\theta\cos\theta \\ (u+v)\sin\theta\cos\theta & u\sin^2\theta - v\cos^2\theta \end{pmatrix}$$

$$a = u\cos^2\theta - v\sin^2\theta, \quad b = (u+v)\sin\theta\cos\theta,$$
$$c = u\sin^2\theta - v\cos^2\theta$$

ベクトル $\begin{pmatrix} \xi \\ \eta \end{pmatrix}$ はつぎの方程式をみたします．

$$(\xi, \eta) \begin{pmatrix} a & b \\ b & c \end{pmatrix} \begin{pmatrix} \xi \\ \eta \end{pmatrix} = 1$$

この方程式を，変数を ξ, η から x, y に変えてあらわすと
$$ax^2 + 2bxy + cy^2 = 1$$

練習問題

(1) 双曲線 $\dfrac{x^2}{9} - \dfrac{y^2}{4} = 1$ を正の方向に $60°$ だけ回転した図形の方程式を求めなさい．

(2) 双曲線 $\dfrac{x^2}{25} - \dfrac{y^2}{16} = 1$ を正の方向に $45°$ だけ回転した図形の方程式を求めなさい．

---

110 ページの練習問題の答え

(1) 回転角 $= -22.5°$，長半径 $= \sqrt{1 + \dfrac{\sqrt{2}}{2}}$，短半径 $= \sqrt{1 - \dfrac{\sqrt{2}}{2}}$．

(2) 回転角 $= -30°$，長半径 $= \dfrac{1}{\sqrt{2}}$，短半径 $= \dfrac{1}{\sqrt{6}}$．

(3) 回転角 $= 30°$，長半径 $= \dfrac{1}{5}$，短半径 $= \dfrac{1}{7}$．

(4) 回転角 $= 45°$，長半径 $= \dfrac{1}{\sqrt{3}}$，短半径 $= \dfrac{1}{\sqrt{5}}$．

(3) 双曲線 $x^2-y^2=1$ を正の方向に 45° だけ回転した図形の方程式を求めなさい．

双曲線のマトリックス

ここで，マトリックス
$$A = \begin{pmatrix} a & b \\ b & c \end{pmatrix} = \begin{pmatrix} u\cos^2\theta - v\sin^2\theta & (u+v)\sin\theta\cos\theta \\ (u+v)\sin\theta\cos\theta & u\sin^2\theta - v\cos^2\theta \end{pmatrix}$$
について，つぎの性質が成り立っています．

（ⅰ）マトリックス $A = \begin{pmatrix} a & b \\ b & c \end{pmatrix}$ が対称的である．

（ⅱ）マトリックス $A = \begin{pmatrix} a & b \\ b & c \end{pmatrix}$ の対角成分 a, c はかならずしも正とはならない．

（ⅲ）マトリックス $A = \begin{pmatrix} a & b \\ b & c \end{pmatrix}$ の行列式 $\varDelta = ac - b^2$ はつねに負となる．

$$\varDelta = \begin{vmatrix} \cos\theta & -\sin\theta \\ \sin\theta & \cos\theta \end{vmatrix} \begin{vmatrix} u & 0 \\ 0 & -v \end{vmatrix} \begin{vmatrix} \cos\theta & \sin\theta \\ -\sin\theta & \cos\theta \end{vmatrix}$$
$$= -uv(\sin^2\theta + \cos^2\theta)^2 = -uv < 0$$

一般に，行列式 $\varDelta$ が負となるような対称的なマトリックス $A = \begin{pmatrix} a & b \\ b & c \end{pmatrix}$ をカテナリー(Catenary)といいます：$\varDelta = \begin{vmatrix} a & b \\ b & c \end{vmatrix} = ac - b^2 < 0$.

[Catenary はむずかしい言葉です．懸垂状とか連鎖状というように訳されることもあります．第 5 巻で主役を演ずる曲線の 1 つがカテナリー曲線です．工学では，懸垂線とよばれています．]

<u>ノート</u>：マトリックス $A = \begin{pmatrix} a & b \\ b & c \end{pmatrix}$ がカテナリーのとき，二次方程式
$$ax^2 + 2bx + c = 0$$
はかならず実根をもちます．この方程式の判別式を D とおけば，

$$\frac{D}{4} = b^2 - ac = -\varDelta > 0$$

練習問題 つぎの各マトリックスがカテナリーとなることをたしかめなさい．

(1) $\begin{pmatrix} 0 & 1 \\ 1 & 0 \end{pmatrix}$ (2) $\begin{pmatrix} 1 & 0 \\ 0 & -1 \end{pmatrix}$ (3) $\begin{pmatrix} 7 & -5 \\ -5 & 3 \end{pmatrix}$

(4) $\begin{pmatrix} -\frac{1}{5} & \frac{1}{4} \\ \frac{1}{4} & \frac{1}{3} \end{pmatrix}$ (5) $\begin{pmatrix} -23 & 13\sqrt{3} \\ 13\sqrt{3} & 3 \end{pmatrix}$

(6) $\begin{pmatrix} -9 & 41 \\ 41 & -9 \end{pmatrix}$

双曲線の一般的な表現

カテナリーなマトリックス $A = \begin{pmatrix} a & b \\ b & c \end{pmatrix}$ が与えられているとき，つぎの方程式のグラフを考えます．

$$ax^2 + 2bxy + cy^2 = (x, y) A \begin{pmatrix} x \\ y \end{pmatrix} = 1$$

$$\left(\varDelta = \begin{vmatrix} a & b \\ b & c \end{vmatrix} = ac - b^2 < 0 \right)$$

このグラフが双曲線になることを証明したいと思います．楕円の場合と同じように，この方程式の変数を (ξ, η) であらわします．

$$(\xi, \eta) A \begin{pmatrix} \xi \\ \eta \end{pmatrix} = (\xi, \eta) \begin{pmatrix} a & b \\ b & c \end{pmatrix} \begin{pmatrix} \xi \\ \eta \end{pmatrix} = 1$$

この曲線が双曲線

$$(x, y) \begin{pmatrix} u & 0 \\ 0 & -v \end{pmatrix} \begin{pmatrix} x \\ y \end{pmatrix} = ux^2 - vy^2 = 1 \qquad (uv > 0)$$

を原点 O を中心として，正の方向に θ だけ回転した図形と一致したとします．上の計算をそのまま使って，つぎの結果が得られます．

$$\begin{pmatrix} \xi \\ \eta \end{pmatrix} = \begin{pmatrix} \cos\theta & -\sin\theta \\ \sin\theta & \cos\theta \end{pmatrix} \begin{pmatrix} x \\ y \end{pmatrix}$$

112 ページの練習問題の答え
(1) $-23x^2 + 26\sqrt{3}\,xy + 3y^2 = 144$
(2) $-9x^2 + 82xy - 9y^2 = 800$
(3) $2xy = 1$

$$\begin{pmatrix} x \\ y \end{pmatrix} = \begin{pmatrix} \cos\theta & \sin\theta \\ -\sin\theta & \cos\theta \end{pmatrix} \begin{pmatrix} \xi \\ \eta \end{pmatrix}$$

$$A = \begin{pmatrix} a & b \\ b & c \end{pmatrix}$$

$$= \begin{pmatrix} \cos\theta & -\sin\theta \\ \sin\theta & \cos\theta \end{pmatrix} \begin{pmatrix} u & 0 \\ 0 & -v \end{pmatrix} \begin{pmatrix} \cos\theta & \sin\theta \\ -\sin\theta & \cos\theta \end{pmatrix}$$

$$= \begin{pmatrix} u\cos^2\theta - v\sin^2\theta & (u+v)\sin\theta\cos\theta \\ (u+v)\sin\theta\cos\theta & u\sin^2\theta - v\cos^2\theta \end{pmatrix}$$

$$a = u\cos^2\theta - v\sin^2\theta, \quad b = (u+v)\sin\theta\cos\theta,$$
$$c = u\sin^2\theta - v\cos^2\theta$$

楕円の場合と同じような計算をすれば

$$u - v = a + c, \quad u + v = \frac{2b}{\sin 2\theta}$$

$$u = \frac{a+c}{2} + \frac{b}{\sin 2\theta}, \quad v = -\frac{a+c}{2} + \frac{b}{\sin 2\theta}$$

$$a = \left(\frac{a+c}{2} + \frac{b}{\sin 2\theta}\right)\cos^2\theta - \left(-\frac{a+c}{2} + \frac{b}{\sin 2\theta}\right)\sin^2\theta$$

$$= \frac{a+c}{2}(\cos^2\theta + \sin^2\theta) + \frac{b}{\sin 2\theta}(\cos^2\theta - \sin^2\theta)$$

$$= \frac{a+c}{2} + \frac{b}{\tan 2\theta}$$

$$\frac{a-c}{2} = \frac{b}{\tan 2\theta} \quad \Rightarrow \quad \tan 2\theta = \frac{2b}{a-c}$$

$$\sin^2 2\theta = \frac{\tan^2 2\theta}{1 + \tan^2 2\theta} = \frac{\left(\frac{2b}{a-c}\right)^2}{1 + \left(\frac{2b}{a-c}\right)^2} = \frac{b^2}{\left(\frac{a-c}{2}\right)^2 + b^2}$$

$$\Rightarrow \quad \sin 2\theta = \frac{\pm b}{\sqrt{\left(\frac{a-c}{2}\right)^2 + b^2}}$$

$$u = \frac{a+c}{2} \pm \sqrt{\left(\frac{a-c}{2}\right)^2 + b^2}, \quad v = -\frac{a+c}{2} \pm \sqrt{\left(\frac{a-c}{2}\right)^2 + b^2}$$

ここで，$uv > 0$ となるための必要，十分な条件は

$$uv = \left\{\left(\frac{a-c}{2}\right)^2 + b^2\right\} - \left(\frac{a+c}{2}\right)^2 = b^2 - ac > 0$$

双曲線の一般的な方程式にかんする命題

$$ax^2 + 2bxy + cy^2 = 1$$

のグラフが双曲線になるための必要，十分な条件は，対称的なマトリックス $A = \begin{pmatrix} a & b \\ b & c \end{pmatrix}$ がカテナリーとなることである：

$$\Delta = ac - b^2 < 0.$$

この双曲線の標準形は

$$ux^2 - vy^2 = 1 \quad (uv > 0)$$

$$u = \frac{a+c}{2} \pm \sqrt{\left(\frac{a-c}{2}\right)^2 + b^2}, \quad v = -\frac{a+c}{2} \pm \sqrt{\left(\frac{a-c}{2}\right)^2 + b^2}$$

この双曲線の主軸は，X軸を正の方向に θ だけ回転した直線となり

$$\sin 2\theta = \frac{\pm b}{\sqrt{\left(\frac{a-c}{2}\right)^2 + b^2}}, \quad \tan 2\theta = \frac{2b}{a-c}$$

114 ページの練習問題の答え

(1) $\begin{vmatrix} 0 & 1 \\ 1 & 0 \end{vmatrix} = -1 < 0$ (2) $\begin{vmatrix} 1 & 0 \\ 0 & -1 \end{vmatrix} = -1 < 0$ (3) $\begin{vmatrix} 7 & -5 \\ -5 & 3 \end{vmatrix} = -4 < 0$

(4) $\begin{vmatrix} -\frac{1}{5} & \frac{1}{4} \\ \frac{1}{4} & \frac{1}{3} \end{vmatrix} = -\frac{31}{240} < 0$

(5) $\begin{vmatrix} -23 & 13\sqrt{3} \\ 13\sqrt{3} & 3 \end{vmatrix} = -576 < 0$

(6) $\begin{vmatrix} -9 & 41 \\ 41 & -9 \end{vmatrix} = -1600 < 0$

練習問題 つぎの方程式が双曲線であることを，標準形を計算して示しなさい．

(1) $-3x^2 - 4xy + y^2 = 1$ (2) $8x^2 + 10\sqrt{3}\, xy - 2y^2 = 1$

(3) $2xy = 1$ (4) $-23x^2 + 26\sqrt{3}\, xy + 3y^2 = 144$

(5) $-9x^2 + 82xy - 9y^2 = 800$

3

円錐曲線と二次形式

楕円，双曲線はどちらも円錐曲線です．その一般的な表現はつぎの方程式です．

$$ax^2 + 2bxy + cy^2 = 1$$

この二次曲線が，つぎの標準となる曲線を原点 O を中心として，正の方向に θ だけ回転して得られたとします．

$$ux^2 + vy^2 = 1$$

$$u = \frac{a+c}{2} + \frac{b}{\sin 2\theta}, \quad v = \frac{a+c}{2} - \frac{b}{\sin 2\theta},$$

$$\sin 2\theta = \frac{\pm b}{\sqrt{\left(\frac{a-c}{2}\right)^2 + b^2}}$$

ここで，楕円の場合は，$u, v > 0$，双曲線の場合は，$uv < 0$ となるわけです．

回転のマトリックスを $T(\theta)$ であらわせば

$$T(\theta) = \begin{pmatrix} \cos\theta & -\sin\theta \\ \sin\theta & \cos\theta \end{pmatrix},$$

$$T(\theta)^{-1} = T(\theta)' = \begin{pmatrix} \cos\theta & \sin\theta \\ -\sin\theta & \cos\theta \end{pmatrix}$$

$$\begin{pmatrix} a & b \\ b & c \end{pmatrix} = T(\theta) \begin{pmatrix} u & 0 \\ 0 & v \end{pmatrix} T(\theta)^{-1},$$

$$\begin{pmatrix} u & 0 \\ 0 & v \end{pmatrix} = T(\theta)^{-1} \begin{pmatrix} a & b \\ b & c \end{pmatrix} T(\theta)$$

したがって

$$A = \begin{pmatrix} a & b \\ b & c \end{pmatrix} = \begin{pmatrix} \cos\theta & -\sin\theta \\ \sin\theta & \cos\theta \end{pmatrix} \begin{pmatrix} u & 0 \\ 0 & v \end{pmatrix} \begin{pmatrix} \cos\theta & \sin\theta \\ -\sin\theta & \cos\theta \end{pmatrix}$$

$$= \begin{pmatrix} u\cos^2\theta + v\sin^2\theta & (u-v)\sin\theta\cos\theta \\ (u-v)\sin\theta\cos\theta & u\sin^2\theta + v\cos^2\theta \end{pmatrix}$$

$$a = u\cos^2\theta + v\sin^2\theta, \quad b = (u-v)\sin\theta\cos\theta,$$

$$c = u\sin^2\theta + v\cos^2\theta$$

$$\tan 2\theta = \frac{2b}{a-c}, \quad \sin 2\theta = \frac{\pm b}{\sqrt{\left(\frac{a-c}{2}\right)^2 + b^2}}$$

$$u = \frac{a+c}{2} \pm \sqrt{\left(\frac{a-c}{2}\right)^2 + b^2}, \quad v = \frac{a+c}{2} \mp \sqrt{\left(\frac{a-c}{2}\right)^2 + b^2}$$

$A = \begin{pmatrix} a & b \\ b & c \end{pmatrix}$ がポジティヴ・デフィニットのときには

$$a, c > 0, \quad \Delta = ac - b^2 > 0 \quad \Rightarrow \quad u, v > 0$$

[楕円の場合]

$A = \begin{pmatrix} a & b \\ b & c \end{pmatrix}$ がカテナリーのときには

$$\Delta = ac - b^2 < 0 \quad \Rightarrow \quad uv < 0 \quad \text{[双曲線の場合]}$$

ここで

$$u+v = a+c, \quad uv = \left(\frac{a+c}{2}\right)^2 - \left\{\left(\frac{a-c}{2}\right)^2 + b^2\right\} = ac - b^2$$

u, v はつぎの二次方程式の根となるわけです.
$$\lambda^2 - (a+c)\lambda + ac - b^2 = 0$$

円錐曲線の標準的な形はつぎの関係から計算しました.
$$A = \begin{pmatrix} a & b \\ b & c \end{pmatrix} = T(\theta)\begin{pmatrix} u & 0 \\ 0 & v \end{pmatrix}T(\theta)^{-1}$$
$$= \begin{pmatrix} \cos\theta & -\sin\theta \\ \sin\theta & \cos\theta \end{pmatrix}\begin{pmatrix} u & 0 \\ 0 & v \end{pmatrix}\begin{pmatrix} \cos\theta & \sin\theta \\ -\sin\theta & \cos\theta \end{pmatrix}$$

ここで, つぎの2つのベクトル f, g を考えます.
$$f = \begin{pmatrix} \cos\theta \\ \sin\theta \end{pmatrix}, \quad g = \begin{pmatrix} -\sin\theta \\ \cos\theta \end{pmatrix}$$

f, g は, 回転のマトリックス $T(\theta) = \begin{pmatrix} \cos\theta & -\sin\theta \\ \sin\theta & \cos\theta \end{pmatrix}$ の第1列, 第2列ベクトルです.

$$(f, f) = (g, g) = 1, \quad (f, g) = 0$$
$$T(\theta)^{-1}f = \begin{pmatrix} \cos\theta & \sin\theta \\ -\sin\theta & \cos\theta \end{pmatrix}\begin{pmatrix} \cos\theta \\ \sin\theta \end{pmatrix} = \begin{pmatrix} 1 \\ 0 \end{pmatrix},$$
$$T(\theta)^{-1}g = \begin{pmatrix} \cos\theta & \sin\theta \\ -\sin\theta & \cos\theta \end{pmatrix}\begin{pmatrix} -\sin\theta \\ \cos\theta \end{pmatrix} = \begin{pmatrix} 0 \\ 1 \end{pmatrix}$$

したがって
$$Af = T(\theta)\begin{pmatrix} u & 0 \\ 0 & v \end{pmatrix}T(\theta)^{-1}f = T(\theta)\begin{pmatrix} u & 0 \\ 0 & v \end{pmatrix}\begin{pmatrix} 1 \\ 0 \end{pmatrix}$$
$$= \begin{pmatrix} \cos\theta & -\sin\theta \\ \sin\theta & \cos\theta \end{pmatrix}\begin{pmatrix} u \\ 0 \end{pmatrix} = uf$$
$$Ag = T(\theta)\begin{pmatrix} u & 0 \\ 0 & v \end{pmatrix}T(\theta)^{-1}g = T(\theta)\begin{pmatrix} u & 0 \\ 0 & v \end{pmatrix}\begin{pmatrix} 0 \\ 1 \end{pmatrix}$$
$$= \begin{pmatrix} \cos\theta & -\sin\theta \\ \sin\theta & \cos\theta \end{pmatrix}\begin{pmatrix} 0 \\ v \end{pmatrix} = vg$$
$$Af = uf, \quad Ag = vg$$

すなわち, 2つのベクトル f, g からつくられる直線はどちらも線形変換 A によって不変(Invariant)になります. このようなベクトル f, g をマトリックス A の特性ベクトルまたは固有ベクトルといい, 2つの値 u, v をマトリックス A の特性根または固有根といいます. 円錐曲線の標準形 $ux^2 + vy^2$

116ページの練習問題の答え
(1) $(2\sqrt{2}-1)x^2 - (2\sqrt{2}+1)y^2 = 1$
(2) $13x^2 - 7y^2 = 1$ (3) $x^2 - y^2 = 1$
(4) $\dfrac{x^2}{9} - \dfrac{y^2}{4} = 1$ (5) $\dfrac{x^2}{25} - \dfrac{y^2}{16} = 1$

=1 の係数はマトリックス A の特性根 u, v と一致するわけです.

上の関係式をつぎのようにあらわします.
$$(A-uI)f = 0, \quad (A-vI)g = 0 \quad (f, g \neq 0)$$
したがって,2 つのマトリックス $A-uI, A-vI$ の行列式はともに 0 となります.マトリックス A の特性根 u, v を一般的な変数 λ であらわせば
$$\Delta(A-\lambda I) = \begin{vmatrix} a-\lambda & b \\ b & c-\lambda \end{vmatrix} = \lambda^2 - (a+c)\lambda + ac - b^2 = 0$$
このことは,マトリックスを使うとかんたんに示すことができます.
$$\begin{pmatrix} a & b \\ b & c \end{pmatrix} = T(\theta) \begin{pmatrix} u & 0 \\ 0 & v \end{pmatrix} T(\theta)^{-1},$$
$$\begin{pmatrix} 1 & 0 \\ 0 & 1 \end{pmatrix} = T(\theta) \begin{pmatrix} 1 & 0 \\ 0 & 1 \end{pmatrix} T(\theta)^{-1}$$
$$\begin{pmatrix} a-\lambda & b \\ b & c-\lambda \end{pmatrix} = T(\theta) \begin{pmatrix} u-\lambda & 0 \\ 0 & v-\lambda \end{pmatrix} T(\theta)^{-1}$$
$$\Delta(A-\lambda I) = \begin{vmatrix} a-\lambda & b \\ b & c-\lambda \end{vmatrix} = \begin{vmatrix} u-\lambda & 0 \\ 0 & v-\lambda \end{vmatrix}$$
$$= (u-\lambda)(v-\lambda)$$
マトリックス A の特性根 u, v はつぎの二次方程式の根となるわけです.この二次方程式をマトリックス A の特性方程式といいます.
$$\lambda^2 - (a+c)\lambda + ac - b^2 = 0$$
円錐曲線の標準形 $ux^2 + vy^2 = 1$ を求める問題は結局,マトリックス A の特性方程式の根 u, v を求める問題に帰着されるわけです.

例題 つぎのマトリックスの特性方程式を求め,特性根を計算しなさい.

(1) $\begin{pmatrix} 4 & 3 \\ 3 & 5 \end{pmatrix}$ (2) $\begin{pmatrix} 7 & -5 \\ -5 & 3 \end{pmatrix}$ (3) $\begin{pmatrix} 0 & 1 \\ 1 & 0 \end{pmatrix}$

(4) $\begin{pmatrix} 3 & 1 \\ 1 & 1 \end{pmatrix}$ (5) $\begin{pmatrix} -3 & -2 \\ -2 & 1 \end{pmatrix}$ (6) $\begin{pmatrix} 5 & \sqrt{3} \\ \sqrt{3} & 3 \end{pmatrix}$

解答

(1) $\begin{vmatrix} 4-\lambda & 3 \\ 3 & 5-\lambda \end{vmatrix} = (4-\lambda)(5-\lambda)-9 = \lambda^2-9\lambda+11 = 0 \Rightarrow \lambda = \dfrac{9\pm\sqrt{37}}{2}.$

(2) $\begin{vmatrix} 7-\lambda & -5 \\ -5 & 3-\lambda \end{vmatrix} = (7-\lambda)(3-\lambda)-25 = \lambda^2-10\lambda-4 = 0 \Rightarrow \lambda = 5\pm\sqrt{29}.$

(3) $\begin{vmatrix} -\lambda & 1 \\ 1 & -\lambda \end{vmatrix} = \lambda^2-1 = 0 \Rightarrow \lambda = \pm 1.$

(4) $\begin{vmatrix} 3-\lambda & 1 \\ 1 & 1-\lambda \end{vmatrix} = (3-\lambda)(1-\lambda)-1 = \lambda^2-4\lambda+2 = 0 \Rightarrow \lambda = 2\pm\sqrt{2}.$

(5) $\begin{vmatrix} -3-\lambda & -2 \\ -2 & 1-\lambda \end{vmatrix} = (-3-\lambda)(1-\lambda)-4 = \lambda^2+2\lambda-7 = 0 \Rightarrow \lambda = -1\pm 2\sqrt{2}.$

(6) $\begin{vmatrix} 5-\lambda & \sqrt{3} \\ \sqrt{3} & 3-\lambda \end{vmatrix} = (5-\lambda)(3-\lambda)-3 = \lambda^2-8\lambda+12 = 0 \Rightarrow \lambda = 2, 6.$

練習問題 つぎのマトリックスの特性方程式を求め，特性根を計算しなさい．

(1) $\begin{pmatrix} 1 & 0 \\ 0 & -1 \end{pmatrix}$ (2) $\begin{pmatrix} 41 & -9 \\ -9 & 41 \end{pmatrix}$ (3) $\begin{pmatrix} -9 & 41 \\ 41 & -9 \end{pmatrix}$

(4) $\begin{pmatrix} 31 & -5\sqrt{3} \\ -5\sqrt{3} & 21 \end{pmatrix}$ (5) $\begin{pmatrix} -23 & 13\sqrt{3} \\ 13\sqrt{3} & 3 \end{pmatrix}$

4

放物線の一般的な方程式

放物線を変換する

つぎの放物線を考えます．

$$y^2 = 2kx$$

$\begin{pmatrix} 0 & 0 \\ 0 & 1 \end{pmatrix}$ というマトリックスを使えば，上の放物線は

$$y^2 - 2kx = (x, y)\begin{pmatrix} 0 & 0 \\ 0 & 1 \end{pmatrix}\begin{pmatrix} x \\ y \end{pmatrix} - 2(x, y)\begin{pmatrix} k \\ 0 \end{pmatrix} = 0$$

とあらわすことができます．このとき，$\begin{vmatrix} 0 & 0 \\ 0 & 1 \end{vmatrix} = 0$.

すこし面倒な計算になりますが，この放物線を原点Oを中心として正の方向に θ だけ回転して，さらに $\begin{pmatrix} p \\ q \end{pmatrix}$ だけ平行移動したとき，どのような形に変換されるかを計算してみましょう．

$$\begin{pmatrix} \xi \\ \eta \end{pmatrix} = T(\theta)\begin{pmatrix} x \\ y \end{pmatrix} + \begin{pmatrix} p \\ q \end{pmatrix}, \quad T(\theta) = \begin{pmatrix} \cos\theta & -\sin\theta \\ \sin\theta & \cos\theta \end{pmatrix}$$

この運動を $\begin{pmatrix} x \\ y \end{pmatrix}$ について解けば

$$\begin{pmatrix} x \\ y \end{pmatrix} = T(\theta)^{-1}\left\{\begin{pmatrix} \xi \\ \eta \end{pmatrix} - \begin{pmatrix} p \\ q \end{pmatrix}\right\},$$

$$T(\theta)^{-1} = \begin{pmatrix} \cos\theta & \sin\theta \\ -\sin\theta & \cos\theta \end{pmatrix}$$

上の放物線の方程式に代入すれば

$$\{(\xi, \eta) - (p, q)\} T(\theta)\begin{pmatrix} 0 & 0 \\ 0 & 1 \end{pmatrix} T(\theta)^{-1}\left\{\begin{pmatrix} \xi \\ \eta \end{pmatrix} - \begin{pmatrix} p \\ q \end{pmatrix}\right\}$$

$$-2\{(\xi, \eta) - (p, q)\} T(\theta)\begin{pmatrix} k \\ 0 \end{pmatrix} = 0$$

ここで

$$A = T(\theta)\begin{pmatrix} 0 & 0 \\ 0 & 1 \end{pmatrix} T(\theta)^{-1}$$

とおけば

$$(\xi, \eta) A \begin{pmatrix} \xi \\ \eta \end{pmatrix} - 2(\xi, \eta)\left\{A\begin{pmatrix} p \\ q \end{pmatrix} + T(\theta)\begin{pmatrix} k \\ 0 \end{pmatrix}\right\} + (p, q) A \begin{pmatrix} p \\ q \end{pmatrix}$$

$$+ 2(p, q) T(\theta)\begin{pmatrix} k \\ 0 \end{pmatrix} = 0$$

$A = \begin{pmatrix} a & b \\ c & d \end{pmatrix}$ とおくと，

$$A = \begin{pmatrix} \sin^2\theta & -\sin\theta\cos\theta \\ -\sin\theta\cos\theta & \cos^2\theta \end{pmatrix}$$

$$a = \sin^2\theta, \quad b = -\sin\theta\cos\theta, \quad c = \cos^2\theta$$

よって，$\Delta = ac - b^2 = 0$ となる．さらに

$$\begin{pmatrix} m \\ n \end{pmatrix} = -\left\{ A \begin{pmatrix} p \\ q \end{pmatrix} + T(\theta) \begin{pmatrix} k \\ 0 \end{pmatrix} \right\},$$

$$l = (p, q) A \begin{pmatrix} p \\ q \end{pmatrix} + 2(p, q) T(\theta) \begin{pmatrix} k \\ 0 \end{pmatrix}$$

とおくと，つぎの放物線をあらわす一般的な方程式がみちびかれる．

$$a\xi^2 + 2b\xi\eta + c\eta^2 + 2m\xi + 2n\eta + l = 0$$

練習問題

(1) 放物線 $y^2 = 6x$ を正の方向に $60°$ だけ回転して，$(2, 3)$ だけ平行移動した図形の方程式を求めなさい．

(2) 放物線 $y^2 = 10x$ を負の方向に $45°$ だけ回転して，$(-2, 3)$ だけ平行移動した図形の方程式を求めなさい．

第5章 円錐曲線を変換する　問　題

問題1　つぎのおのおのの円錐曲線を線形変換 $T=\begin{pmatrix} 2 & 1 \\ 3 & 4 \end{pmatrix}$ によって変換したときに得られる円錐曲線の方程式を求めよ．

（i）　$x^2+y^2=25$　　　（ii）　$\dfrac{x^2}{16}+\dfrac{y^2}{9}=1$

（iii）　$\dfrac{x^2}{16}-\dfrac{y^2}{9}=1$　　　（iv）　$y^2=4x$

問題2　つぎの二次方程式によってあらわされる円錐曲線に引いた2つの接線が直交するような点 $P=(p,q)$ の軌跡を求めよ．
$$ax^2+2bxy+cy^2+2mx+2ny+l=0$$

120ページの練習問題の答え
(1) $\lambda^2-1=0$；1，-1　　(2) $\lambda^2-82\lambda+1600=0$；50，32　　(3) $\lambda^2+18\lambda-1600=0$；32，-50　　(4) $\lambda^2-52\lambda+576=0$；36，16　　(5) $\lambda^2+20\lambda-576=0$；16，-36

122ページの練習問題の答え
(1)　$3x^2-2\sqrt{3}xy+y^2-(24-6\sqrt{3})x-(6+8\sqrt{3})y+(45+24\sqrt{3})=0$
(2)　$x^2+2xy+y^2-(10\sqrt{2}+2)x+(10\sqrt{2}-2)y-(50\sqrt{2}-1)=0$

第6章
線形代数の整理

フェリックス・クライン

運動,アフィン幾何,ユークリッド幾何,非ユークリッド幾何

　運動は,回転,鏡像,平行移動を組み合わせた変換で,つぎのように表現されます.

　$y = Ax + b$　　（A は直交マトリックス,b は定ベクトル）

運動によって,2点間の距離は変わりません.あるいは,2点間の距離が常に変わらないような変換を運動といってもよいわけです.

　第2巻『図形を考える—幾何』でお話しした幾何は,厳密にいうと平面幾何で,ユークリッドの『原本』にもとづいたものでした.ふつう「ユークリッド幾何」といわれています.ユークリッド幾何は,運動によって変わらない図形の性質を考える数学の一分野であるといってもよいわけです.

　ユークリッド幾何は運動によって変わらない図形の性質を考える数学の一分野であるということを指摘したのは,ドイツの数学者フェリックス・クラインです.クラインは,1872年,有名なエルランゲン・プログラムを発表しましたが,そのなかで,さまざまな変換から構成される群に対応して,その変換群によって変わらない図形の性質をしらべる幾何があ

ることを主張したのです．

たとえば，一般的な変換を考えてみましょう．
$$y = Ax + b$$
マトリックス A の行列式が非特異的のとき [$\Delta(A) \neq 0$]，このような変換をアフィン（Affine）変換といいます．マトリックス A が直交マトリックスでないとき，アフィン変換によって，2つの点の間の距離，2つの直線の間の角の大きさは変わってしまう可能性をもっています．しかし，アフィン変換によって，直線は直線に写像され，1点に集まる直線は1点に集まる直線に写像されます．アフィン変換によって変わらない性質を調べる幾何をアフィン幾何といいます．

第2巻『図形を考える─幾何』では，平面上にある図形を取り扱いました．2次元の幾何，平面幾何といいます．これに対して，空間のなかにある立体は，3つの座標をもつ点の集まりですので，3次元の幾何，空間幾何または立体幾何とよばれます．

さらに，球の表面にある図形の性質を調べる球面幾何，トーラス（ドーナツ形の立体）の表面にある図形の性質を調べる幾何などがあります．これらの幾何を「非ユークリッド幾何」といいます．

1

線形代数の考え方

これまでお話ししてきた線形代数の考え方は，連立二元一次方程式の解法やピタゴラスの定理の意味を明確にするだけでなく，デカルトの業績に関連してお話ししたように，およそあらゆる科学的思考の基礎といってよい微積分をはじめとして，現代数学一般の考え方につながるものです．ここでは，復習もかねて，これまでお話ししてきた線形代数の考え方を整理しておきましょう．そのために，ベクトル，マトリックスの表記法について少し変えた方法を説明することにします．この表記法は，現代数学では一般に使われているもので，な

れるとたいへん便利なものです.

　まず,デカルト座標の表記法を (x, y) ではなく,(x_1, x_2) のように記します.座標軸も (X, Y) ではなく,(X_1, X_2) になります.x_1, x_2 をベクトル (x_1, x_2) の第 1 成分,第 2 成分といいます.ベクトルについても,同じように (x, y) あるいは $\begin{pmatrix} x \\ y \end{pmatrix}$ ではなく,$x = (x_1, x_2)$ あるいは $x = \begin{pmatrix} x_1 \\ x_2 \end{pmatrix}$ のようにあらわします.x_1, x_2 を $x = \begin{pmatrix} x_1 \\ x_2 \end{pmatrix}$ の第 1 成分,第 2 成分とよぶことも同じです.異なるベクトルは $y = \begin{pmatrix} y_1 \\ y_2 \end{pmatrix}$,$z = \begin{pmatrix} z_1 \\ z_2 \end{pmatrix}$,あるいは $a = \begin{pmatrix} a_1 \\ a_2 \end{pmatrix}$,$b = \begin{pmatrix} b_1 \\ b_2 \end{pmatrix}$,$c = \begin{pmatrix} c_1 \\ c_2 \end{pmatrix}$ などであらわします.

　ベクトルの演算もつぎのように書くことができます.

$$x+y = \begin{pmatrix} x_1 \\ x_2 \end{pmatrix} + \begin{pmatrix} y_1 \\ y_2 \end{pmatrix} = \begin{pmatrix} x_1+y_1 \\ x_2+y_2 \end{pmatrix}, \quad \lambda x = \lambda \begin{pmatrix} x_1 \\ x_2 \end{pmatrix} = \begin{pmatrix} \lambda x_1 \\ \lambda x_2 \end{pmatrix}$$

$$(x+y)+z = x+(y+z), \quad \lambda(x+y) = \lambda x + \lambda y$$

ゼロ・ベクトル $0 = \begin{pmatrix} 0 \\ 0 \end{pmatrix}$ については

$$x+0 = 0+x = x, \quad \lambda 0 = 0$$

マトリックス $A = \begin{pmatrix} a_{11} & a_{12} \\ a_{21} & a_{22} \end{pmatrix}$ による線形変換 $y = Ax$ はつぎのようにあらわされます.

$$\begin{pmatrix} y_1 \\ y_2 \end{pmatrix} = A \begin{pmatrix} x_1 \\ x_2 \end{pmatrix} = \begin{pmatrix} a_{11} & a_{12} \\ a_{21} & a_{22} \end{pmatrix} \begin{pmatrix} x_1 \\ x_2 \end{pmatrix} = \begin{pmatrix} a_{11}x_1 + a_{12}x_2 \\ a_{21}x_1 + a_{22}x_2 \end{pmatrix}$$

$$A(\alpha x + \beta y) = \alpha Ax + \beta Ay, \quad A0 = 0$$

マトリックスの演算

　2 つのマトリックス A, B の和 $C = A+B$ はつぎのように定義されます.

$$\begin{pmatrix} c_{11} & c_{12} \\ c_{21} & c_{22} \end{pmatrix} = \begin{pmatrix} a_{11} & a_{12} \\ a_{21} & a_{22} \end{pmatrix} + \begin{pmatrix} b_{11} & b_{12} \\ b_{21} & b_{22} \end{pmatrix} = \begin{pmatrix} a_{11}+b_{11} & a_{12}+b_{12} \\ a_{21}+b_{21} & a_{22}+b_{22} \end{pmatrix}$$

$$(A+B)+C = A+(B+C), \quad \lambda(A+B) = \lambda A + \lambda B$$

ゼロ・マトリックス $O = \begin{pmatrix} 0 & 0 \\ 0 & 0 \end{pmatrix}$ について

$$A+O = O+A = A, \quad OA = AO = O$$

2つのマトリックス A, B について，その積 $C=AB$ はつぎのように定義されます．

$$\begin{pmatrix} c_{11} & c_{12} \\ c_{21} & c_{22} \end{pmatrix} = \begin{pmatrix} a_{11} & a_{12} \\ a_{21} & a_{22} \end{pmatrix} \begin{pmatrix} b_{11} & b_{12} \\ b_{21} & b_{22} \end{pmatrix}$$

$$= \begin{pmatrix} a_{11}b_{11}+a_{12}b_{21} & a_{11}b_{12}+a_{12}b_{22} \\ a_{21}b_{11}+a_{22}b_{21} & a_{21}b_{12}+a_{22}b_{22} \end{pmatrix}$$

つぎのような表記法を使うこともあります．なれると大へん便利です．

$$c_{ij} = a_{i1}b_{1j}+a_{i2}b_{2j} = \sum_{k=1,2} a_{ik}b_{kj} \quad (i,j=1,2)$$

ここで，$\sum_{k=1,2} w_k$ は，w_k を $k=1,2$ について足し合わせることを意味します．Σ は和をあらわす英語 Summation の頭文字 S に対応するギリシア文字です．

マトリックスの積については，つぎの法則が成り立ちます．

$$(AB)C = A(BC), \quad AO = O$$
$$(A+B)C = AC+BC, \quad A(B+C) = AB+AC$$

また，$I = \begin{pmatrix} 1 & 0 \\ 0 & 1 \end{pmatrix}$ は単位マトリックスとなります．

$$AI = IA = A$$

マトリックス $A = \begin{pmatrix} a_{11} & a_{12} \\ a_{21} & a_{22} \end{pmatrix}$ の行列式 $\Delta(A) = \begin{vmatrix} a_{11} & a_{12} \\ a_{21} & a_{22} \end{vmatrix}$ はつぎのように定義されます．

$$\Delta(A) = \begin{vmatrix} a_{11} & a_{12} \\ a_{21} & a_{22} \end{vmatrix} = a_{11}a_{22}-a_{12}a_{21}$$

$$\Delta(I) = 1, \quad \Delta(AB) = \Delta(A)\Delta(B),$$
$$\Delta(\lambda A) = \lambda^2 \Delta(A), \quad \Delta(A') = \Delta(A)$$

$\Delta(A) \neq 0$ のとき，つぎのマトリックスを考えます．

$$B = \frac{1}{\Delta(A)} \begin{pmatrix} a_{22} & -a_{12} \\ -a_{21} & a_{11} \end{pmatrix}$$

$$AB = \frac{1}{\Delta(A)} \begin{pmatrix} a_{11} & a_{12} \\ a_{21} & a_{22} \end{pmatrix} \begin{pmatrix} a_{22} & -a_{12} \\ -a_{21} & a_{11} \end{pmatrix}$$

$$= \frac{1}{\Delta(A)} \begin{pmatrix} a_{11}a_{22}-a_{12}a_{21} & -a_{11}a_{12}+a_{12}a_{11} \\ a_{21}a_{22}-a_{22}a_{21} & -a_{21}a_{12}+a_{22}a_{11} \end{pmatrix}$$

$$= \frac{1}{\Delta(A)} \begin{pmatrix} \Delta(A) & 0 \\ 0 & \Delta(A) \end{pmatrix} = \begin{pmatrix} 1 & 0 \\ 0 & 1 \end{pmatrix}$$

すなわち
$$A^{-1} = \frac{1}{\varDelta(A)}\begin{pmatrix} a_{22} & -a_{12} \\ -a_{21} & a_{11} \end{pmatrix}$$
$$AA^{-1} = A^{-1}A = I$$

逆に, マトリックス A の逆マトリックス A^{-1} が存在するときは, $\varDelta(A) \neq 0$.

証明 A の逆マトリックス A^{-1} が存在するときには, $AA^{-1} = I$. この式の両辺の行列式をとれば, $\varDelta(AA^{-1}) = \varDelta(I) = 1 \Rightarrow \varDelta(A)\varDelta(A^{-1}) = 1 \Rightarrow \varDelta(A) \neq 0$.　　　　Q. E. D.

$\varDelta(A) \neq 0$ のとき, マトリックス A は非特異(non-singular), または正則(regular)であるといいます. $\varDelta(A) = 0$ のときには, マトリックス A は特異(singular)といいます.

連立二元一次方程式を解く

連立二元一次方程式は, つぎのように表現されます.
$$Ax = b$$
ここで, $x = \begin{pmatrix} x_1 \\ x_2 \end{pmatrix}$ は未知数をあらわすベクトル, $A = \begin{pmatrix} a_{11} & a_{12} \\ a_{21} & a_{22} \end{pmatrix}$, $b = \begin{pmatrix} b_1 \\ b_2 \end{pmatrix}$ は定マトリックスと定ベクトルです.

$\varDelta(A) \neq 0$ のとき, A の逆マトリックス A^{-1} が存在するから, 上の連立二元一次方程式の両辺に左から A^{-1} を掛けると
$$A^{-1}Ax = A^{-1}b \Rightarrow x = A^{-1}b$$
このようにして, マトリックス A が非特異的のときには, 上の連立二元一次方程式の解はかならず存在して, 一意的に決まることがわかります. しかし, マトリックス A が特異的のとき, すなわち $\varDelta(A) = 0$ のときには, 事情は複雑です. 上の連立二元一次方程式の解 x が存在するための必要, 十分な条件は, 定ベクトル b が線形変換 A による全平面の写像のなかに入っていることです. このことは, つぎのようにあらわすことができます.

ベクトルの全体を $\varOmega$ とおき, 線形変換 A による全平面の

写像を $A(\Omega)$ とします．
$$A(\Omega) = \{b = Ax : x \in \Omega\}$$
連立二元一次方程式 $Ax=b$ の解が存在するための必要，十分条件は
$$b \in A(\Omega)$$

ベクトルの長さ

ベクトル $x = \begin{pmatrix} x_1 \\ x_2 \end{pmatrix}$ の長さ $\|x\| = \sqrt{(x,x)}$ はつぎの条件をみたします．
$$\|x\| = 0 \Leftrightarrow x = 0,$$
$$\|\lambda x\| = \lambda \|x\|, \quad \|x+y\| \leq \|x\| + \|y\|$$
最後の不等式が，等号で成立するのは，2つのベクトル x, y の方向が同じとき，またそのときにかぎります．

2つのベクトル x, y の間の角を θ とすれば，x, y の内積 (x, y) について，つぎの関係が成り立ちます．
$$(x, y) = \|x\|\|y\| \cos \theta, \quad \cos \theta = \frac{(x, y)}{\|x\|\|y\|}$$
したがって，2つのベクトル x, y がお互いに直交しているための必要，十分な条件は，その内積 (x, y) が 0 となることです．
$$x \perp y \Leftrightarrow \cos \theta = 0 \Leftrightarrow (x, y) = 0$$

直交変換

ある線形変換 A によって，ベクトルの長さが変わらないとき，線形変換 A を直交変換といい，そのマトリックス A を直交マトリックスといいます．A が直交マトリックスとなるための条件は，任意のベクトル x について
$$(Ax, Ax) = (x, x)$$
したがって，任意のベクトル x について
$$x'A'Ax = x'x \Rightarrow x'(A'A - I)x = 0 \Rightarrow A'A = I$$
逆に，$A'A = I$ ならば，任意のベクトル x について
$$(Ax, Ax) = x'A'Ax = x'x = (x, x)$$
すなわち，A は直交マトリックスとなります．

このようにして，マトリックス A が直交マトリックスとなるための必要，十分条件は $A'A=I$ となることがわかります．このとき，$A'=A^{-1}$．したがって，マトリックス A が直交マトリックスとなるための必要，十分条件は $A'=A^{-1}$ であるといってよいわけです．このことをくわしくみてみましょう．

A' は，マトリックス A の行ベクトルを列ベクトルに転置したマトリックスです．
$$A = \begin{pmatrix} a_{11} & a_{12} \\ a_{21} & a_{22} \end{pmatrix}, \quad A' = \begin{pmatrix} a_{11} & a_{21} \\ a_{12} & a_{22} \end{pmatrix}$$
したがって，上の直交条件 $A'A=I$ は
$$\begin{pmatrix} a_{11}^2+a_{21}^2 & a_{11}a_{12}+a_{21}a_{22} \\ a_{12}a_{11}+a_{22}a_{21} & a_{12}^2+a_{22}^2 \end{pmatrix} = \begin{pmatrix} 1 & 0 \\ 0 & 1 \end{pmatrix}$$
マトリックス $A=\begin{pmatrix} a_{11} & a_{12} \\ a_{21} & a_{22} \end{pmatrix}$ の第1, 第2列ベクトルを $a_1=\begin{pmatrix} a_{11} \\ a_{21} \end{pmatrix}$, $a_2=\begin{pmatrix} a_{12} \\ a_{22} \end{pmatrix}$ とおけば
$$(a_1, a_1) = a_{11}^2+a_{21}^2, \quad (a_1, a_2) = a_{11}a_{12}+a_{21}a_{22},$$
$$(a_2, a_1) = a_{12}a_{11}+a_{22}a_{21}, \quad (a_2, a_2) = a_{12}^2+a_{22}^2$$
したがって，$A=\begin{pmatrix} a_{11} & a_{12} \\ a_{21} & a_{22} \end{pmatrix}$ が直交マトリックスとなるための必要，十分条件は
$$(a_1, a_1) = 1, \quad (a_1, a_2) = 0,$$
$$(a_2, a_1) = 0, \quad (a_2, a_2) = 1$$
つまり，2つの列ベクトル $a_1=\begin{pmatrix} a_{11} \\ a_{21} \end{pmatrix}$, $a_2=\begin{pmatrix} a_{12} \\ a_{22} \end{pmatrix}$ の長さが1で，お互いに直交していることを意味します．

A が直交マトリックスのときには，任意の2つのベクトル x, y について，その内積も一定に保たれます．
$$(Ax, Ay) = (x, y)$$
証明 直交マトリックスの定義から
$$(A(x+y), A(x+y)) = (x+y, x+y),$$
$$(Ax, Ax) = (x, x), \quad (Ay, Ay) = (y, y)$$
$$(Ax, Ax)+2(Ax, Ay)+(Ay, Ay) = (x, x)+2(x, y)+(y, y)$$
$$(Ax, Ay) = (x, y) \qquad \text{Q. E. D.}$$

任意の2つのベクトル x, y の間の角の大きさ $\angle[x, y]$ も一定に保たれます．このことはつぎの関係から明らかです．

$$\cos \angle[Ax, Ay] = \frac{(Ax, Ay)}{\sqrt{(Ax, Ax)}\sqrt{(Ay, Ay)}} = \frac{(x, y)}{\sqrt{(x, x)}\sqrt{(y, y)}}$$
$$= \cos \angle[x, y]$$

練習問題 つぎのマトリックス A が直交マトリックスであることをじっさいに計算してたしかめなさい．

$$\begin{pmatrix} \frac{3}{5} & \frac{4}{5} \\ -\frac{4}{5} & \frac{3}{5} \end{pmatrix}, \quad \begin{pmatrix} \frac{1}{2} & -\frac{\sqrt{3}}{2} \\ \frac{\sqrt{3}}{2} & \frac{1}{2} \end{pmatrix}, \quad \begin{pmatrix} \frac{\sqrt{2}}{2} & -\frac{\sqrt{2}}{2} \\ \frac{\sqrt{2}}{2} & \frac{\sqrt{2}}{2} \end{pmatrix},$$

$$\begin{pmatrix} -1 & 0 \\ 0 & 1 \end{pmatrix}, \quad \begin{pmatrix} 0 & -1 \\ 1 & 0 \end{pmatrix}$$

答え 略

直交マトリックス A の行列式 $\Delta(A)$ は 1，あるいは -1 である．

証明 直交条件 $A'A = I$ の両辺の行列式をとれば
$$\Delta(A')\Delta(A) = \Delta(I) \Rightarrow \Delta(A)^2 = 1 \Rightarrow \Delta(A) = \pm 1$$
$\left[A = \begin{pmatrix} a_{11} & a_{12} \\ a_{21} & a_{22} \end{pmatrix} \text{の転置マトリックス } A' = \begin{pmatrix} a_{11} & a_{21} \\ a_{12} & a_{22} \end{pmatrix} \text{について}, \right.$
$\left. \Delta(A') = a_{11}a_{22} - a_{21}a_{12} = \Delta(A). \right]$ Q. E. D.

定理 $\Delta(A) = 1$ のとき，直交マトリックス A はかならず，原点 O を中心として正の方向にある角度 θ だけ回転するマトリックスとなる．

$$A = \begin{pmatrix} \cos\theta & -\sin\theta \\ \sin\theta & \cos\theta \end{pmatrix}$$

$\Delta(A) = -1$ のときには，A は回転と鏡像を組み合わせた変換のマトリックスとなる．

$$A = \begin{pmatrix} \cos\theta & -\sin\theta \\ \sin\theta & \cos\theta \end{pmatrix} \begin{pmatrix} 0 & 1 \\ 1 & 0 \end{pmatrix}$$

ここで，$\begin{pmatrix} 0 & 1 \\ 1 & 0 \end{pmatrix}$ は原点 O を通り，X_1 軸と $45°$ の角度をもつ直線による鏡像です．すなわち，$\Delta(A) = -1$ となるよ

うな線形変換 A は，はじめに，X_1 軸と $45°$ の角度をもつ直線にかんする鏡像をとり，つぎに，原点 O を中心として，正の方向に角度 θ だけ回転することを意味します．

証明 $A = \begin{pmatrix} a & b \\ c & d \end{pmatrix}$ が直交マトリックスであるとすれば

$$AA' = I \ \Rightarrow \ A' = A^{-1} \ \Rightarrow \ \begin{pmatrix} a & c \\ b & d \end{pmatrix} = \frac{1}{\varDelta(A)} \begin{pmatrix} d & -b \\ -c & a \end{pmatrix}$$

$\varDelta(A) = 1$ のときには，$\begin{pmatrix} a & c \\ b & d \end{pmatrix} = \begin{pmatrix} d & -b \\ -c & a \end{pmatrix}$.

$a = d, \ c = -b \ \Rightarrow \ \varDelta(A) = ad - bc = a^2 + b^2 = 1$

したがって
$$a = \cos\theta, \quad b = -\sin\theta$$
となるような θ が存在する．ゆえに，
$$A = \begin{pmatrix} a & b \\ c & d \end{pmatrix} = \begin{pmatrix} \cos\theta & -\sin\theta \\ \sin\theta & \cos\theta \end{pmatrix}$$

$\varDelta(A) = -1$ のときには，$B = A \begin{pmatrix} 0 & 1 \\ 1 & 0 \end{pmatrix}$ とおけば，B も直交マトリックスとなり

$$\varDelta(B) = \varDelta(A) \begin{vmatrix} 0 & 1 \\ 1 & 0 \end{vmatrix} = -\varDelta(A) = 1$$

上の結果を使って
$$B = \begin{pmatrix} \cos\theta & -\sin\theta \\ \sin\theta & \cos\theta \end{pmatrix}$$

この両辺に右から $\begin{pmatrix} 0 & 1 \\ 1 & 0 \end{pmatrix}$ を掛けると

$$B \begin{pmatrix} 0 & 1 \\ 1 & 0 \end{pmatrix} = A \begin{pmatrix} 0 & 1 \\ 1 & 0 \end{pmatrix} \begin{pmatrix} 0 & 1 \\ 1 & 0 \end{pmatrix}$$

$$= A = \begin{pmatrix} \cos\theta & -\sin\theta \\ \sin\theta & \cos\theta \end{pmatrix} \begin{pmatrix} 0 & 1 \\ 1 & 0 \end{pmatrix} \quad \text{Q. E. D.}$$

練習問題 上の練習問題の直交マトリックスを
$\begin{pmatrix} \cos\theta & -\sin\theta \\ \sin\theta & \cos\theta \end{pmatrix}$ または $\begin{pmatrix} \cos\theta & -\sin\theta \\ \sin\theta & \cos\theta \end{pmatrix} \begin{pmatrix} 0 & 1 \\ 1 & 0 \end{pmatrix}$
のかたちにあらわしなさい．

回転と加法定理

原点 O を中心として，正の方向に θ だけ回転する変換はつぎのようにあらわせます．

$$y = T(\theta)x, \quad \begin{pmatrix} y_1 \\ y_2 \end{pmatrix} = \begin{pmatrix} \cos\theta & -\sin\theta \\ \sin\theta & \cos\theta \end{pmatrix} \begin{pmatrix} x_1 \\ x_2 \end{pmatrix}$$

回転のマトリックスを $T(\theta) = \begin{pmatrix} \cos\theta & -\sin\theta \\ \sin\theta & \cos\theta \end{pmatrix}$ とあらわします．

ここで，はじめに $\theta=\alpha$ の回転をし，つぎに $\theta=\beta$ の回転をすることを考えます．

$$y = T(\alpha)x,\ z = T(\beta)y \ \Rightarrow \ z = T(\beta)T(\alpha)x$$

$T(\beta)T(\alpha)$
$$= \begin{pmatrix} \cos\beta & -\sin\beta \\ \sin\beta & \cos\beta \end{pmatrix} \begin{pmatrix} \cos\alpha & -\sin\alpha \\ \sin\alpha & \cos\alpha \end{pmatrix}$$
$$= \begin{pmatrix} \cos\alpha\cos\beta - \sin\alpha\sin\beta & -(\cos\alpha\sin\beta + \sin\alpha\cos\beta) \\ \sin\alpha\cos\beta + \cos\alpha\sin\beta & \cos\alpha\cos\beta - \sin\alpha\sin\beta \end{pmatrix}$$

$T(\beta)T(\alpha)$ は，角度 $\alpha+\beta$ の回転に対応するから

$$T(\beta)T(\alpha) = T(\alpha+\beta)$$

$$\begin{pmatrix} \cos(\alpha+\beta) & -\sin(\alpha+\beta) \\ \sin(\alpha+\beta) & \cos(\alpha+\beta) \end{pmatrix}$$
$$= \begin{pmatrix} \cos\alpha\cos\beta - \sin\alpha\sin\beta & -(\cos\alpha\sin\beta + \sin\alpha\cos\beta) \\ \sin\alpha\cos\beta + \cos\alpha\sin\beta & \cos\alpha\cos\beta - \sin\alpha\sin\beta \end{pmatrix}$$

$$\cos(\alpha+\beta) = \cos\alpha\cos\beta - \sin\alpha\sin\beta$$
$$\sin(\alpha+\beta) = \sin\alpha\cos\beta + \cos\alpha\sin\beta$$

三角関数の加法定理が確認されたわけです．

また，回転は，その順序に無関係となるから

$$T(\beta)T(\alpha) = T(\alpha)T(\beta) = T(\alpha+\beta)$$

---

133 ページの練習問題の答え

たんなる回転でないのは，$\begin{pmatrix} -1 & 0 \\ 0 & 1 \end{pmatrix}$ だけで，$\begin{pmatrix} -1 & 0 \\ 0 & 1 \end{pmatrix} = \begin{pmatrix} 0 & -1 \\ 1 & 0 \end{pmatrix} \begin{pmatrix} 0 & 1 \\ 1 & 0 \end{pmatrix}$．
他の直交マトリックスはたんなる回転なので，マトリックスのかたちは同じ．

2

マトリックスの特性根

線形変換によって不変に保たれる直線を求める

つぎの線形変換を例にとります．
$$\begin{pmatrix} x' \\ y' \end{pmatrix} = \begin{pmatrix} 3 & 2 \\ 1 & 4 \end{pmatrix} \begin{pmatrix} x \\ y \end{pmatrix}$$
ここで，ベクトル $\begin{pmatrix} 1 \\ 1 \end{pmatrix}$ を考えると
$$\begin{pmatrix} 3 & 2 \\ 1 & 4 \end{pmatrix} \begin{pmatrix} 1 \\ 1 \end{pmatrix} = \begin{pmatrix} 5 \\ 5 \end{pmatrix} = 5 \begin{pmatrix} 1 \\ 1 \end{pmatrix}$$
したがって，$\begin{pmatrix} 1 \\ 1 \end{pmatrix}$ によって生成される直線 l は線形変換 $\begin{pmatrix} 3 & 2 \\ 1 & 4 \end{pmatrix}$ によって不変に保たれることがわかります．すなわち，X 軸を正の方向に $45°$ 回転した直線 l は線形変換 $\begin{pmatrix} 3 & 2 \\ 1 & 4 \end{pmatrix}$ をほどこしても変わらないことを意味します．このようなベクトル $\begin{pmatrix} 1 \\ 1 \end{pmatrix}$ をマトリックス $\begin{pmatrix} 3 & 2 \\ 1 & 4 \end{pmatrix}$ の特性ベクトルといいます．マトリックス $\begin{pmatrix} 3 & 2 \\ 1 & 4 \end{pmatrix}$ の特性ベクトルはもう1つあります．それは $\begin{pmatrix} 2 \\ -1 \end{pmatrix}$ です．じじつ
$$\begin{pmatrix} 3 & 2 \\ 1 & 4 \end{pmatrix} \begin{pmatrix} 2 \\ -1 \end{pmatrix} = \begin{pmatrix} 4 \\ -2 \end{pmatrix} = 2 \begin{pmatrix} 2 \\ -1 \end{pmatrix}$$
$$\begin{pmatrix} 3 & 2 \\ 1 & 4 \end{pmatrix} \begin{pmatrix} 1 \\ 1 \end{pmatrix} = 5 \begin{pmatrix} 1 \\ 1 \end{pmatrix}, \quad \begin{pmatrix} 3 & 2 \\ 1 & 4 \end{pmatrix} \begin{pmatrix} 2 \\ -1 \end{pmatrix} = 2 \begin{pmatrix} 2 \\ -1 \end{pmatrix}$$
このとき，2つの数 $5, 2$ をマトリックス $\begin{pmatrix} 3 & 2 \\ 1 & 4 \end{pmatrix}$ の特性根といいます．

一般に，マトリックス $\begin{pmatrix} a & b \\ c & d \end{pmatrix}$ について，つぎのような性質をもつベクトル $\begin{pmatrix} x \\ y \end{pmatrix}$ をマトリックス $\begin{pmatrix} a & b \\ c & d \end{pmatrix}$ の特性ベクトルといいます．

$$\begin{pmatrix} a & b \\ c & d \end{pmatrix}\begin{pmatrix} x \\ y \end{pmatrix} = \lambda \begin{pmatrix} x \\ y \end{pmatrix}$$

このスカラー λ を特性根というわけです．$\left[\begin{pmatrix} x \\ y \end{pmatrix} = \begin{pmatrix} 0 \\ 0 \end{pmatrix}\right.$ は特性ベクトルとなります．しかし，ふつう特性ベクトルというときには，$\begin{pmatrix} x \\ y \end{pmatrix} \neq \begin{pmatrix} 0 \\ 0 \end{pmatrix}$ の場合をいいます．$\left.\right]$

上の条件を書き直すと

(#) $\quad \begin{pmatrix} a-\lambda & b \\ c & d-\lambda \end{pmatrix}\begin{pmatrix} x \\ y \end{pmatrix} = \begin{pmatrix} 0 \\ 0 \end{pmatrix}, \quad \begin{pmatrix} x \\ y \end{pmatrix} \neq \begin{pmatrix} 0 \\ 0 \end{pmatrix}$

ここで，

(##) $\quad \begin{vmatrix} a-\lambda & b \\ c & d-\lambda \end{vmatrix} = 0$

証明 もし

$$\begin{vmatrix} a-\lambda & b \\ c & d-\lambda \end{vmatrix} \neq 0$$

であると仮定とすると，$\begin{pmatrix} a-\lambda & b \\ c & d-\lambda \end{pmatrix}$ の逆マトリックス $\begin{pmatrix} a-\lambda & b \\ c & d-\lambda \end{pmatrix}^{-1}$ が存在します．方程式(#)に左から $\begin{pmatrix} a-\lambda & b \\ c & d-\lambda \end{pmatrix}^{-1}$ を掛ければ

$$\begin{pmatrix} x \\ y \end{pmatrix} = \begin{pmatrix} a-\lambda & b \\ c & d-\lambda \end{pmatrix}^{-1} \begin{pmatrix} 0 \\ 0 \end{pmatrix} = \begin{pmatrix} 0 \\ 0 \end{pmatrix}$$

したがって，$\begin{pmatrix} x \\ y \end{pmatrix} \neq \begin{pmatrix} 0 \\ 0 \end{pmatrix}$ という仮定に矛盾します．

Q. E. D.

特性根 λ はつぎのようにして計算することができます．

$$\begin{vmatrix} a-\lambda & b \\ c & d-\lambda \end{vmatrix} = 0$$

をくわしく書けば
$$(a-\lambda)(d-\lambda)-bc = 0$$
$$\lambda^2-(a+d)\lambda+(ad-bc) = 0$$

この二次方程式をマトリックス $\begin{pmatrix} a & b \\ c & d \end{pmatrix}$ の特性方程式といいます．根の公式を使えば特性根 λ_1, λ_2 は，

$$\lambda_1 = \frac{a+d}{2}+\sqrt{\left(\frac{a-d}{2}\right)^2+bc},$$

$$\lambda_2 = \frac{a+d}{2}-\sqrt{\left(\frac{a-d}{2}\right)^2+bc}$$

ここで，$\lambda_1 \neq \lambda_2$ の場合を考えます．

マトリックス $A = \begin{pmatrix} a & b \\ c & d \end{pmatrix}$ の特性ベクトル $\begin{pmatrix} x \\ y \end{pmatrix}$ は

$$\begin{pmatrix} a & b \\ c & d \end{pmatrix}\begin{pmatrix} x \\ y \end{pmatrix} = \lambda \begin{pmatrix} x \\ y \end{pmatrix} \Rightarrow \begin{pmatrix} a-\lambda & b \\ c & d-\lambda \end{pmatrix}\begin{pmatrix} x \\ y \end{pmatrix} = 0$$

を解くことによって計算できます．ここで，$\lambda = \lambda_1, \lambda_2$．

この方程式を具体的に書き上げると
$$\begin{cases} (a-\lambda)x+by = 0 \\ cx+(d-\lambda)y = 0 \end{cases}$$

$(a-\lambda)(d-\lambda)-bc=0$ だったので，$(a-\lambda):b=c:(d-\lambda)$. ゆえに，2つの方程式のうち，上の方程式だけを考えればよい．

上の方程式を形式的に書き直すと
$$\frac{x}{b} = \frac{y}{\lambda-a}$$

この式の値を t とおけば

$$x = bt, \ y = (\lambda-a)t \Rightarrow \begin{pmatrix} x \\ y \end{pmatrix} = \begin{pmatrix} b \\ \lambda-a \end{pmatrix} t$$

したがって，特性ベクトルはつぎの2つになることがわかります．

$$\begin{pmatrix} b \\ \lambda_1-a \end{pmatrix}, \quad \begin{pmatrix} b \\ \lambda_2-a \end{pmatrix}$$

任意のベクトル $\begin{pmatrix} x \\ y \end{pmatrix}$ は，つぎのようにしてあらわすことができます．

$$\begin{pmatrix} x \\ y \end{pmatrix} = \alpha \begin{pmatrix} b \\ \lambda_1-a \end{pmatrix} + \beta \begin{pmatrix} b \\ \lambda_2-a \end{pmatrix} \quad (\alpha, \beta \text{ は実数})$$

上の例の場合

$$\begin{vmatrix} 3-\lambda & 2 \\ 1 & 4-\lambda \end{vmatrix} = \lambda^2 - 7\lambda + 10 = 0 \quad \Rightarrow \quad \lambda = 2 \text{ または } 5$$

このマトリックスの特性ベクトルを求めると，$\begin{pmatrix} 2 \\ -1 \end{pmatrix}, \begin{pmatrix} 1 \\ 1 \end{pmatrix}$ の2つがあります．

$$\begin{pmatrix} 3 & 2 \\ 1 & 4 \end{pmatrix}\begin{pmatrix} 2 \\ -1 \end{pmatrix} = 2\begin{pmatrix} 2 \\ -1 \end{pmatrix}, \quad \begin{pmatrix} 3 & 2 \\ 1 & 4 \end{pmatrix}\begin{pmatrix} 1 \\ 1 \end{pmatrix} = 5\begin{pmatrix} 1 \\ 1 \end{pmatrix}$$

任意のベクトルは，

$$\alpha\begin{pmatrix} 2 \\ -1 \end{pmatrix} + \beta\begin{pmatrix} 1 \\ 1 \end{pmatrix} = \begin{pmatrix} 2\alpha+\beta \\ -\alpha+\beta \end{pmatrix} \quad (\alpha, \beta \text{ は実数})$$

練習問題 つぎの各マトリックスの特性根，特性ベクトルを計算しなさい．

(1) $\begin{pmatrix} -5 & 2 \\ 10 & 3 \end{pmatrix}$ (2) $\begin{pmatrix} 3 & 2 \\ -6 & -5 \end{pmatrix}$

(3) $\begin{pmatrix} -\frac{3}{5} & \frac{1}{3} \\ -\frac{1}{10} & -\frac{1}{6} \end{pmatrix}$ (4) $\begin{pmatrix} -5 & 16 \\ -4 & 11 \end{pmatrix}$

マトリックスの標準形

2つの異なる特性根 λ_1, λ_2 をもつようなマトリックス $A = \begin{pmatrix} a & b \\ c & d \end{pmatrix}$ を考えます．

$$\begin{vmatrix} a-\lambda & b \\ c & d-\lambda \end{vmatrix} = \lambda^2 - (a+d)\lambda + ad - bc = 0$$

λ_1, λ_2 に対する特性ベクトルをそれぞれ，$e_1 = \begin{pmatrix} f_1 \\ g_1 \end{pmatrix}$, $e_2 = \begin{pmatrix} f_2 \\ g_2 \end{pmatrix}$ とおきます．

$$Ae_1 = \lambda_1 e_1, \quad Ae_2 = \lambda_2 e_2 \quad (e_1, e_2 \neq 0)$$

この2つの特性ベクトル $e_1 = \begin{pmatrix} f_1 \\ g_1 \end{pmatrix}$, $e_2 = \begin{pmatrix} f_2 \\ g_2 \end{pmatrix}$ からつくら

れるマトリックスを $T=(e_1, e_2)=\begin{pmatrix} f_1 & f_2 \\ g_1 & g_2 \end{pmatrix}$ とおけば，下のノートに示すように
$$|T| = |e_1, e_2| \neq 0$$
ここで (e_1, e_2) は2つの列ベクトル e_1, e_2 からなるマトリックスで，$|T|=|e_1, e_2|$ はその行列式です．このとき，
$$A(e_1, e_2) = (e_1, e_2)\begin{pmatrix} \lambda_1 & 0 \\ 0 & \lambda_2 \end{pmatrix} \Rightarrow AT = T\begin{pmatrix} \lambda_1 & 0 \\ 0 & \lambda_2 \end{pmatrix}$$
したがって
$$T^{-1}AT = \begin{pmatrix} \lambda_1 & 0 \\ 0 & \lambda_2 \end{pmatrix} \Rightarrow A = T\begin{pmatrix} \lambda_1 & 0 \\ 0 & \lambda_2 \end{pmatrix}T^{-1}$$
このとき，$\begin{pmatrix} \lambda_1 & 0 \\ 0 & \lambda_2 \end{pmatrix}$ を A の標準形といいます．

ノート：$|T|=0$ と仮定すると，$f_1 g_2 - f_2 g_1 = 0$．$e_1 \neq 0$ より f_1, g_1 の少なくとも一方は0ではないから，例えば $f_1 \neq 0$ として $\dfrac{f_2}{f_1}=t$ とおくと，$f_2=tf_1$, $g_2=tg_1 \Rightarrow e_2=te_1$．$Ae_2=\lambda_2 e_2$ より，$A(te_1)=\lambda_2(te_1) \Rightarrow tAe_1=t\lambda_2 e_1$．$te_1=e_2 \neq 0$ より $t \neq 0$ であるから，$Ae_1=\lambda_2 e_1$．このとき $Ae_1=\lambda_1 e_1$ であるから，$\lambda_1 e_1 = \lambda_2 e_1 \Rightarrow (\lambda_1 - \lambda_2)e_1 = 0$．これは $\lambda_1 \neq \lambda_2$, $e_1 \neq 0$ であることに矛盾するので仮定は成り立たず，$|T| \neq 0$. Q. E. D.

練習問題 つぎの各マトリックスの標準形 $T^{-1}AT = \begin{pmatrix} \lambda_1 & 0 \\ 0 & \lambda_2 \end{pmatrix}$ を計算しなさい．

(1) $\begin{pmatrix} -5 & 2 \\ 10 & 3 \end{pmatrix}$ (2) $\begin{pmatrix} 3 & 2 \\ -6 & -5 \end{pmatrix}$

(3) $\begin{pmatrix} -\dfrac{3}{5} & \dfrac{1}{3} \\ -\dfrac{1}{10} & -\dfrac{1}{6} \end{pmatrix}$ (4) $\begin{pmatrix} -5 & 16 \\ -4 & 11 \end{pmatrix}$

上の練習問題で，$A=\begin{pmatrix} -5 & 16 \\ 4 & 11 \end{pmatrix}$ の特性方程式は
$$\begin{vmatrix} -5-\lambda & 16 \\ -4 & 11-\lambda \end{vmatrix} = \lambda^2 - 6\lambda + 9 = 0$$

$$\Rightarrow \quad (\lambda-3)^2 = 0 \quad \Rightarrow \quad \lambda = 3$$

$\begin{pmatrix} -5 & 16 \\ -4 & 11 \end{pmatrix}$ の特性根は $\lambda=3$ だけしかないわけです．したがって，$\begin{pmatrix} -5 & 16 \\ -4 & 11 \end{pmatrix}$ の標準形は，もしかりにあったとすれば，

$$\begin{pmatrix} 3 & 0 \\ 0 & 3 \end{pmatrix} = 3 \begin{pmatrix} 1 & 0 \\ 0 & 1 \end{pmatrix}$$ となるはずです．

$$\begin{pmatrix} -5 & 16 \\ -4 & 11 \end{pmatrix} = T \begin{pmatrix} 3 & 0 \\ 0 & 3 \end{pmatrix} T^{-1} = 3TT^{-1} = \begin{pmatrix} 3 & 0 \\ 0 & 3 \end{pmatrix}$$

となって矛盾します．

138ページの練習問題の答え

(1) $5, -7$; $\begin{pmatrix} 1 \\ 5 \end{pmatrix}$, $\begin{pmatrix} 1 \\ -1 \end{pmatrix}$

(2) $1, -3$; $\begin{pmatrix} 1 \\ -1 \end{pmatrix}$, $\begin{pmatrix} 1 \\ -3 \end{pmatrix}$

(3) $-\dfrac{4}{15}, -\dfrac{1}{2}$; $\begin{pmatrix} 1 \\ 1 \end{pmatrix}$, $\begin{pmatrix} 10 \\ 3 \end{pmatrix}$

(4) 3; $\begin{pmatrix} 2 \\ 1 \end{pmatrix}$

3

円錐曲線と二次形式

円錐曲線と二次形式

つぎの二次方程式が円錐曲線（楕円または双曲線）をあらわすことは第5章でお話ししました．

$$ax^2 + 2bxy + cy^2 = 1$$

この方程式のグラフが楕円になるための必要，十分な条件は，対称的なマトリックス $A = \begin{pmatrix} a & b \\ b & c \end{pmatrix}$ がポジティヴ・デフィニットとなることでした．

$$a, c > 0, \quad \varDelta = \begin{vmatrix} a & b \\ b & c \end{vmatrix} = ac - b^2 > 0$$

また，マトリックス $A = \begin{pmatrix} a & b \\ b & c \end{pmatrix}$ がカテナリーのときには，上の方程式のグラフは双曲線になることを示しました．

$$\varDelta = ac - b^2 < 0$$

$A = \begin{pmatrix} a & b \\ b & c \end{pmatrix}$ の特性方程式は

$$\begin{vmatrix} a-\lambda & b \\ b & c-\lambda \end{vmatrix} = \lambda^2 - (a+c)\lambda + ac - b^2 = 0$$

139ページの練習問題の答え

(1) $\begin{pmatrix} -5 & 2 \\ 10 & 3 \end{pmatrix}$
$= \begin{pmatrix} 1 & 1 \\ 5 & -1 \end{pmatrix} \begin{pmatrix} 5 & 0 \\ 0 & -7 \end{pmatrix} \begin{pmatrix} 1 & 1 \\ 5 & -1 \end{pmatrix}^{-1}$

(2) $\begin{pmatrix} 3 & 2 \\ -6 & -5 \end{pmatrix}$
$= \begin{pmatrix} 1 & 1 \\ -1 & -3 \end{pmatrix} \begin{pmatrix} 1 & 0 \\ 0 & -3 \end{pmatrix} \begin{pmatrix} 1 & 1 \\ -1 & -3 \end{pmatrix}^{-1}$

(3) $\begin{pmatrix} -\dfrac{3}{5} & \dfrac{1}{3} \\ -\dfrac{1}{10} & -\dfrac{1}{6} \end{pmatrix}$
$= \begin{pmatrix} 1 & 10 \\ 1 & 3 \end{pmatrix} \begin{pmatrix} -\dfrac{4}{15} & 0 \\ 0 & -\dfrac{1}{2} \end{pmatrix} \begin{pmatrix} 1 & 10 \\ 1 & 3 \end{pmatrix}^{-1}$

(4) 標準形なし

したがって，特性根 λ_1, λ_2 はつねに実数となります．
$$\lambda_1 = \frac{a+c}{2} + \sqrt{\left(\frac{a-c}{2}\right)^2 + b^2}, \quad \lambda_2 = \frac{a+c}{2} - \sqrt{\left(\frac{a-c}{2}\right)^2 + b^2}$$

（ⅰ） $\left(\frac{a-c}{2}\right)^2 + b^2 > 0$ のときには，$\lambda_1 \neq \lambda_2$ となります．特性根 λ_1, λ_2 に対応する長さ 1 の特性ベクトルをそれぞれ e_1, e_2 とすれば
$$Ae_1 = \lambda_1 e_1, \quad Ae_2 = \lambda_2 e_2, \quad e_1' e_1 = 1, \quad e_2' e_2 = 1,$$
$$e_1' e_2 = e_2' e_1 = 0$$
この最後の式はつぎのようにしてみちびくことができます．$Ae_1 = \lambda_1 e_1$ と e_2 の内積，e_1 と $Ae_2 = \lambda_2 e_2$ の内積をそれぞれ考えると，$\lambda_1(e_1, e_2) = (Ae_1, e_2) = e_1' A' e_2$, $\lambda_2(e_1, e_2) = (e_1, Ae_2) = e_1' Ae_2$. ところが A は対称的なマトリックスなので $A = A'$ となり，$\lambda_1(e_1, e_2) = \lambda_2(e_1, e_2) \Rightarrow (\lambda_1 - \lambda_2)(e_1, e_2) = 0$. $\lambda_1 \neq \lambda_2$ なので，$(e_1, e_2) = 0$.

$T = (e_1, e_2)$ とおけば，T は直交マトリックスとなり，139 ページと同様に考えて
$$A = T^{-1} \begin{pmatrix} \lambda_1 & 0 \\ 0 & \lambda_2 \end{pmatrix} T = T' \begin{pmatrix} \lambda_1 & 0 \\ 0 & \lambda_2 \end{pmatrix} T$$

（ⅱ） $\left(\frac{a-c}{2}\right)^2 + b^2 = 0$ のときには，$a = c$, $b = 0$, $\lambda_1 = \lambda_2 \Rightarrow A = \begin{pmatrix} a & 0 \\ 0 & a \end{pmatrix}$.

いずれにせよ，特性根を λ_1, λ_2 とすれば
$$A = T^{-1} \begin{pmatrix} \lambda_1 & 0 \\ 0 & \lambda_2 \end{pmatrix} T = T' \begin{pmatrix} \lambda_1 & 0 \\ 0 & \lambda_2 \end{pmatrix} T$$
をみたすような直交変換 T が存在します．

$A = \begin{pmatrix} a & b \\ b & c \end{pmatrix}$ について，つぎの性質がみたされることは明らかでしょう．

ポジティヴ・デフィニット	$\lambda_1, \lambda_2 > 0$
ネガティヴ・デフィニット	$\lambda_1, \lambda_2 < 0$
カテナリー	$\lambda_1 \lambda_2 < 0$

二次形式

一般に，対称的なマトリックス $A = \begin{pmatrix} a & b \\ b & c \end{pmatrix}$ が与えられているとき，つぎの二次関数 $f(x,y)$ を (x,y) にかんする二次形式といいます．

$$f(x,y) = ax^2 + 2bxy + cy^2$$

$$f(x,y) = (x,y) A \begin{pmatrix} x \\ y \end{pmatrix} = (x,y) \begin{pmatrix} a & b \\ b & c \end{pmatrix} \begin{pmatrix} x \\ y \end{pmatrix}$$

二次形式 $f(x,y)$ がポジティヴ・デフィニットであるというのは，つぎの条件がみたされているときとして定義します．

$$f(x,y) = ax^2 + 2bxy + cy^2 > 0 \qquad [(x,y) \neq (0,0)]$$

また，$f(x,y)$ がネガティヴ・デフィニットであるのは，つぎの条件がみたされているときです．

$$f(x,y) = ax^2 + 2bxy + cy^2 < 0 \qquad [(x,y) \neq (0,0)]$$

$f(x,y)$ がポジティヴ・デフィニットであるための必要，十分な条件は，A がポジティヴ・デフィニット，つまり，つぎの2つの条件(i), (ii)がみたされていることです．

（i） $A = \begin{pmatrix} a & b \\ b & c \end{pmatrix}$ の対角成分が正である： $a, c > 0$．

（ii） $A = \begin{pmatrix} a & b \\ b & c \end{pmatrix}$ の行列式 $\varDelta$ が正である： $\varDelta = \begin{vmatrix} a & b \\ b & c \end{vmatrix} = ac - b^2 > 0$．

証明 第5章で証明しましたが，念のためくり返しておきましょう．

$f(x,y)$ がポジティヴ・デフィニットであるとすれば
$$f(1,0) = a > 0, \quad f(0,1) = c > 0,$$
$$f(x,1) = ax^2 + 2bx + c = a\left(x + \frac{b}{a}\right)^2 + \frac{ac-b^2}{a} > 0$$

したがって，$a > 0$, $\dfrac{ac-b^2}{a} > 0 \Rightarrow a, c > 0$, $ac - b^2 > 0$．

逆に，A がポジティヴ・デフィニットであるとすれば
$$f(x,y) = ax^2 + 2bxy + cy^2 = \frac{1}{a}\{(ax+by)^2 + (ac-b^2)y^2\}$$
$$> 0 \qquad [(x,y) \neq (0,0)] \qquad \text{Q. E. D.}$$

$f(x,y)$ がネガティヴ・デフィニットであるための必要,十分な条件は,A がネガティヴ・デフィニット,つまり,つぎの2つの条件(i),(ii)がみたされていることです.

（i）$A = \begin{pmatrix} a & b \\ b & c \end{pmatrix}$ の対角成分が負である：$a, c < 0$.

（ii）$A = \begin{pmatrix} a & b \\ b & c \end{pmatrix}$ の行列式 Δ が正である：$\Delta = \begin{vmatrix} a & b \\ b & c \end{vmatrix} = ac - b^2 > 0$.

証明 $f(x,y)$ または $A = \begin{pmatrix} a & b \\ b & c \end{pmatrix}$ がネガティヴ・デフィニットであるのは,$-f(x,y)$ または $-A = \begin{pmatrix} -a & -b \\ -b & -c \end{pmatrix}$ がポジティヴ・デフィニットであることを意味することから明らか. Q. E. D.

なお,$f(x,y)$ がカテナリーであるために必要,十分な条件は,$\Delta = ac - b^2 < 0$ となります.

例題 つぎの各二次形式 $f(x,y)$ について,そのマトリックスの特性根を求め,ポジティヴ・デフィニットかネガティヴ・デフィニットかをしらべなさい.

(1) $3x^2 + 2xy + y^2$ （2）$-3x^2 + 2xy - y^2$

解答 （1）$3 > 0$,$1 > 0$ で $3 \times 1 - 1^2 > 0$ であるから,$f(x,y)$ はポジティヴ・デフィニット.

（2）$-3 < 0$,$-1 < 0$ で $(-3) \times (-1) - 1^2 > 0$ であるから,$f(x,y)$ はネガティヴ・デフィニット.

練習問題 つぎの各二次形式 $f(x,y)$ のマトリックスは,ポジティヴ・デフィニットかネガティヴ・デフィニットかカテナリーのいずれであるかをしらべなさい.

(1) $5x^2 + 2\sqrt{3}\,xy + 3y^2$ （2）$x^2 - 12xy + 3y^2$
(3) $4x^2 - 2xy - 4y^2$ （4）$-5x^2 + 2\sqrt{3}\,xy - 3y^2$
(5) $-43x^2 - 12\sqrt{3}\,xy - 31y^2$ （6）$-x^2 + 6xy - 5y^2$

第6章 線形代数の整理 問題

問題1 行列式が1となるような直交変換は回転となり，その集合は群をなし，つぎの性質がみたされることを証明しなさい．

（＊） 任意の2つの回転 A, B について，$AB = BA$.

［この条件がみたされているとき，2つのマトリックス A, B は交換可能であるといいます．］

問題2 $T = \begin{pmatrix} \frac{\sqrt{2}}{2} & -\frac{\sqrt{2}}{2} \\ \frac{\sqrt{2}}{2} & \frac{\sqrt{2}}{2} \end{pmatrix}$ と交換可能で，行列式の値が1に等しいようなマトリックス $A = \begin{pmatrix} a & b \\ c & d \end{pmatrix}$ の集合は回転群と一致することを証明しなさい．

問題3 マトリックス $A = \begin{pmatrix} a & b \\ c & d \end{pmatrix}$ がただ1つの特性根をもつための必要，十分な条件は A が $\begin{pmatrix} a & b \\ c & a+2\sqrt{-bc} \end{pmatrix}$ あるいは $\begin{pmatrix} a & b \\ c & a-2\sqrt{-bc} \end{pmatrix}$ $(bc \leq 0)$ のかたちをしていることであることを示しなさい．

問題4 $A = \begin{pmatrix} a & b \\ c & d \end{pmatrix}$ の特性方程式 $f(\lambda) = \lambda^2 - (a+d)\lambda + ad - bc = 0$ について
$$f(A) = A^2 - (a+d)A + (ad-bc)I = 0$$

問題5 各成分が正であるようなマトリックス $A = \begin{pmatrix} a & b \\ c & d \end{pmatrix}$ $(a, b, c, d > 0)$ は，正の特性根を少なくとも1つもち，各成分が正の特性ベクトルが存在することを証明しなさい．

143ページの練習問題の答え
(1) ポジティヴ・デフィニット
(2) カテナリー　　(3) カテナリー
(4) ネガティヴ・デフィニット
(5) ネガティヴ・デフィニット
(6) カテナリー

第 7 章
回転と複素数

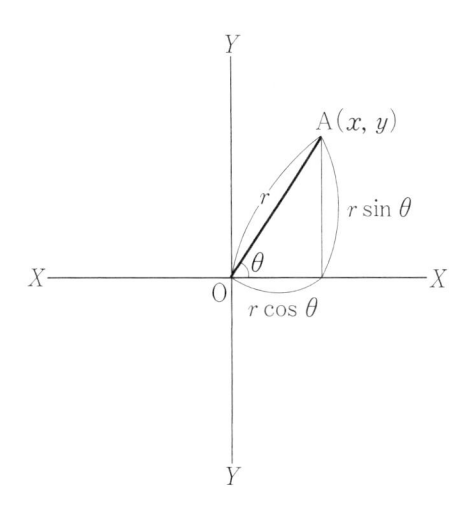

ド・モアヴルの公式とよばれるたいへん便利な公式があります．くわしいことは本文にゆずって，ここに，その概略をお話ししておきましょう．

ガウス平面上の点 $A = (x, y)$ は極座標 (r, θ) を使ってつぎのように表現することができます．

$$z = x + iy = r(\cos\theta + i\sin\theta) \quad (r \geq 0)$$

ここで

$$r^2 = x^2 + y^2, \quad \tan\theta = \frac{y}{x}$$

ド・モアヴルの公式の特別の場合

$$(\cos\theta + i\sin\theta)^2 = \cos 2\theta + i\sin 2\theta,$$
$$(\cos\theta + i\sin\theta)^3 = \cos 3\theta + i\sin 3\theta$$

証明 $(\cos\theta + i\sin\theta)^2 = (\cos\theta + i\sin\theta)(\cos\theta + i\sin\theta)$
$$= \cos^2\theta - \sin^2\theta + 2i\sin\theta\cos\theta$$
$$= \cos 2\theta + i\sin 2\theta$$

$(\cos\theta + i\sin\theta)^3 = (\cos\theta + i\sin\theta)^2(\cos\theta + i\sin\theta)$
$$= (\cos 2\theta + i\sin 2\theta)(\cos\theta + i\sin\theta)$$

$$\begin{aligned}
&= \cos 2\theta \cos \theta - \sin 2\theta \sin \theta \\
&\quad + i(\cos 2\theta \sin \theta + \sin 2\theta \cos \theta) \\
&= \cos(2\theta+\theta) + i \sin(2\theta+\theta) \\
&= \cos 3\theta + i \sin 3\theta \qquad \text{Q. E. D.}
\end{aligned}$$

1

回転と複素数

複素数を極座標であらわす

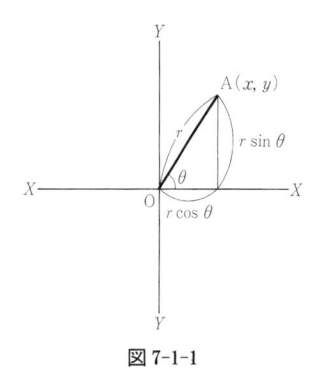

図 7-1-1

さきに，回転をベクトルで表現しましたが，ガウス平面を使って考えることもできます．複素数 $z=x+iy$ はガウス平面上の点 $A=(x,y)$ であらわせますが，前ページでやったのと同じくつぎのような表現を考えます．

$$\theta = \angle \text{AOX}, \quad r = \overline{\text{OA}} \;\Rightarrow\; x = r\cos\theta,\; y = r\sin\theta$$

ガウス平面上の点 $A=(x,y)$ は (r,θ) としてあらわすことができるわけです．このとき

$$z = x+iy = r(\cos\theta + i\sin\theta) \qquad (r \geqq 0)$$

このようなあらわし方 (r,θ) を，「極座標による表現」といいます．

$$r^2 = x^2+y^2, \qquad \tan\theta = \frac{y}{x}$$

ここで，点 $A=(x,y)$ が第1，第2，第3，第4のどの象限に入っているかは，そのたびにチェックをしておく必要があります．

練習問題 つぎの複素数 $z=x+iy$ を極座標によってあらわしなさい．

$$1+i, \quad -1+i, \quad -1-i, \quad 1-i, \quad \frac{1}{2}+\frac{\sqrt{3}}{2}i,$$

$$-\frac{1}{2}+\frac{\sqrt{3}}{2}i, \quad -\frac{1}{2}-\frac{\sqrt{3}}{2}i, \quad \frac{1}{2}-\frac{\sqrt{3}}{2}i, \quad \frac{\sqrt{2}}{2}+\frac{\sqrt{2}}{2}i,$$

$$\frac{\sqrt{2}}{2}-\frac{\sqrt{2}}{2}i, \quad 3+4i, \quad -3+4i, \quad -5-7i, \quad 5-7i$$

複素数の演算を極座標であらわす

極座標を使うと，複素数の掛け算，割り算をかんたんにあらわすことができます．2つの複素数 $z_1=x_1+iy_1$, $z_2=x_2+iy_2$ の積は

$$z_1z_2 = (x_1+iy_1)(x_2+iy_2) = (x_1x_2-y_1y_2)+i(x_1y_2+y_1x_2)$$

この計算は極座標を使うとつぎのようになります．

$$z_1 = r_1(\cos\theta_1+i\sin\theta_1), \quad z_2 = r_2(\cos\theta_2+i\sin\theta_2)$$
$$z_1z_2 = r_1(\cos\theta_1+i\sin\theta_1)\times r_2(\cos\theta_2+i\sin\theta_2)$$
$$= r_1r_2\{(\cos\theta_1\cos\theta_2-\sin\theta_1\sin\theta_2)$$
$$+i(\sin\theta_1\cos\theta_2+\cos\theta_1\sin\theta_2)\}$$

ここで，三角関数の加法定理を使います．

$$\cos(\theta_1+\theta_2) = \cos\theta_1\cos\theta_2-\sin\theta_1\sin\theta_2$$
$$\sin(\theta_1+\theta_2) = \sin\theta_1\cos\theta_2+\cos\theta_1\sin\theta_2$$
$$z_1z_2 = r_1r_2\{\cos(\theta_1+\theta_2)+i\sin(\theta_1+\theta_2)\}$$

とくに

$$(\cos\theta_1+i\sin\theta_1)(\cos\theta_2+i\sin\theta_2)$$
$$= \cos(\theta_1+\theta_2)+i\sin(\theta_1+\theta_2)$$

複素数 $z=\cos\theta+i\sin\theta$ を掛けるのは，正の方向に θ だけ回転することを意味します．

複素数の割り算も，同じように，極座標を使うとかんたんにできます．まず，複素数 $z=x+iy$ の逆数 $\frac{1}{z}=\frac{1}{x+iy}$ を計算します．

$$\frac{1}{z} = \frac{1}{x+iy} = \frac{x-iy}{(x+iy)(x-iy)} = \frac{x-iy}{x^2+y^2} = \frac{x}{x^2+y^2}-i\frac{y}{x^2+y^2}$$

この計算を極座標であらわします．

$$\frac{1}{z} = \frac{1}{r(\cos\theta+i\sin\theta)}$$
$$= \frac{1}{r}\frac{\cos\theta-i\sin\theta}{(\cos\theta+i\sin\theta)(\cos\theta-i\sin\theta)}$$

$$= \frac{1}{r}\frac{\cos\theta - i\sin\theta}{\cos^2\theta + \sin^2\theta} = \frac{1}{r}(\cos\theta - i\sin\theta)$$

一般に

$$z_1 = r_1(\cos\theta_1 + i\sin\theta_1), \quad z_2 = r_2(\cos\theta_2 + i\sin\theta_2)$$

$$\frac{z_1}{z_2} = z_1\frac{1}{z_2} = \frac{r_1}{r_2}(\cos\theta_1 + i\sin\theta_1)(\cos\theta_2 - i\sin\theta_2)$$

$$\frac{z_1}{z_2} = \frac{r_1}{r_2}\{\cos(\theta_1 - \theta_2) + i\sin(\theta_1 - \theta_2)\}$$

とくに

$$\frac{\cos\theta_1 + i\sin\theta_1}{\cos\theta_2 + i\sin\theta_2} = \cos(\theta_1 - \theta_2) + i\sin(\theta_1 - \theta_2)$$

複素数 $z = \cos\theta + i\sin\theta$ で割るのは，負の方向に θ だけ回転すること意味するわけです．

練習問題 つぎの 2 つの複素数の積，商を極座標によって計算しなさい．

(1) $1+i$, $-1+i$ (2) $\frac{1}{2} - \frac{\sqrt{3}}{2}i$, $\frac{1}{2} + \frac{\sqrt{3}}{2}i$

1 のベキ乗根

第 3 巻『代数で幾何を解く—解析幾何』で，1 のベキ乗根についてお話ししました．複素数の極座標によるあらわし方を使うと，その意味が明瞭になります．

ガウス平面の単位円上の複素数は，極座標を使うと，$z = \cos\theta + i\sin\theta$ とあらわすことができます．

ド・モアヴルの公式は，この章の冒頭でその特別の場合を証明しました．

ド・モアヴルの公式

$(\cos\theta + i\sin\theta)^n = \cos n\theta + i\sin n\theta$　　（n は正の整数）

証明 数学的帰納法によって証明します．$n=1$ のときは，明らか．$n \geq 1$ のときに上の関係式が正しいと仮定して，$n+1$ のときに正しいことを示せばよい．

$$(\cos\theta + i\sin\theta)^n = \cos n\theta + i\sin n\theta$$

この式の両辺に $\cos\theta + i\sin\theta$ を掛ければ

---

146 ページの練習問題の答え

$\left(\sqrt{2}, \frac{\pi}{4}\right)$, $\left(\sqrt{2}, \frac{3\pi}{4}\right)$, $\left(\sqrt{2}, \frac{5\pi}{4}\right)$,

$\left(\sqrt{2}, \frac{7\pi}{4}\right)$, $\left(1, \frac{\pi}{3}\right)$, $\left(1, \frac{2\pi}{3}\right)$,

$\left(1, \frac{4\pi}{3}\right)$, $\left(1, \frac{5\pi}{3}\right)$, $\left(1, \frac{\pi}{4}\right)$, $\left(1, \frac{7\pi}{4}\right)$

$(5, \theta)\ \left[\tan\theta = \frac{4}{3},\ 0 < \theta < \frac{\pi}{2}\right]$,

$(5, \theta)\ \left[\tan\theta = -\frac{4}{3},\ \frac{\pi}{2} < \theta < \pi\right]$,

$(\sqrt{74}, \theta)\ \left[\tan\theta = \frac{7}{5},\ \pi < \theta < \frac{3\pi}{2}\right]$,

$(\sqrt{74}, \theta)\ \left[\tan\theta = -\frac{7}{5},\ \frac{3\pi}{2} < \theta < 2\pi\right]$

$$(\cos\theta+i\sin\theta)^{n+1} = (\cos\theta+i\sin\theta)^n(\cos\theta+i\sin\theta)$$
$$= (\cos n\theta+i\sin n\theta)(\cos\theta+i\sin\theta)$$
$$= \cos(n\theta+\theta)+i\sin(n\theta+\theta)$$
$$= \cos\{(n+1)\theta\}+i\sin\{(n+1)\theta\}$$
Q. E. D.

1 の自乗根 $z=r(\cos\theta+i\sin\theta)$ は，つぎの方程式の根となります．
$$r^2(\cos\theta+i\sin\theta)^2 = r^2(\cos 2\theta+i\sin 2\theta) = 1$$
$r^2=1$, $r>0$, $\cos 2\theta=1$, $\sin 2\theta=0$ であるから，$0\leq\theta<2\pi$，すなわち $0\leq 2\theta<4\pi$ の範囲で考えると，
$$r=1, \quad 2\theta=0, 2\pi$$
よって
$$r=1, \quad \theta=0, \pi$$
したがって，1 の自乗根は，$\cos 0+i\sin 0=1$，あるいは $\cos\pi+i\sin\pi=-1$．

1 の 3 乗根 $z=r(\cos\theta+i\sin\theta)$ はつぎの方程式の根となります．
$$r^3(\cos\theta+i\sin\theta)^3 = r^3(\cos 3\theta+i\sin 3\theta) = 1$$
$$r=1, \quad \theta=0, \frac{2\pi}{3}, \frac{4\pi}{3}$$
したがって，1 の 3 乗根は
$$\cos 0+i\sin 0=1, \quad \cos\frac{2\pi}{3}+i\sin\frac{2\pi}{3}=-\frac{1}{2}+\frac{\sqrt{3}}{2}i,$$
$$\cos\frac{4\pi}{3}+i\sin\frac{4\pi}{3}=-\frac{1}{2}-\frac{\sqrt{3}}{2}i$$

一般に，1 の n 乗根 $z=r(\cos\theta+i\sin\theta)$ はつぎの方程式の根となります．
$$r^n(\cos\theta+i\sin\theta)^n = r^n(\cos n\theta+i\sin n\theta) = 1$$
$$r=1, \quad \theta=\frac{2k\pi}{n} \quad (k=0, 1, \cdots, n-1)$$

このようにして，1 の n 乗根 z はガウス平面の単位円上にあって，実軸から出発して，円周をちょうど n 等分する複素数になるわけです．
$$z=\cos\theta+i\sin\theta, \quad \theta=\frac{2k\pi}{n} \quad (k=0, 1, \cdots, n-1)$$

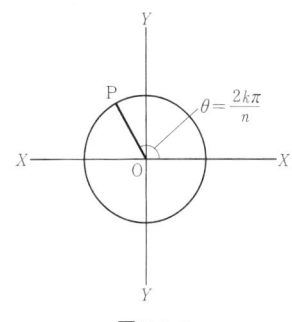

図 7-1-2

練習問題 これまで説明してきた極座標の考え方を使って，$n=4, 5, 6, 8$ の場合について，1 の n 乗根を計算しなさい．

2

複素数を使って幾何を解く

さきにベクトルの考え方を使うと，幾何のむずかしい問題もかんたんに解ける場合があることをお話ししました．同じように，複素数の考え方も，図形の性質をしらべるさいにたいへん便利なことがあります．はじめに，幾何の重要な命題を複素数を使ってあらわすことから説明したいと思います．ときとしては，複素数 a とそれに対応するガウス平面上の点 A とを区別しないで使うことにします．

複素数にかんする重要な性質も，2 次元のベクトルの場合と同じように考えることができます．たとえば，2 つの複素数 a, b をむすぶ線分を $m:n$ に内分（あるいは外分）する点に対応する複素数 c は

$$c = \frac{n}{m+n}a + \frac{m}{m+n}b$$

$m, n > 0$ のときには，a, b をむすぶ線分を $m:n$ の比に内分する点，$m > 0$, $n < 0$ のときには，a, b をむすぶ線分を b 点をこえて，$m:(-n)$ の比に外分する点，$m < 0$, $n > 0$ のときには，a, b をむすぶ線分を a 点をこえて，$(-m):n$ の比に外分する点となります．

また，複素数 a に純虚数 i を掛けると，ガウス平面上で，原点と点 a をむすぶ直線を原点を中心として，正の方向に $\frac{\pi}{2} = 90°$ だけ回転した点に対応する複素数になります（図 7-2-1）．複素数 a，純虚数 i を極座標であらわせば，

$$a = r(\cos\alpha + i\sin\alpha), \quad i = \cos\frac{\pi}{2} + i\sin\frac{\pi}{2}$$

$$ai = r(\cos\alpha + i\sin\alpha)\left(\cos\frac{\pi}{2} + i\sin\frac{\pi}{2}\right)$$

148 ページの練習問題の答え
(1) $-2, -i$ (2) $1, -\frac{1}{2} - \frac{\sqrt{3}}{2}i$

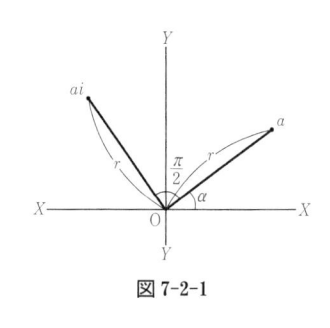

図 7-2-1

$$= r\left\{\cos\left(\alpha+\frac{\pi}{2}\right)+i\sin\left(\alpha+\frac{\pi}{2}\right)\right\}$$

となるからです．

つぎにいくつか重要な性質を証明しておきましょう．

命題1 ガウス平面上の3点 a,b,c が一直線上にあるための必要，十分な条件は

$$\frac{b-a}{c-a}$$

が実数の値をとることである．

証明 $\frac{b-a}{c-a}=t$（t は実数）とすれば，

$$b-a = t(c-a) \Rightarrow b = (1-t)a+tc$$

複素数をガウス平面上の点と考えると，ベクトルと同じようにとりあつかうことができます．したがって

$$b = (1-t)a+tc$$

は，複素数 b が2つの複素数 a,c をむすぶ直線上にあることを意味します．

逆に，複素数 b が2つの複素数 a,c をむすぶ直線上にあるとすれば，

$$b = (1-t)a+tc$$

をみたすような実数 t が存在します．

$$b = (1-t)a+tc \Rightarrow \frac{b-a}{c-a} = t \quad (t \text{ は実数})$$

したがって，t が実数の値をとることと，a,b,c が一直線上にあることとが一致することがわかります． Q. E. D.

もっと一般につぎの命題が成り立つことはすぐわかると思います．

命題2 ガウス平面上の3点 a,b,c について

$$\frac{b-a}{c-a} = t\tau(\alpha) \quad [t \text{ は実数}, \tau(\alpha)=\cos\alpha+i\sin\alpha]$$

とすれば，$b-a$ は，$c-a$ を a を中心として，正の方向に角 α だけ回転し（$\angle bac=\alpha$），$\frac{\|b-a\|}{\|c-a\|}=t$ の比率で拡大（あるいは縮小）して得られる．

命題3 ガウス平面上の 2 組の 3 点 a, b, c; a', b', c' からつくられる 2 つの三角形 $\triangle abc, \triangle a'b'c'$ が，向きも考慮に入れて相似となるための必要，十分な条件は

$$\frac{b-a}{c-a} = \frac{b'-a'}{c'-a'}$$

証明 $\dfrac{b-a}{c-a} = t\tau(\alpha)$, $\dfrac{b'-a'}{c'-a'} = t'\tau(\alpha')$ とおけば

$$\angle bac = \alpha, \quad \angle b'a'c' = \alpha', \quad \frac{\|b-a\|}{\|c-a\|} = t, \quad \frac{\|b'-a'\|}{\|c'-a'\|} = t'$$

したがって，2 つの三角形 $\triangle abc, \triangle a'b'c'$ が向きも考慮に入れて相似となるための必要，十分な条件は，$t = t'$, $\alpha = \alpha'$.

Q. E. D.

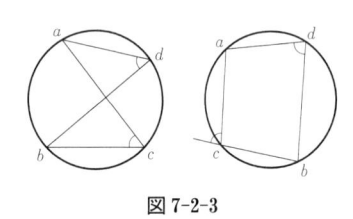

命題4（オイラーの定理） 4 つの複素数 a, b, c, d が一直線上にあるか，あるいは同じ円の上にあるための必要，十分な条件は

$$\kappa = \frac{c-a}{c-b} : \frac{d-a}{d-b}$$

が実数となることである．

証明 $\dfrac{c-a}{c-b} : \dfrac{d-a}{d-b} = \kappa$ が実数のとき

$$\frac{d-a}{d-b} = t\tau(\alpha) \qquad [t \text{ は実数}, \ \tau(\alpha) = \cos\alpha + i\sin\alpha]$$

とおけば

$$\frac{c-a}{c-b} = \kappa t\tau(\alpha)$$

κ が正数（$\kappa > 0$）とすれば，$\angle acb = \angle adb$. $\alpha \neq \pi$ のときには，a, b, c, d は同じ円の上にあり，$\alpha = \pi$ のときには，a, b, c, d は一直線上にあります．

また，κ が負数（$\kappa < 0$）とすれば，$\angle acb + \angle adb = \pi$. このときにも，$\alpha \neq \pi$ ならば，a, b, c, d は同じ円の上にあり，$\alpha = \pi$ ならば，a, b, c, d は一直線上にあります．

逆に，a, b, c, d が一直線上にあるか，あるいは同じ円の上にあるとすれば

$$\angle acb = \angle adb \text{ または } \angle acb + \angle adb = \pi$$

$$\Rightarrow \frac{c-a}{c-b} : \frac{d-a}{d-b} = \kappa \text{（実数）}$$

Q. E. D.

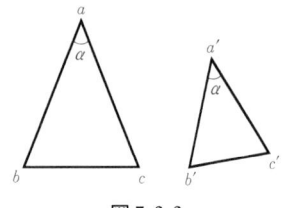

図 7-2-2

図 7-2-3

150 ページの練習問題の答え

$n = 4:\ 1, i, -1, -i$

$n = 5:\ 1, \dfrac{\sqrt{5}-1}{4} + \dfrac{\sqrt{10+2\sqrt{5}}}{4}i,$

$\dfrac{-\sqrt{5}+1}{4} + \dfrac{\sqrt{10-2\sqrt{5}}}{4}i,$

$\dfrac{-\sqrt{5}+1}{4} - \dfrac{\sqrt{10-2\sqrt{5}}}{4}i,$

$\dfrac{\sqrt{5}-1}{4} - \dfrac{\sqrt{10+2\sqrt{5}}}{4}i$

$n = 6:\ 1, \dfrac{1}{2} + \dfrac{\sqrt{3}}{2}i, -\dfrac{1}{2} + \dfrac{\sqrt{3}}{2}i, -1,$

$-\dfrac{1}{2} - \dfrac{\sqrt{3}}{2}i, \dfrac{1}{2} - \dfrac{\sqrt{3}}{2}i$

$n = 8:\ 1, \dfrac{\sqrt{2}}{2} + \dfrac{\sqrt{2}}{2}i, i, -\dfrac{\sqrt{2}}{2} + \dfrac{\sqrt{2}}{2}i,$

$-1, -\dfrac{\sqrt{2}}{2} - \dfrac{\sqrt{2}}{2}i, -i, \dfrac{\sqrt{2}}{2} - \dfrac{\sqrt{2}}{2}i$

この命題は，数多いオイラーの定理の 1 つです．直線は半径が無限大の大きさの円であると考えることができます．また，上の命題にあらわれる比 $\kappa = \dfrac{c-a}{c-b} : \dfrac{d-a}{d-b}$ は，4 つの点 a, b, c, d の非調和比といって，幾何でよく出てくる概念です．

例題 1 ガウス平面の原点 O を外接円の中心とする三角形 $\triangle abc$ の垂心 h は
$$h = a + b + c$$
によって与えられる．

証明 外接円の中心を原点とし，半径を 1 と仮定してよい．$a\bar{a} = b\bar{b} = c\bar{c} = 1$. $h = a + b + c$ ならば
$$\frac{h-a}{b-c} = \frac{b+c}{b-c} = \frac{(b+c)(\bar{b}-\bar{c})}{(b-c)(\bar{b}-\bar{c})}$$
このとき，$z = (b+c)(\bar{b}-\bar{c})$ とおけば
$$z = (b+c)(\bar{b}-\bar{c}) = b\bar{b} - b\bar{c} + c\bar{b} - c\bar{c} = -b\bar{c} + c\bar{b}$$
$$\Rightarrow \bar{z} = -\bar{b}c + \bar{c}b = -z$$
したがって，$z = it$（t は実数）となり
$$\frac{h-a}{b-c} = \frac{t}{(b-c)(\bar{b}-\bar{c})}i = ki = k\tau\left(\frac{\pi}{2}\right) \quad (k \text{ は実数})$$
すなわち，$h-a$ と $b-c$ は直交する．他の頂点についても同様． Q. E. D.

例題 2 ガウス平面の三角形 $\triangle abc$ の内心 z はつぎの式であらわされる．
$$z = \frac{s_a}{s}a + \frac{s_b}{s}b + \frac{s_c}{s}c$$
$$[s = s_a + s_b + s_c, \quad s_a = \sqrt{(b-c)(\bar{b}-\bar{c})},$$
$$s_b = \sqrt{(c-a)(\bar{c}-\bar{a})}, \quad s_c = \sqrt{(a-b)(\bar{a}-\bar{b})}]$$

証明 外接円の中心を原点とし，半径を 1 と仮定してよい．$a\bar{a} = b\bar{b} = c\bar{c} = 1$. $z = \dfrac{s_a}{s}a + \dfrac{s_b}{s}b + \dfrac{s_c}{s}c$ のとき，$\angle baz = \angle zac$ となることを示せばよい．
$$\kappa = \frac{b-a}{z-a} : \frac{z-a}{c-a} = \frac{(b-a)(c-a)}{(z-a)^2} = \frac{s^2(b-a)(c-a)}{\{s_b(b-a) + s_c(c-a)\}^2}$$

$$\overline{\kappa} = \frac{s^2(\overline{b}-\overline{a})(\overline{c}-\overline{a})}{\{s_b(\overline{b}-\overline{a})+s_c(\overline{c}-\overline{a})\}^2} = \frac{s^2\dfrac{s_c^2}{b-a}\dfrac{s_b^2}{c-a}}{\left(s_b\dfrac{s_c^2}{b-a}+s_c\dfrac{s_b^2}{c-a}\right)^2}$$

$$= \frac{s^2 s_b^2 s_c^2 (b-a)(c-a)}{s_b^2 s_c^2 \{s_c(c-a)+s_b(b-a)\}^2} = \frac{s^2(b-a)(c-a)}{\{s_c(c-a)+s_b(b-a)\}^2}$$

$$= \kappa$$

$\kappa = \dfrac{b-a}{z-a} : \dfrac{z-a}{c-a}$ は実数となり,

$$\angle baz = \angle zac \quad \text{あるいは} \quad \angle baz + \angle zac = \pi$$

$\angle baz + \angle zac = \angle bac < \pi$ だから,

$$\angle baz = \angle zac$$

すなわち, $z-a$ が $\angle bac$ を二等分することがわかります. 他の頂点についても同様. Q. E. D.

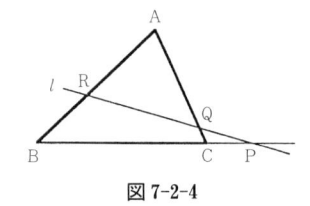

例題 3（メネラウスの定理） 任意の直線 l が三角形 $\triangle ABC$ の 3 辺 BC, CA, AB あるいはその延長と交わる点を P, Q, R とすれば

$$\frac{\overline{BP}}{\overline{CP}} \frac{\overline{CQ}}{\overline{AQ}} \frac{\overline{AR}}{\overline{BR}} = -1$$

逆に, 上のメネラウスの関係が成立するとき, P, Q, R は一直線上にある. [$\overline{BP}, \overline{CP}$ は, それぞれ線分 $\overline{BC}$ の B 点, C 点をこえた延長上にあるときは, 負の値をとるものとします. $\overline{CQ}, \overline{AQ}$ および $\overline{AR}, \overline{BR}$ についても同様.]

図 7-2-4

証明 頂点 A が原点になるようにガウス平面をとり, B, C, P, Q, R に対応する複素数をそれぞれ b, c, p, q, r とおく. $\dfrac{\overline{BP}}{\overline{CP}}=x$, $\dfrac{\overline{CQ}}{\overline{AQ}}=y$, $\dfrac{\overline{AR}}{\overline{BR}}=z$ とおけば

$$p = \frac{1}{1+x}b + \frac{x}{1+x}c, \quad q = \frac{1}{1+y}c, \quad r = \frac{z}{1+z}b$$

$$p - q = \frac{1}{(1+x)(1+y)}\{(1+y)b + (xy-1)c\}$$

$$r - q = \frac{1}{(1+y)(1+z)}\{(1+y)zb - (1+z)c\}$$

$$\frac{p-q}{r-q} = \frac{1+z}{1+x}\frac{(1+y)b+(xy-1)c}{(1+y)zb-(1+z)c}$$

p, q, r が一直線上にあるためには，$\dfrac{p-q}{r-q}$ が実数となることが必要，十分な条件となります．

$$\dfrac{p-q}{r-q} = \dfrac{1+z(1+y)b+(xy-1)c}{1+x(1+y)zb-(1+z)c} = t \text{ (実数)}$$

$$(1+y)\{1+z-t(1+x)z\}b+(1+z)\{xy-1+t(1+x)\}c = 0$$
$$1+z-t(1+x)z = 0, \quad xy-1+t(1+x) = 0$$
$$t = \dfrac{1+z}{(1+x)z} = \dfrac{1-xy}{1+x} \iff xyz = -1$$

メネラウスの関係が，p, q, r が一直線上にあるための必要，十分条件となることがわかります． Q. E. D.

例題 4（チェバの定理） 三角形 △ABC の 3 つの辺 BC, CA, AB あるいはその延長上に 3 つの点 P, Q, R がある．この 3 つの点 P, Q, R と相対する頂点 A, B, C とをむすぶ線分あるいはその延長が 1 点 O で交わるとすれば

$$\dfrac{\overline{\text{BP}}}{\overline{\text{CP}}} \dfrac{\overline{\text{CQ}}}{\overline{\text{AQ}}} \dfrac{\overline{\text{AR}}}{\overline{\text{BR}}} = 1$$

逆に，上のチェバの関係が成立するとき，P, Q, R と相対する頂点 A, B, C をむすぶ線分あるいはその延長は 1 点で交わる．［メネラウスの定理の場合と同じように，$\overline{\text{BP}}, \overline{\text{CP}}, \overline{\text{CQ}}, \overline{\text{AQ}}, \overline{\text{AR}}, \overline{\text{BR}}$ は方向を考慮した長さとする．］

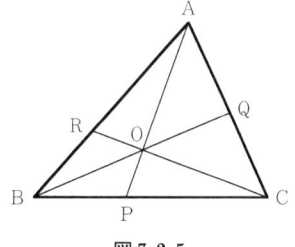

図 7-2-5

証明 メネラウスの定理の証明と同じ記号を使う．

$$p = \dfrac{1}{1+x}b + \dfrac{x}{1+x}c, \quad q = \dfrac{1}{1+y}c, \quad r = \dfrac{z}{1+z}b$$

3 つの点 P, Q, R と相対する頂点 A, B, C とをむすぶ線分あるいはその延長が 1 点 O で交わるとすれば

$$tp = (1-u)b + uq = (1-v)c + vr \quad (u, v \text{ は実数})$$
$$t\left(\dfrac{1}{1+x}b + \dfrac{x}{1+x}c\right) = (1-u)b + u\dfrac{1}{1+y}c = (1-v)c + v\dfrac{z}{1+z}b$$

2 つの複素数 b, c はおたがいに比例的でないから

$$t\dfrac{1}{1+x} = 1-u = v\dfrac{z}{1+z}, \quad t\dfrac{x}{1+x} = u\dfrac{1}{1+y} = 1-v$$

$$1-u = v\dfrac{z}{1+z}, \quad u\dfrac{1}{1+y} = 1-v$$

$$\Rightarrow \quad u = \dfrac{1+y}{1+y+yz}, \quad v = \dfrac{y+yz}{1+y+yz}$$

$$t\frac{1}{1+x} = 1-u = \frac{yz}{1+y+yz}, \quad t\frac{x}{1+x} = 1-v = \frac{1}{1+y+yz}$$
$$\Rightarrow \quad xyz = 1$$

上の議論を逆にたどって，チェバの関係が成立すれば，P, Q, R と相対する頂点 A, B, C をむすぶ線分あるいはその延長が 1 点で交わることがわかります．   Q. E. D.

例題 5 ガウス平面の原点 O を外接円の中心とする三角形 △abc がある．頂点 a から底辺 bc に下ろした垂線の足を d とすれば

$$d = \frac{1}{2}\left(a+b+c-\frac{bc}{a}\right)$$

図 7-2-6

証明 a を通る直径の端点を a' とすれば，$a' = -a$．2 つの三角形 △aba', △adc は相似となるから

$$\frac{a-b}{a-(-a)} = \frac{a-d}{a-c} \Rightarrow (a-b)(a-c) = 2a(a-d)$$
$$\Rightarrow a^2 - a(b+c) + bc = 2a^2 - 2ad$$
$$\Rightarrow d = \frac{1}{2}\left(a+b+c-\frac{bc}{a}\right)$$

Q. E. D.

例題 6（シムソンの定理） 三角形 △ABC の外接円 O の上の任意の点 P から 3 つの辺 BC, CA, AB, あるいはその延長に下ろした垂線の足 D, E, F は一直線上にある．

図 7-2-7

証明 △ABC の外接円 O の中心を原点とし，半径が 1 となるようなガウス平面を考え，A, B, C, D, P, E, F に対応する複素数をそれぞれ a, b, c, d, p, e, f とおきます．例題 5 の結果を使うと

$$d = \frac{1}{2}\left(p+b+c-\frac{bc}{p}\right), \quad e = \frac{1}{2}\left(p+c+a-\frac{ca}{p}\right),$$
$$f = \frac{1}{2}\left(p+a+b-\frac{ab}{p}\right)$$

$$d-e = \frac{1}{2}\left\{b-a-\frac{(b-a)c}{p}\right\} = \frac{1}{2}\frac{(b-a)(p-c)}{p}$$

$$f-e = \frac{1}{2}\left\{b-c-\frac{(b-c)a}{p}\right\} = \frac{1}{2}\frac{(b-c)(p-a)}{p}$$

$$\frac{d-e}{f-e} = \frac{(b-a)(p-c)}{(b-c)(p-a)} = \frac{b-a}{p-a} : \frac{b-c}{p-c} = \kappa$$

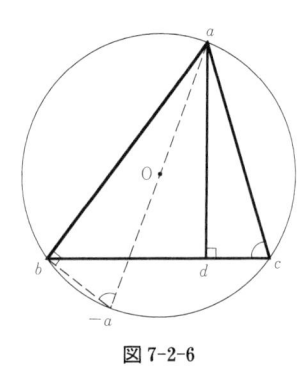

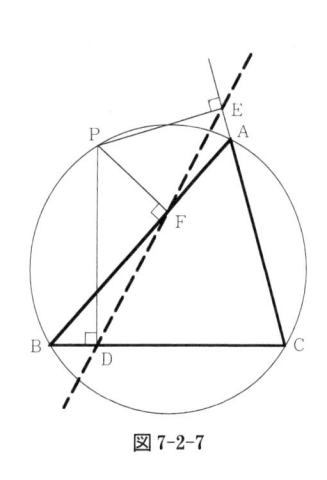

a, b, c, p は同一円上にあるから，κ は実数となり，d, e, f が一直線上にあることがわかります． Q. E. D.

例題 7（プトレマイオスの定理） 円に内接する四角形 □ABCD について，相対する辺の積の和は対角線の積に等しい．
$$\overline{AB} \times \overline{DC} + \overline{AD} \times \overline{BC} = \overline{AC} \times \overline{DB}$$

逆に，四角形 □ABCD の 2 つの対角線の積が 2 組の相対する 2 辺の積の和に等しいとき，□ABCD は円に内接する．

証明 A, B, C, D に対応する複素数をそれぞれ a, b, c, d とおけば，プトレマイオスの等式は
$$\|(b-a)(c-d)\| + \|(d-a)(b-c)\| = \|(c-a)(b-d)\|$$
まず，つぎの恒等式に注目します．
$$(b-a)(c-d) + (d-a)(b-c) = (c-a)(b-d)$$
したがって，$\|(b-a)(c-d) + (d-a)(b-c)\| = \|(c-a)(b-d)\|$．
$$\|(b-a)(c-d) + (d-a)(b-c)\|$$
$$\leq \|(b-a)(c-d)\| + \|(d-a)(b-c)\|$$
ここで，ベクトルの三角形の 2 辺の和が第 3 辺より大きいという関係の場合と同じように，等号が成立するのは，
$$\frac{(b-a)(c-d)}{(d-a)(b-c)} = \frac{b-a}{d-a} : \frac{b-c}{d-c} = \kappa$$
が実数のときにかぎります．これは a, b, c, d が同一円上にある場合です． Q. E. D.

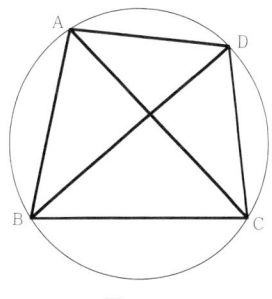

図 7-2-8

例題 8 ガウス平面上の三角形 △abc が正三角形となるための必要，十分条件は
$$a^2 + b^2 + c^2 - bc - ca - ab = 0$$

証明 △abc が正三角形とすれば，2 つの三角形 △abc，△bca は相似となります．
$$\frac{b-a}{c-a} = \frac{c-b}{a-b} \Rightarrow (b-a)(a-b) = (c-b)(c-a)$$
$$\Rightarrow a^2 + b^2 + c^2 - bc - ca - ab = 0$$

逆は，この証明を逆にさかのぼればよい． Q. E. D.

例題 9 与えられた線分 BC を 1 辺とし，角 ∠A がある一定の大きさ α をもつような三角形 △ABC の垂心 H の軌跡を求めよ．

証明 △ABC の外接円は一定となるから，外接円の中心 O

を原点とし，半径が 1 となるようなガウス平面を考えれば
$$a\bar{a} = b\bar{b} = c\bar{c} = 1, \quad h = a+b+c$$
$k=b+c$ とおけば
$$h-k = a \Rightarrow (h-k)(\bar{h}-\bar{k}) = a\bar{a} = 1$$
求める軌跡は，$k=b+c$ を中心とする半径 1 の円（の一部）です． Q. E. D.

練習問題 つぎの問題を複素数を使って解きなさい．

(1) 2つの辺 AD, BC が平行となるような四辺形 □ABCD の対角線の交点 E を通って平行辺 BC に平行な直線が 2つの辺 AB, DC と交わる点をそれぞれ P, Q とすれば，E は線分 PQ の中点となる．

(2) 三角形 △ABC の 2つの辺 AB, AC の上に任意に P, Q をとり，PQ が底辺 BC と平行になるようにする．BQ, CP の交点を R とし，AR の延長が BC と交わる点を S とすれば，S は BC の中点となる．

(3) 2つの三角形 △ABC, △A′B′C′ の 3組の辺 BC と B′C′，CA と C′A′，AB と A′B′ がそれぞれ平行で，2組の対応する頂点をむすぶ直線 AA′, BB′ が 1点で交わるとすれば，のこりの 1組の頂点をむすぶ直線 CC′ も同じ点を通る．

(4) 四辺形 □ABCD の 2つの対角線 AC, BD の中点をそれぞれ，L, M とする．2つの辺 AB, BC, CD, DA の中点をそれぞれ P, Q, R, S とし，PR, QS の交点を N とすれば，L, M, N は一直線上にある．

(5) ガウス平面上の三角形 △abc の ∠a 内の傍心 z はつぎの式であらわされる．
$$z = -\frac{s_a}{s}a + \frac{s_b}{s}b + \frac{s_c}{s}c$$
$[s = -s_a + s_b + s_c, \quad s_a = \sqrt{(b-c)(\bar{b}-\bar{c})},$
$s_b = \sqrt{(c-a)(\bar{c}-\bar{a})}, \quad s_c = \sqrt{(a-b)(\bar{a}-\bar{b})}]$

練習問題のヒントと略解
(1) 対角線の交点 E を原点とし，2辺 AD, BC に平行な直線を実軸とするガウス平面を考え，$p=(1-t)a+tb$, $q=(1-t)a+tb+k$ $[0 \leq t \leq 1,\ k$ は実数$]$ とおけばよい．

(2) A を原点とし，辺 BC に平行な直線を実軸とするガウス平面を考えれば，$p=\lambda b$, $q=\lambda c$ $(0<\lambda<1)$, $r=(1-t)b+t\lambda c=(1-s)c+s\lambda b$ $[0\leq t,s \leq 1] \Rightarrow t=s=\frac{1}{1+\lambda} \Rightarrow r=\frac{\lambda}{1+\lambda}(b+c)$ から明らか．

(3) 直線 AA′, BB′ の交点を原点とするガウス平面を考えれば，$(b'-a') \parallel (b-a) \Rightarrow a'=\lambda a$, $b'=\lambda b$. また，$(c'-a') \parallel (c-a)$, $(c'-b') \parallel (c-b)$. ここで，$p=\lambda c$ とおけば，$(p-a') \parallel (c-a)$, $(p-b') \parallel (c-b) \Rightarrow c'=p=\lambda c$.

(4) 2つの複素数 a, b をむすぶ線分の中点が $\frac{a+b}{2}$ となることをくり返し使えばよい．

(5) $\kappa = \frac{b-a}{z-b} : \frac{z-b}{c-b}$ は実数となり，$z-b$ は ∠b の外角を二等分することを示す．同じようにして，$z-a$ が ∠a を二等分することを示すことができる．

第7章 回転と複素数 問題

つぎの幾何の問題を複素数を使って解きなさい.

問題 1 三角形 $\triangle abc$ の外心 z, 外接円の半径 R はつぎの式によって与えられる.

$$z = \frac{a\bar{a}(b-c) + b\bar{b}(c-a) + c\bar{c}(a-b)}{\bar{a}(b-c) + \bar{b}(c-a) + \bar{c}(a-b)}$$

$$R^2 = \frac{(b-c)(c-a)(a-b)(\bar{b}-\bar{c})(\bar{c}-\bar{a})(\bar{a}-\bar{b})}{\{\bar{a}(b-c) + \bar{b}(c-a) + \bar{c}(a-b)\}\{a(\bar{b}-\bar{c}) + b(\bar{c}-\bar{a}) + c(\bar{a}-\bar{b})\}}$$

問題 2 三角形 $\triangle\mathrm{ABC}$ の頂点 A の内角の二等分線が底辺 BC と交わる点を D とすれば,

$$\overline{\mathrm{DB}} : \overline{\mathrm{DC}} = \overline{\mathrm{AB}} : \overline{\mathrm{AC}}$$

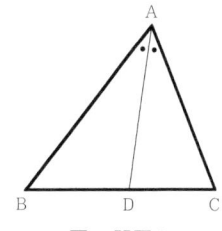

図 7-問題 2

問題 3 三角形 $\triangle\mathrm{ABC}$ の頂点 A の外角の二等分線が底辺 BC と交わる点を D とすれば,

$$\overline{\mathrm{DB}} : \overline{\mathrm{DC}} = \overline{\mathrm{AB}} : \overline{\mathrm{AC}}$$

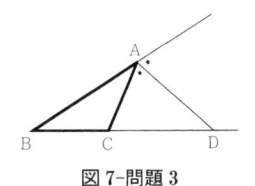

図 7-問題 3

問題 4 三角形 $\triangle\mathrm{ABC}$ の3つの頂点 A, B, C の外角の二等分線が相対する辺 BC, CA, AB の延長と交わる点 P, Q, R は一直線上にある.

問題 5（オイラーの定理） 鋭角三角形 $\triangle\mathrm{ABC}$ の頂点 A と垂心 H の距離は, 外接円の中心 O から辺 BC に下ろした垂線 OD の長さの2倍である:

$$\overline{\mathrm{OD}} = \frac{1}{2}\overline{\mathrm{AH}}$$

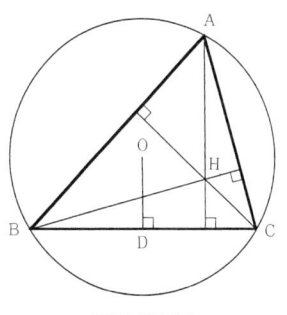

図 7-問題 5

問題 6 鋭角三角形 △ABC の垂心 H から辺 BC に下ろした垂線の足を D として，線分 AD の延長が外接円 O と交わる点を K とすれば，D は HK の中点となる：
$$\overline{HD} = \overline{DK}$$

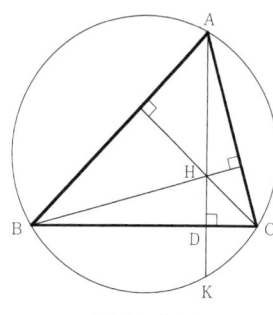

図 7-問題 6

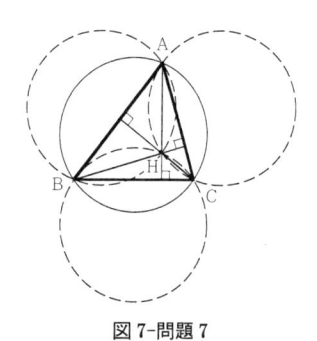

問題 7 与えられた任意の三角形 △ABC の垂心を H とするとき，3 つの三角形 △HBC, △HCA, △HAB の外接円はいずれも，三角形 △ABC の外接円と同じ大きさをもつ．

図 7-問題 7

問題 8 鋭角三角形 △ABC の各頂点 A, B, C から対辺に下ろした垂線の足 P, Q, R からつくられる三角形 △PQR を △ABC の垂足三角形という．△ABC の垂心 H は垂足三角形 △PQR の内心となり，△ABC の各頂点 A, B, C は垂足三角形 △PQR の傍心と一致する．

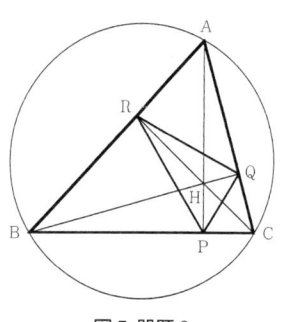

図 7-問題 8

問題 9（ブラーマグプタの定理） 円に内接する四角形 □ABCD の 2 つの対角線が直交するとき，2 つの対角線の交点 P から 1 つの辺 AD に下ろした垂線 PQ の延長が対辺 BC と交わる点 R は辺 BC を二等分する：
$$\overline{RB} = \overline{RC}$$

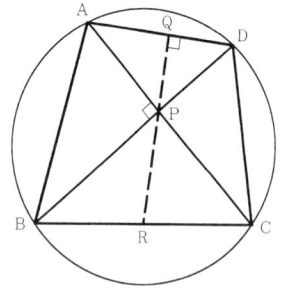

図 7-問題 9

第 7 章 回転と複素数

160

問題 10（九点円にかんするフォイエルバッハの定理） 三角形 △ABC の各辺 BC, CA, AB の中点 L, M, N，各頂点 A, B, C から対辺に下ろした垂線の足 D, E, F，各頂点 A, B, C と垂心 H をむすぶ線分の中点 P, Q, R の 9 つの点は 1 つの円の上にある．また，三角形 △ABC の九点円の中心 V は，外心 O と垂心 H をむすぶ線分の中点にあって，その半径は △ABC の外接円の半径の $\frac{1}{2}$ に等しい．

図 7-問題 10

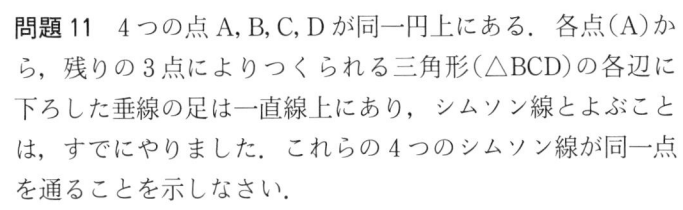

問題 11 4 つの点 A, B, C, D が同一円上にある．各点（A）から，残りの 3 点によりつくられる三角形（△BCD）の各辺に下ろした垂線の足は一直線上にあり，シムソン線とよぶことは，すでにやりました．これらの 4 つのシムソン線が同一点を通ることを示しなさい．

問題 12 三角形 △ABC の各頂点 A, B, C から対辺 BC, CA, AB に下ろした垂線の足をそれぞれ D, E, F とし，垂心を H とすれば，
$$\overline{AH} \times \overline{DH} = \overline{BH} \times \overline{EH} = \overline{CH} \times \overline{FH}$$

問題 13 点 O で交わる 2 つの直線 OX, OY によってつくられる角 ∠XOY のなかにあって，OX, OY に下ろした垂線の長さの和が一定（k）となる点 P の軌跡を求めよ．

問題 14 定線分 AB を 1 辺とする三角形 △PAB について，B から辺 PA に下ろした垂線 BH の長さが辺 PA の長さに等しくなる（$\overline{PA} = \overline{BH}$）．このような点 P の軌跡を求めよ．

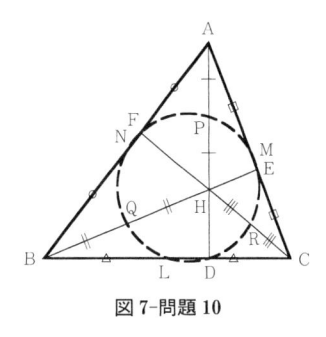

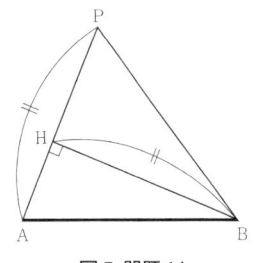

図 7-問題 14

問題 15 円 O とその外に点 A が与えられている．A を 1 つの頂点とし，もう 1 つの頂点 P が円 O 上にあるような正三角形 △APQ の第 3 の頂点 Q の軌跡を求めよ（Q は AP にかんしていつも同じ側にとる）．

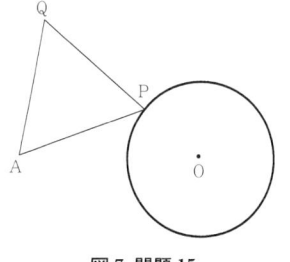

図 7-問題 15

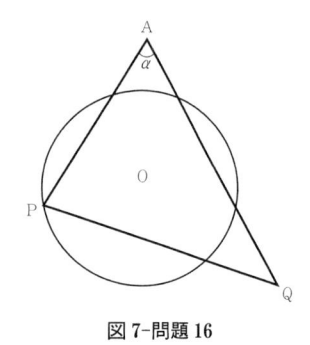

問題 16 三角形 △APQ の頂点 A が定位置にあり，角 ∠A の大きさが一定(α)で，頂点 P がある円 O の円周上を動き，つぎの条件をみたすとき，頂点 Q の軌跡を求めよ．ただし，頂点 A は円 O の外にあるとする．

$$\overline{AP} \times \overline{AQ} = k \, (一定)$$

図 7-問題 16

第8章
空間幾何

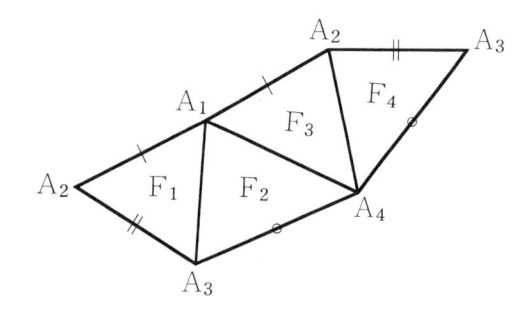

多面体にかんするオイラーの定理

多面体の面の数 f, 稜の数 e, 頂点の数 v の間には, オイラーの関係式が成立する.

$$f - e + v = 2$$

f は面の英語 Face, e は稜(辺)の英語 Edge, v は頂点の英語 Vertex の頭文字からとったものです. $f - e + v$ を多面体のオイラー数とよびます. 上の公式は, 3次元空間のなかの多面体のオイラー数はつねに 2 となることを意味するわけです.

四面体については, $f=4$, $e=6$, $v=4$
$\Rightarrow$ $f - e + v = 4 - 6 + 4 = 2$
六面体については, $f=6$, $e=12$, $v=8$
$\Rightarrow$ $f - e + v = 6 - 12 + 8 = 2$

証明 各面が三角形である場合を考えればよい. (いろいろな多角形がまじっていても, 以下の証明方法はほとんど同じです. 自分で考えてみてください.) 多面体 $F_1 F_2 \cdots F_f$ の展開図を考えて, 各面 $F_1, \cdots, F_f$ を一度ばらばらにして, ふたたび順々につなぎ合わせることを考えます. F_1 だけのときには, $e - v = 0$. つぎに, F_2 をつぎ足すと, 稜の数 e は 2 つふえ, 頂点の数 v は 1 つふえるから, $e - v = 1$. このようにして, F_{f-1} までをつぎ足すとき, $e - v = f - 2$. 最後の F_f をつぎ足すときには, 多面体を閉じるだけであるから, v, e はそのまま, $e - v = f - 2 \Rightarrow f - e + v = 2$. Q. E. D.

1

空間のなかの図形

　　　　　　　　　第2巻『図形を考える―幾何』，第3巻『代数で幾何を解く―解析幾何』で取り扱ってきたのは平面上の図形でした．この章では3次元の空間のなかの立体を取り上げて，その性質をしらべたいと思います．このような幾何を空間幾何あるいは立体幾何といいますが，ここでは，ほんの一部についてしかお話しできません．

3次元の空間のなかの直線と平面

　　　　　　　　　一般に，3次元空間のなかの点は A, B, C, P, Q などの文字であらわし，直線は l, m, n などの文字であらわし，平面は α, β, γ などであらわします．点をあらわすのに P，直線をあらわすのに l という文字を使うことがよくありますが，それは，点，直線の英語がそれぞれ Point, Line だからです．平面の英語は Plane です．鉋（かんな）も英語では Plane です．平面幾何は Plane Geometry といい，立体幾何は Solid Geometry といいます．

　　　　　　　　ある点 P が直線 l 上にあることを P$\in l$，P が平面 α 上にあることを P$\in \alpha$ とあらわします．$\in$ という記号は英語の e に対応するギリシア語の ε（イプシロン）からとったものです．P$\in l$ は，点 P が直線 l という集合の要素（Element）であることを意味するわけです．

　　　　　　　　2つの平面 α, β が共通部分をもつとき，その共通部分は直線となります．このことを，$l = \alpha \cap \beta$ とあらわします．$\cap$ という記号は，2つの集合のどちらにも属している点の集合をあらわす記号です．$\cap$ とならんでよく使われる記号が $\cup$ です．$\cup$ は2つの集合のどちらかに属している点の集合をあらわす記号です．

　　　　　　　　3次元空間のなかの任意の2つの平面 α, β が共通部分をもたないとき，平面 α, β は平行となります．平面幾何の場合

と同じように，$\alpha \parallel \beta$ とあらわします．2 平面 α, β が共通部分をもたないことを，$\alpha \cap \beta = \emptyset$ とあらわします．ここで，$\emptyset$ は，空集合（要素が存在しないような集合）を意味する記号として使われることがよくあります．

2 点 A, B をふくむ平面 α はかならず，2 点 A, B を通る直線をふくみます．このことを記号であらわすと，つぎのようになります．[2 点 A, B を通る直線 l を $l = A \cup B$ という記号であらわすことにします．$A \cup B$ という記号はふつう，2 つの点 A, B からなる集合 {A, B} を意味しますが，注意すれば混乱はおきないと思います．点 A が集合 α の 1 点であるとき，$A \in \alpha$，あるいは $\alpha \ni A$ と記し，集合 β が集合 α の一部分であるとき，$\beta \subset \alpha$，あるいは $\alpha \supset \beta$ と記します．]

$$\alpha \ni A, \ \alpha \ni B \ \Rightarrow \ \alpha \supset A \cup B$$

空間幾何の公理

3 次元空間のなかの平面，直線，点の間に存在する重要な性質，関係を公理としてまとめておきましょう．公理は，英語の Axiom の訳であり，自明のことで，きわめて大事な性質なのに，厳密には証明できない性質，関係を指します．

公理 1 2 点を通る直線はただ 1 つあって，1 つにかぎる．

公理 2 2 点を通る直線は，その 2 点を通る平面にふくまれる．

公理 3 一直線上にない 3 点をふくむ平面はただ 1 つあって，1 つにかぎる．

[一直線上にない 3 点 A, B, C をふくむ平面 α を $\alpha = A \cup B \cup C$ という記号であらわすことにします．]

公理 4 ことなる 2 平面が共通点をもつとき，その共通集合は 1 つの直線である．

[2 つの平面 α, β について，$\alpha \cap \beta \neq \emptyset \Rightarrow \alpha \cap \beta = l$ は直線となる．]

公理 5 平面は空間を 2 つの部分に分け，(i) 反対側の 2 点をむすぶ線分は，その平面と共通点をもち，(ii) 同じ側の 2 点をむすぶ線分は，その平面と共通点をもたない．

2つの直線の間の関係

2つの直線 l, m の間の関係は，つぎのいずれかです．
（ⅰ） 1点で交わる
（ⅱ） 平行となる
（ⅲ） ねじれの関係にある

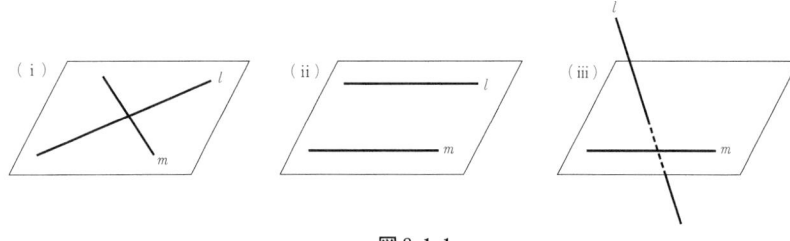

図 8-1-1

同じ平面上にある2つの直線 l, m が交わらないとき，この2つの直線は平行であるといって，$l \parallel m$ という記号を使ってあらわします．直線 m 上の任意の点をBとおけば，$\alpha = l \cup m = l \cup B$. ねじれの関係にあるのは，$l \cup m = \alpha$ となる平面は存在せず，しかも $l \cap m = \emptyset$ のときです．

平面を決める

空間において1つの平面を決めるための条件には，つぎの4通りがあります．
（ⅰ） 一直線上にない3点 A, B, C をふくむ平面 $\alpha = A \cup B \cup C$（公理3）
（ⅱ） 1直線 l とその上にない1点 A をふくむ平面 $\alpha = l \cup A$
（ⅲ） 相交わる2直線 l, m をふくむ平面 $\alpha = l \cup m$
（ⅳ） 平行な2直線 l, m をふくむ平面 $\alpha = l \cup m$

図 8-1-2

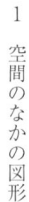

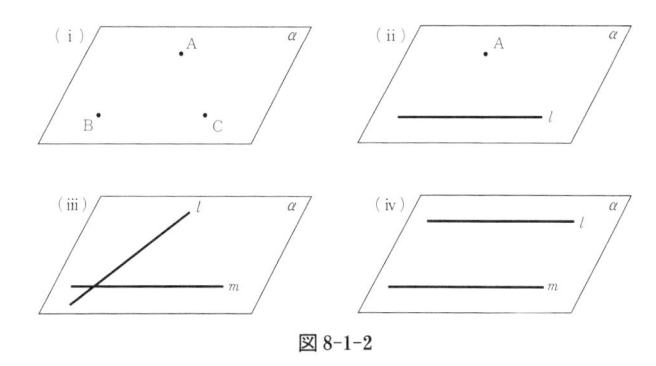

　1直線 l とその外にある点 A をふくむ平面 α はかならず存在し，一意的に決まります．記号で，$\alpha = l \cup A$ とあらわすことにします．同一直線上にない 3 つの点 A, B, C からつくられる平面 $\alpha = A \cup B \cup C$ は，2 点 A, B からつくられる直線 A $\cup$ B とその外にある点 C からつくられる平面としてあらわすことができます．一般に

$$A \cup B \cup C = (A \cup B) \cup C = (A \cup C) \cup B = (B \cup C) \cup A$$

直線と平面との間の関係

　空間における直線 l と平面 α の関係は，つぎの 3 つのいずれかになります．
（i）　直線 l が平面 α にふくまれる $[l \subset \alpha]$
（ii）　直線 l と平面 α は 1 点 P で交わる $[l \cap \alpha = P]$
（iii）　直線 l と平面 α が平行である $[l \parallel \alpha]$

図 8-1-3

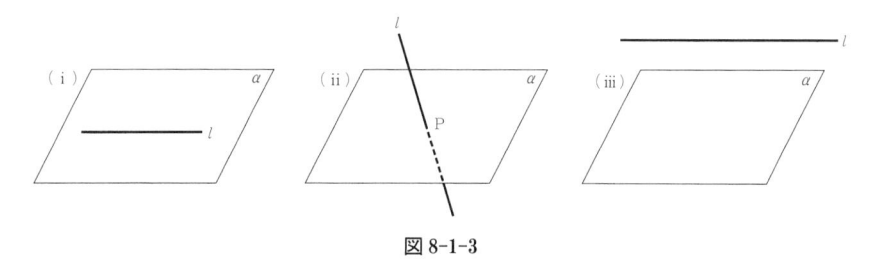

　2 つの直線 l, m が 1 点 A で交わるか，あるい平行であるとき，この 2 つの直線 l, m からつくられる平面 α はかならず存在し，一意的に決まります．A 以外の直線 m 上の点を B とおけば，$\alpha = l \cup B$．

1　空間のなかの図形

167

3つの平面の間の関係

3つの平面 α, β, γ の間の関係は，つぎのいずれかです．

（ⅰ）3つの平面が平行である
$$\alpha \parallel \beta \parallel \gamma$$

（ⅱ）2つの平面が平行で，のこりの1平面と交わる
$$\alpha \parallel \beta, \quad \alpha \cap \gamma \neq \emptyset, \quad \beta \cap \gamma \neq \emptyset$$

（ⅲ）3組の2平面がそれぞれ1直線で交わり，この3直線がすべて平行となる
$$\beta \cap \gamma = l, \quad \gamma \cap \alpha = m, \quad \alpha \cap \beta = n, \quad l \parallel m \parallel n$$

（ⅳ）3つの平面が1直線で交わる
$$\alpha \cap \beta \cap \gamma = l$$

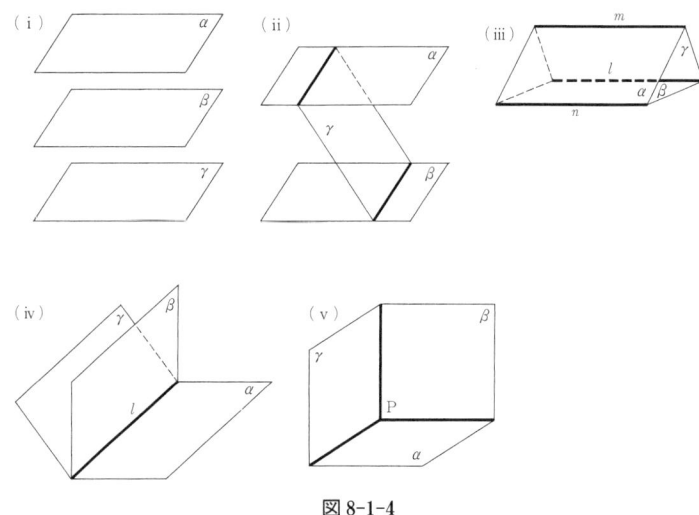

（ⅴ）3つの平面が1点で交わる
$$\alpha \cap \beta \cap \gamma = \mathrm{P}$$

図 8-1-4

2つの直線あるいは平面の間の角

ある点 O で交わる2つの直線 l, m を含む平面 $\alpha = l \cup m$ はかならず存在し，一意的に決まります．この2つの直線 l, m の間の角 $\angle lm$ は，平面 $\alpha = l \cup m$ 上での直線 l, m の間の角 $\angle lOm$ として定義します．直線 l, m が直交するのは，$\angle lm = 90°$ のときで，$l \perp m$ と記します．また2つの直線 l, m が

同一平面上にあって，交点をもたないとき，直線 l, m は平行となります：$l \parallel m$.

 2つの直線 l, m が交点をもたず，しかも平行とならないとき，直線 l, m はねじれの関係にあるといいます．ねじれの関係にある場合にも，2つの直線 l, m の間の角を定義することができます．すなわち，任意の点 O を通り l, m に平行な直線をそれぞれ l', m' とすると，l', m' は同一平面上にあり，l', m' のなす角 $\angle l'Om'$ は点 O のとり方によらず一定になります．この角 $\angle l'Om'$ を2つの直線の間の角として定義するのです．$\angle l'Om' = 90°$ のとき，l と m は垂直であるといい，$l \perp m$ と記します．

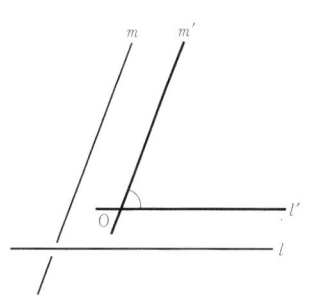

 直線 l が平面 α に垂直であるというのは，直線 l が平面 α 上のすべての直線に垂直となっているときと定義します．$l \perp \alpha$ と記します．

 2つの平面 α, β が交わるとき，その共通部分 $l = \alpha \cap \beta$ は直線となります．この2つの平面 α, β の間の角というのは，各平面 α, β 上における直線 $l = \alpha \cap \beta$ に垂直な2つの直線の間の角として定義します．

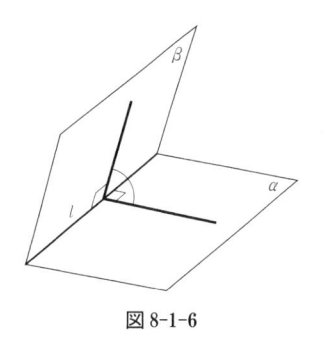

図 8-1-5

図 8-1-6

命題1 空間のなかで，1直線 l とその上にない1点 A がある．A を通って，直線 l に平行な直線はかならず存在し，一意的に決まる．

$$A \notin l \Rightarrow \exists_1 \{m : m \ni A, \ m \parallel l\}$$

［$A \notin l$ は点 A が直線 l 上にないことをあらわしています．$\exists$ は「存在する」をあらわす記号です．存在の英語の Existence の頭文字 E をとってひっくりかえしたものです．$\exists_1$ は「一意的に存在する」を意味します．］

証明 A と直線 l をふくむ平面 $\alpha = l \cup A$ 上で考えればよい．

Q. E. D.

命題2 空間のなかで，1平面 α とその上にない1点 A がある．A を通って，平面 α に平行な平面はかならず存在し，一意的に決まる．

証明 平面 α 上に平行でない2つの直線 m, n をとります．A を通って，直線 m, n に平行な直線 m', n' はかならず存在し，一意的に決まります．この2つの直線 m', n' からつくられる平面 $m' \cup n'$ は平面 α と共通点をもたず，したがって平

行となります．

Q. E. D.

命題 3　直線 l が平面 α 上にある直線 m に平行のとき，直線 l は平面 α にふくまれるか，あるいは平面 α に平行となる：
$l \parallel m,\ m \subset \alpha \Rightarrow l \subset \alpha$ あるいは $l \parallel \alpha$．

証明　直線 l が平面 α にふくまれず，平面 α に平行でもないとすると，共通の点 $B = \alpha \cap l$ をもつ．B を通り直線 m に平行な直線は平面 α のなかで一意的に決まってくるから，B を通り直線 m に平行な直線が 2 つあることになって，矛盾する．

Q. E. D.

練習問題　直線 l が平面 α に平行のとき，直線 l をふくむ任意の平面 β と平面 α の交線 m は直線 l に平行となる：$l \parallel \alpha$, $\beta \supset l,\ m = \alpha \cap \beta \Rightarrow m \parallel l$．

垂直な直線，平面

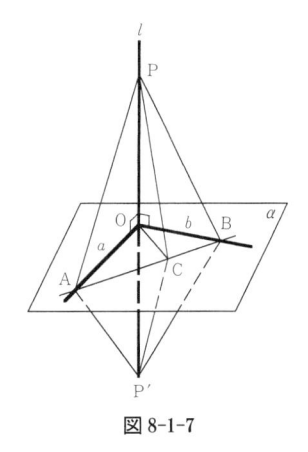

図 8-1-7

命題 4　直線 l が平面 α 上の平行でない 2 つの直線 a, b に垂直になっていれば，直線 l は平面 α 上のすべての直線に垂直となる：

$$l \perp a,\ l \perp b,\ a, b \subset \alpha,\ \text{not}\ a \parallel b\ \Rightarrow\ l \perp \alpha$$

証明　直線 a, b が直線 l と平面 α の交点 $O = l \cap \alpha$ を通ると仮定してもよい．直線 a, b 上にそれぞれ点 A, B をとり，直線 AB 上の任意の点 C に対して，直線 l が OC と直交することを示せばよい．直線 l 上に点 O にかんして対称な 2 つの点 P, P′ をとれば（$\overline{OP} = \overline{OP'}$），2 つの三角形 △PAB, △P′AB について

$$\overline{PA} = \overline{P'A},\ \overline{PB} = \overline{P'B}\ \Rightarrow\ \triangle PAB \equiv \triangle P'AB$$

ゆえに

$$\angle PAB = \angle P'AB\ \Rightarrow\ \angle PAC = \angle P'AC$$

2 つの三角形 △PAC, △P′AC について，AC は共通，$\overline{PA} = \overline{P'A}$, $\angle PAC = \angle P'AC$．ゆえに，$\triangle PAC \equiv \triangle P'AC \Rightarrow \overline{PC} = \overline{P'C} \Rightarrow \triangle POC \equiv \triangle P'OC \Rightarrow \angle POC = \angle P'OC = 90°$．　Q. E. D.

命題 5　1 直線 l 上の点 P において直線 l と直交する直線はすべて同一平面上にある．

証明　P において直線 l と直交する 2 つの直線 a, b からつく

られる平面を α とし，P において直線 l と直交する任意の直線 c を考えます．
$$a \perp l, \quad b \perp l, \quad \alpha = a \cup b, \quad c \perp l$$
直線 l と直線 c からつくられる平面を $\beta = c \cup l$ とし，2 つの平面 α, β の交線を $c' = \alpha \cap \beta$ とすれば，$l \perp \alpha$ だから，$l \perp c'$. 一方，$l \perp c$ で，l, c, c' は同じ平面 β 上にあり，c, c' はともに P を通るから，$c = c' \Rightarrow c \subset \alpha$.　　　　　Q. E. D.

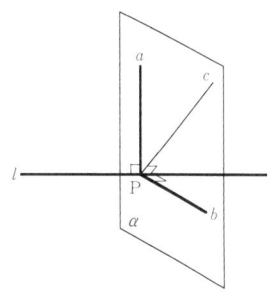

命題 6　1 つの平面 α が相交わる 2 つの平面 β, γ のそれぞれと垂直であれば，平面 α は平面 β, γ の交線 $l = \beta \cap \gamma$ と垂直となる．
$$\alpha \perp \beta, \ \alpha \perp \gamma, \ l = \beta \cap \gamma \ \Rightarrow \ \alpha \perp l$$

証明　3 つの平面 α, β, γ の交点 $P = \alpha \cap \beta \cap \gamma$ において平面 α に垂直な直線 l' は，平面 α に垂直な平面にふくまれるから，$l' \subset \beta, \ l' \subset \gamma \Rightarrow l' = \beta \cap \gamma = l$.　　　　　Q. E. D.

図 8-1-8

練習問題 1　平面 α に垂直な直線 l をふくむ任意の平面 β は，平面 α に垂直となる．
$$\alpha \perp l, \ l \subset \beta \ \Rightarrow \ \alpha \perp \beta$$

三垂線定理　点 A は平面 α の外にあり，直線 l は平面 α 上にある ($A \notin \alpha, \ l \subset \alpha$). A から直線 l に下ろした垂線の足を B とし，B において直線 l にたてた平面 α 上の垂線に A から下ろした垂線 AC は平面 α に垂直となる．
$$AB \perp l \ (B \in l), \ CB \perp l \ (C \in \alpha), \ AC \perp CB \ \Rightarrow \ AC \perp \alpha$$

証明　$AB \perp l, \ CB \perp l \Rightarrow AB \cup CB \perp l \Rightarrow AC \perp l$. 仮定によって，$AC \perp CB$ だから，$AC \perp l \cup CB \Rightarrow AC \perp \alpha$.　　　　　Q. E. D.

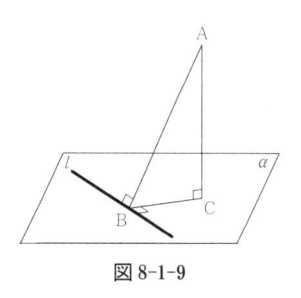

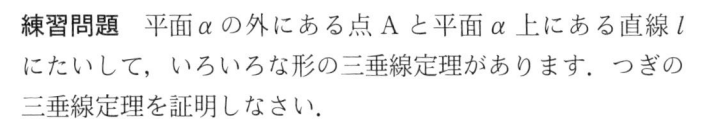

図 8-1-9

練習問題　平面 α の外にある点 A と平面 α 上にある直線 l にたいして，いろいろな形の三垂線定理があります．つぎの三垂線定理を証明しなさい．

(1) A から平面 α に下ろした垂線の足を C とし，C から直線 l に下ろした垂線の足を B とすれば，AB は直線 l に垂直となる：$AC \perp \alpha \ (C \in \alpha), \ CB \perp l \ (B \in l) \Rightarrow AB \perp l$.

(2) A から平面 α に下ろした垂線の足を C とし，A から直線 l に下ろした垂線の足を B とすれば，CB は直線 l に垂直となる：$AC \perp \alpha \ (C \in \alpha), \ AB \perp l \ (B \in l) \Rightarrow CB \perp l$.

3次元空間における距離

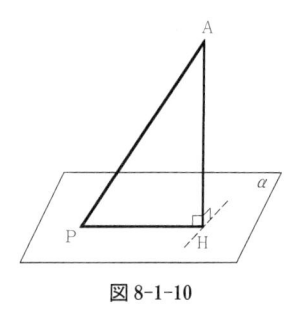

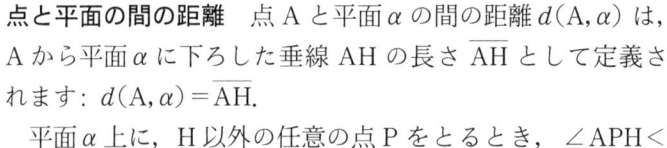

点と平面の間の距離 点 A と平面 α の間の距離 $d(\mathrm{A}, \alpha)$ は，A から平面 α に下ろした垂線 AH の長さ $\overline{\mathrm{AH}}$ として定義されます：$d(\mathrm{A}, \alpha) = \overline{\mathrm{AH}}$.

平面 α 上に，H 以外の任意の点 P をとるとき，$\angle \mathrm{APH} < \angle \mathrm{AHP} = 90° \Rightarrow \overline{\mathrm{AP}} > \overline{\mathrm{AH}}$. 点 A と平面 α の間の距離 $d(\mathrm{A}, \alpha)$ は，A と平面 α 上の任意の点との間の距離の最小となるわけです．

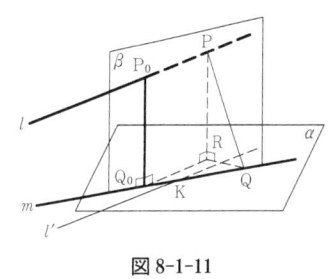

図 8-1-10

2 直線の間の距離 2つの直線 l, m の間の距離 $d(l, m)$ は，直線 l, m のそれぞれの上の点 P, Q の間の距離 $d(\mathrm{P}, \mathrm{Q})$ の最小として定義されます．

$$d(l, m) = \min\{d(\mathrm{P}, \mathrm{Q}) : \mathrm{P} \in l, \ \mathrm{Q} \in m\}$$

l, m が 1 点で交わる場合に $d(l, m) = 0$ であることは明らかです．また，l, m が平行となる場合は l 上の任意の点 P から m に下ろした垂線の長さが $d(l, m)$ です．

2つの直線 l, m がねじれの関係にある場合を考えます．2つの直線 l, m の間の距離 $d(l, m)$ は，幾何的には，つぎのようにして得られます．直線 m 上の任意の点 K を通り，直線 l に平行な直線を l' とする：$\mathrm{K} \in m, \ l' \ni \mathrm{K}, \ l' \parallel l$. 直線 l', m をふくむ平面を α とし，直線 m をふくみ平面 α に垂直な平面を β とする．

$$\alpha = l' \cup m, \quad \beta \supset m, \quad \beta \perp \alpha$$

図 8-1-11

直線 l と平面 β の交点を P_0 とし，P_0 から平面 α に下ろした垂線の足を Q_0 とすれば，$\mathrm{P}_0 \mathrm{Q}_0$ は平面 α 上のすべての直線と垂直となるから，$\mathrm{P}_0 \mathrm{Q}_0 \perp l, \ \mathrm{P}_0 \mathrm{Q}_0 \perp m$ となる．

直線 l, m 上に，それぞれ $\mathrm{P} \neq \mathrm{P}_0, \ \mathrm{Q} \neq \mathrm{Q}_0$ となるような 2 つの点 P, Q をとる．P から平面 α に下ろした垂線の足を R とすれば，$\square \mathrm{P}_0 \mathrm{Q}_0 \mathrm{RP}$ は長方形となり，$\overline{\mathrm{P}_0 \mathrm{Q}_0} = \overline{\mathrm{PR}}$. $\triangle \mathrm{PRQ}$ は直角三角形となるから，$\overline{\mathrm{PQ}} > \overline{\mathrm{PR}} = \overline{\mathrm{P}_0 \mathrm{Q}_0}$. したがって

$$\overline{\mathrm{P}_0 \mathrm{Q}_0} = \min\{d(\mathrm{P}, \mathrm{Q}) : \mathrm{P} \in l, \ \mathrm{Q} \in m\} = d(l, m)$$

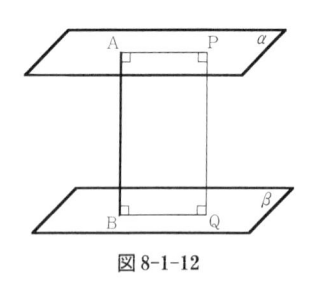

2 平面の間の距離 2 つの平面 α, β の間の距離 $d(\alpha, \beta)$ は，2 つの平面 α, β のそれぞれの上にある 2 点 P, Q の間の距離 $d(\mathrm{P}, \mathrm{Q})$ の最小として定義されます．

図 8-1-12

$$d(\alpha, \beta) = \min\{d(\mathrm{P}, \mathrm{Q}) : \mathrm{P} \in \alpha, \ \mathrm{Q} \in \beta\}$$

2平面が共通点をもつ場合は $d(\alpha,\beta)=0$ です．α と β が共通点をもたない場合，すなわち平行の場合を考えます．平面 α 上の任意の1点 A において，平面 α にたてた垂線が平面 β と交わる点を B とすれば，線分 A, B の長さ $\overline{\text{AB}}$ は一定となり
$$d(\alpha,\beta) = \overline{\text{AB}}$$
同じような線分 PQ をとれば，□ABQP は長方形となり，$\overline{\text{AB}}=\overline{\text{PQ}}$．また，平面 α,β 上の任意の点 R, S に対して，$\overline{\text{AB}} \leq \overline{\text{RS}} \Rightarrow \overline{\text{AB}} = d(\alpha,\beta)$．

170ページの練習問題の答え
直線 m が直線 l に平行でないとすると，その交点 $\text{P}=l \cap m$ は平面 α 上にあるから，直線 l と平面 α が交わることになって矛盾する．

171ページの練習問題(上)の答え
$m=\alpha \cap \beta$, $\text{P}=l \cap m$ とおく．$n \ni \text{P}$, $n \subset \alpha$, $n \perp m$ となるような直線 n をとれば，$l \perp \alpha$ だから，$l \perp n \Rightarrow \alpha \perp \beta$．

171ページの練習問題(下)の答え
(1) $\text{AC} \perp \alpha$, $\text{CB} \perp l \Rightarrow \text{AC} \cup \text{CB} \perp l \Rightarrow \text{AB} \perp l$.
(2) $\text{AC} \perp \alpha$, $\text{AB} \perp l \Rightarrow \text{AC} \cup \text{AB} \perp l \Rightarrow \text{CB} \perp l$.

第8章 第1節 空間のなかの図形 問題

問題1 2つの平行な平面 α, β が第3の平面 γ と交わるとき，その交線 $l = \alpha \cap \gamma$, $m = \beta \cap \gamma$ は平行となる．

問題2 平面 α とそれに垂直な直線 l がある．他の直線 m が直線 l と平行となるための必要，十分条件は，直線 m と平面 α が直交することである：$l \perp \alpha$ のとき
$$m \parallel l \quad \Leftrightarrow \quad m \perp \alpha$$

問題3 平面 α とそれに垂直な直線 l がある．他の平面 β が平面 α と平行となるための必要，十分条件は，平面 β と直線 l が直交することである：$l \perp \alpha$ のとき
$$\beta \parallel \alpha \quad \Leftrightarrow \quad \beta \perp l$$

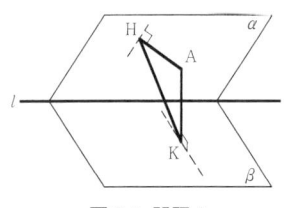

問題4 直線 l で交わる2つの平面 α, β とそのどちらの平面上にもない点 A がある．A から平面 α, β に下ろした垂線の足 H, K をむすぶ線分 HK は直線 l に垂直となる．
$$l = \alpha \cap \beta, \quad \text{AH} \perp \alpha, \quad \text{AK} \perp \beta \quad \Rightarrow \quad \text{HK} \perp l$$

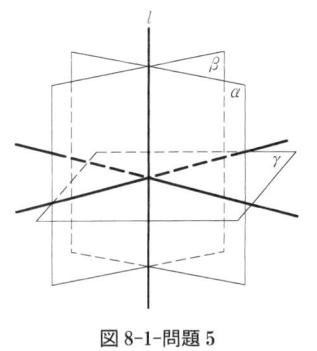

図 8-1-問題 4

問題5 直線 l で交わる2つの平面 α, β のどちらもが第3の平面 γ と垂直であるとき，平面 α, β の交線 l もまた平面 γ と垂直となる．

問題6 3つの平面 α, β, γ が2つずつ垂直に交わるとき，それらの交線もまた2つずつ垂直に交わる．すなわち，$l = \alpha \cap \beta$, $m = \beta \cap \gamma$, $n = \gamma \cap \alpha$ とおけば
$$\alpha \perp \beta, \quad \beta \perp \gamma, \quad \gamma \perp \alpha \quad \Rightarrow \quad l \perp m, \quad m \perp n, \quad n \perp l$$

図 8-1-問題 5

問題 7 平面 α 上にある三角形 $\triangle$ABC の垂心 H において，平面 α にたてた垂線上に任意に点 P をとれば，PA と BC は直交する．

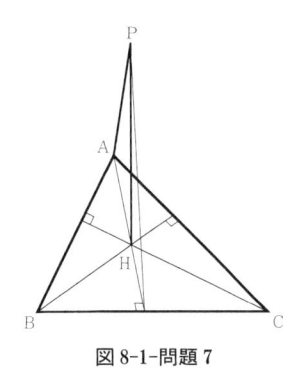

図 8-1-問題 7

問題 8 平面 α 上にある三角形 $\triangle$ABC の垂心 H において，平面 α にたてた垂線上に点 P をとったとき，PA と PB が直交すれば，PA と PC も直交する．［$\triangle$ABC$\subset\alpha$，AH$\perp$BC，BH$\perp$CA，CH$\perp$AB のとき，PH$\perp\alpha$，PA$\perp$PB ならば，PA$\perp$PC．］

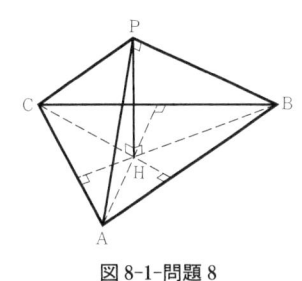

図 8-1-問題 8

問題 9 平面 α 上に 1 点 O と 1 直線 l がある．O において平面 α にたてた垂線 OH 上に任意にとった点 P から直線 l に下ろした垂線の足 Q は定点となる．

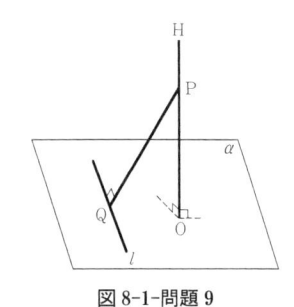

図 8-1-問題 9

問題 10 正六面体 ABCD-A′B′C′D′ について，つぎの性質を証明しなさい．
(1) AC と B′D′ は垂直となる：
$$AC \perp B'D'$$
(2) 対角線 A′C は BC′, C′D, D′A に垂直となる：
$$A'C \perp BC', \quad A'C \perp C'D, \quad A'C \perp D'A$$

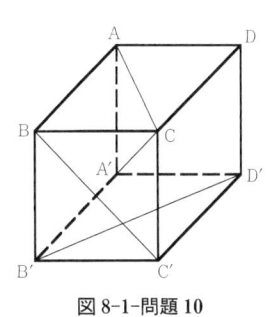

図 8-1-問題 10

問題 11 同一平面上にない 4 つの点をむすんで得られる「ねじれ四辺形」□ABCD の各辺の中点を P, Q, R, S とするとき，四辺形 □PQRS は平行四辺形となる．

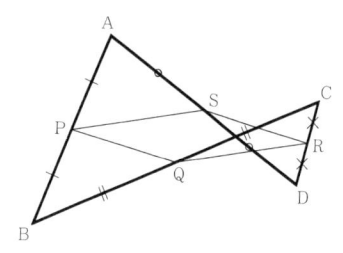

図 8-1-問題 11

問題 12 2 つのことなる平面上にそれぞれ三角形 △ABC, △A′B′C′ がある．相対する 3 組の辺 BC, B′C′; CA, C′A′; AB, A′B′ がそれぞれ 1 点 P, Q, R で交わるとき，3 つの点 P, Q, R は一直線上にある．

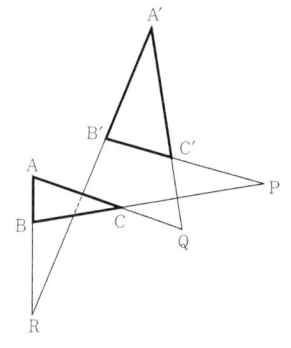

図 8-1-問題 12

2

多面体を考える

多 面 体

　三次元空間のなかで，いくつもの平面によってかこまれた図形を多面体といいます．多面体の各面は多角形となりますが，すべての面が正多角形のとき，正多面体といいます．とくに，4つの平面でかこまれた図形を四面体または三角錐といいます．四面体の各面は三角形です．各面の三角形が正三角形のときには，正四面体といいます．四面体の各頂点には，3つの平面角があつまっています．

命題1 四面体の各頂点について，2つの平面角の和は第3の平面角より大きい．

証明 四面体 P-ABC の頂点 P について，つぎの不等式を証明したい．

$$\angle APB + \angle BPC > \angle APC$$

$\angle APB \geqq \angle APC$ が成り立つときは，つねに上の不等式が成り立つので，$\angle APB < \angle APC$ のときを考えます．稜 AC 上に，$\angle APQ = \angle APB$ となるような点 Q をとります．頂点 P の面角を問題にしているから，$\overline{PB} = \overline{PQ}$ であると仮定しても一般性を失いません．

　2つの三角形 △APQ, △APB について

$$PA は共通, \ \angle APQ = \angle APB, \ \overline{PQ} = \overline{PB}$$
$$\Rightarrow \ \triangle APQ \equiv \triangle APB \ \Rightarrow \ \overline{AQ} = \overline{AB}$$

したがって，$\overline{QC} = \overline{AC} - \overline{AQ} < (\overline{AB} + \overline{BC}) - \overline{AB} = \overline{BC}.$

　2つの三角形 △PQC, △PBC について

$$PC は共通, \ \overline{PQ} = \overline{PB}, \ \overline{QC} < \overline{BC} \ \Rightarrow \ \angle QPC < \angle BPC$$
$$\angle APC = \angle APQ + \angle QPC < \angle APB + \angle BPC \quad \text{Q. E. D.}$$

命題2 多面体の各頂点の平面角の和は 2π より小さい．

証明 多面体 P-$A_1 A_2 \cdots A_{n-1} A_n$ の頂点 P について，つぎの不等式を証明したい．

$$\angle A_1 P A_2 + \cdots + \angle A_{n-1} P A_n + \angle A_n P A_1 < 2\pi$$

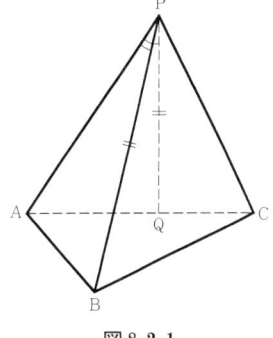

図 8-2-1

図 8-2-2

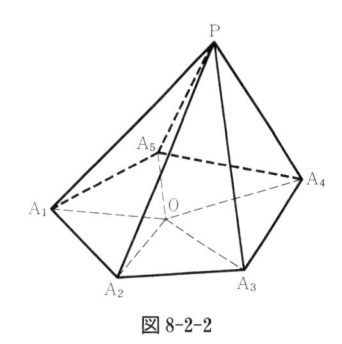

多角形 $A_1A_2\cdots A_nA_1$ のなかに任意に点 O をとって，頂点 A_1 に対して，上の命題1を使えば，
$$\angle PA_1A_n + \angle PA_1A_2 > \angle A_nA_1A_2 = \angle OA_1A_n + \angle OA_1A_2$$
同じ関係が他の頂点についても成立するから，すべて足し合わせると
$$\angle PA_1A_n + \angle PA_1A_2 + \cdots + \angle PA_nA_{n-1} + \angle PA_nA_1$$
$$> \angle OA_1A_n + \angle OA_1A_2 + \cdots + \angle OA_nA_{n-1} + \angle OA_nA_1$$
ここで，三角形の内角の和は π であることに注意すると
$$\text{左辺} = n\pi - (\angle A_1PA_2 + \cdots + \angle A_nPA_1),$$
$$\text{右辺} = (n-2)\pi$$
したがって，$n\pi - (\angle A_1PA_2 + \cdots + \angle A_nPA_1) > (n-2)\pi$.
$$\angle A_1PA_2 + \cdots + \angle A_{n-1}PA_n + \angle A_nPA_1 < 2\pi \qquad \text{Q.E.D.}$$

正多面体

各面が正多角形となるような多面体を正多面体といいます．第 2 巻でお話ししたように，ギリシアの数学者は，5 つの正多面体があることを知っていました．正四面体，正六面体，正八面体，正十二面体，正二十面体です．じつは，正多面体は，この 5 つの正多面体にかぎられます．

証明 正多面体の各面が正 n 角形で，各頂点にあつまっている面の数を m とします．各頂点にあつまっている平面角の和は 2π より小さく，正 n 角形の各頂点の内角の大きさは $\left(1-\dfrac{2}{n}\right)\pi$ だから，$m\left(1-\dfrac{2}{n}\right)\pi < 2\pi \Rightarrow m(n-2) < 2n$.
$$(m-2)(n-2) < 4 \qquad (m, n > 2)$$
この条件をみたす m, n は，つぎの組み合わせにかぎられます．
$$(m-2, n-2) = (1, 1), (1, 2), (1, 3), (2, 1), (3, 1)$$
$$(m, n) = (3, 3), (3, 4), (3, 5), (4, 3), (5, 3)$$

$m=3$, $n=3$ のとき，正四面体
$m=3$, $n=4$ のとき，正六面体
$m=3$, $n=5$ のとき，正十二面体
$m=4$, $n=3$ のとき，正八面体
$m=5$, $n=3$ のとき，正二十面体 Q.E.D.

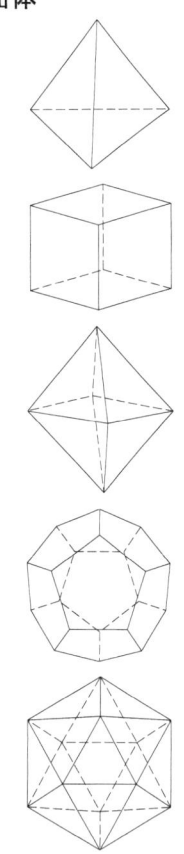

図 8-2-3

多面体，円柱，球の体積

　底面積 S，高さ h の角柱の体積は hS です．三角錐については，底面積 S，高さ h の三角錐の体積が $\frac{1}{3}hS$ となることは，図 8-2-4 から明らかでしょう．

　半径 r の円を底辺として，高さ h の円柱の体積は $\pi r^2 h$ となり，半径 r の円を底辺として，高さ h の円錐の体積は $\frac{1}{3}\pi r^2 h$ となります．後者は，ギリシアの数学者たちがデモクリトス－エウドクソスの定理とよんだ命題です．その証明は，第 3 巻(140 ページ)でお話ししました．

　また第 3 巻(139 ページ)で，直円柱にちょうど内接する球の体積が，直円柱の体積の $\frac{2}{3}$ になるという，有名なアルキメデスの定理を証明しました．半径 r の球がちょうど内接するような直円柱は，底面が半径 r の円，高さが $2r$ だから，その体積は $2\pi r^3$，したがって，半径 r の球の体積は $\frac{4}{3}\pi r^3$ となることがわかります．

　つぎの原理はよく使われます．証明なしで引用だけしておきます．

カバリエリの原理　2 つの平行な平面 α, β にはさまれた 2 つの立体 [A], [A′] について，平面 α, β に平行な任意の平面 γ で切ったそれぞれの立体の切り口の面積 S, S' の比がつねに一定 $m:n$ となるとき，[A], [A′] の体積の比は $m:n$ に等しい．

図 8-2-4

図 8-2-5

例題 1　上面，下面がそれぞれ半径 r_1, r_2 の円で，高さが h の円錐台の体積 V を求めよ．

解答　円錐台の側面を延長すれば，1 点 O で交わる．O を頂点として，円錐台の上面 A_1，下面 A_2 を底面とする円錐 O-A_1, O-A_2 の体積をそれぞれ V_1, V_2 とすれば

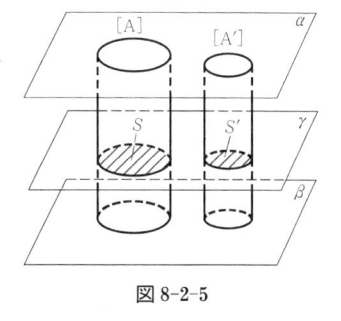

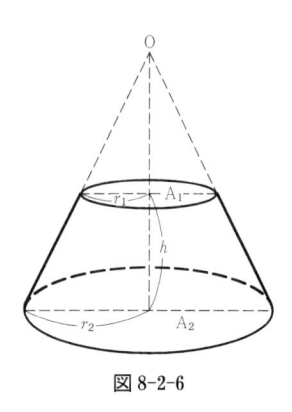

$$V_2 = V_1 + V, \quad \frac{V_2}{V_1} = \frac{r_2^3}{r_1^3} \quad \Rightarrow \quad V = \frac{r_2^3 - r_1^3}{r_1^3} V_1$$

円錐 O-A$_1$ は，底面が半径 r_1 の円，高さが $\dfrac{r_1}{r_2 - r_1} h$ の円錐となるから

$$V_1 = \frac{\pi}{3} \frac{r_1^3}{r_2 - r_1} h$$

したがって，

$$V = \frac{r_2^3 - r_1^3}{r_1^3} \frac{\pi}{3} \frac{r_1^3}{r_2 - r_1} h = \frac{\pi}{3} (r_1^2 + r_1 r_2 + r_2^2) h$$

練習問題 上底，下底の面積が S_1, S_2，高さが h の角錐台の体積を求めなさい．

命題3 半径 r の球の表面積は $4\pi r^2$ に等しい．

証明 半径 r の球の表面を n 個の多角形に分割し，それぞれの多角形 $\Sigma_1, \Sigma_2, \cdots, \Sigma_{n-1}, \Sigma_n$ を底面とし，球の中心を頂点とする多面体の体積を V_n とすれば

$$V_n = \frac{1}{3} r S_n \quad (S_n \text{ は多角形 } \Sigma_1, \Sigma_2, \cdots, \Sigma_{n-1}, \Sigma_n \text{ の面積の和})$$

ここで，各多角形 $\Sigma_1, \Sigma_2, \cdots, \Sigma_{n-1}, \Sigma_n$ をかこむ最小の円の半径を 0 に近づけながら，n をかぎりなく大きくすれば，V_n, S_n はそれぞれかぎりなく球の体積 V，表面積 S に近づきます．

$$\lim_{n \to \infty} V_n = V, \quad \lim_{n \to \infty} S_n = S$$

したがって，

$$V = \frac{1}{3} r S$$

ここで，$V = \dfrac{4}{3} \pi r^3$ を使えば，

$$S = 4\pi r^2$$

練習問題 底面が半径 r の円，高さが h の直円錐の表面積を求めなさい．

3

3次元のベクトルを考える

3次元のベクトル

空間のなかの図形の性質をしらべるためには，3次元のベクトルの考え方が必要となります．平面上の点をあらわすのには，直交する2つの直線 OX_1, OX_2 を (X_1, X_2) 軸として，(x_1, x_2) あるいは $\begin{pmatrix} x_1 \\ x_2 \end{pmatrix}$ のように2次元のベクトルを使います．一方，空間のなかの点をあらわすのには，直交する3つの直線 OX_1, OX_2, OX_3 を (X_1, X_2, X_3) 軸として，(x_1, x_2, x_3) あるいは $\begin{pmatrix} x_1 \\ x_2 \\ x_3 \end{pmatrix}$ のように3次元のベクトルを使います．2次元の場合，座標軸 (X_1, X_2) は，OX_1 から OX_2 への方向が正の方向，すなわち時計の針の動きと逆の方向になっているようにとりました．3次元の座標軸 (X_1, X_2, X_3) は，X_1 軸から X_2 軸の方向に右ネジを回すとき，その進む方向を X_3 軸にとります．

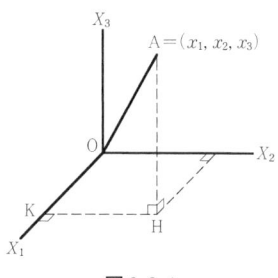

図 8-3-1

原点 O は，$(0, 0, 0)$，3つの座標軸上の単位点は，$(1, 0, 0)$, $(0, 1, 0)$, $(0, 0, 1)$ となります．ある点 $A = (x_1, x_2, x_3)$ から (X_1, X_2) 平面に下ろした垂線の足を H とし，H から X_1 軸に下ろした垂線の足を K とすれば

$$A = (x_1, x_2, x_3), \quad H = (x_1, x_2, 0), \quad K = (x_1, 0, 0)$$

このとき，△OKH は直角三角形になるから，ピタゴラスの定理によって

$$\overline{OH}^2 = \overline{OK}^2 + \overline{KH}^2 = x_1^2 + x_2^2$$
$$\overline{OA}^2 = \overline{OH}^2 + \overline{HA}^2 = x_1^2 + x_2^2 + x_3^2$$

ベクトル (x_1, x_2, x_3) の長さを $\|(x_1, x_2, x_3)\|$ であらわすと

$$\|(x_1, x_2, x_3)\| = \sqrt{x_1^2 + x_2^2 + x_3^2}$$

練習問題 つぎのベクトルの長さを計算しなさい．

$$(1,1,1), \quad (-1,-1,-1), \quad (2,1,2), \quad \left(\frac{1}{2}, \frac{1}{2}, \frac{\sqrt{3}}{2}\right),$$
$$\left(\frac{1}{2}, \frac{\sqrt{3}}{2}, 1\right), \quad \left(\frac{\sqrt{2}}{2}, \frac{\sqrt{2}}{2}, 1\right), \quad \left(\frac{\sqrt{2}}{2}, \frac{1}{2}, \frac{1}{2}\right)$$

ベクトルの長さを計算する公式を使って，2つの点の間の距離を求めることができます．2つの点 $A=(a_1, a_2, a_3)$, $B=(b_1, b_2, b_3)$ の間の距離を $\overline{AB}$ であらわすと
$$\overline{AB} = \|(b_1-a_1, b_2-a_2, b_3-a_3)\|$$
$$= \sqrt{(b_1-a_1)^2+(b_2-a_2)^2+(b_3-a_3)^2}$$

練習問題 つぎの2点 A, B 間の距離を計算しなさい．
(1)　$A=(-10, 5, 3), \quad B=(-9, 6, 2)$
(2)　$A=(5, 4, 7), \quad B=(3, 5, 9)$
(3)　$A=(1, 1, -1), \quad B=\left(\frac{3}{2}, \frac{3}{2}, -\frac{3}{2}\right)$
(4)　$A=(-\sqrt{2}, 0, 3), \quad B=(-3\sqrt{2}, 1, 5)$

ベクトルの内積

2次元の場合と同じように，3次元のベクトルの内積を考えることができます．2つのベクトル $a=(a_1, a_2, a_3)$, $b=(b_1, b_2, b_3)$ の内積 (a, b) は
$$(a, b) = a_1b_1+a_2b_2+a_3b_3$$
たとえば，$a=(3, 4, 2)$, $b=(6, -3, 5)$ のとき，$(a, b)=16$．

練習問題 つぎの2つのベクトルの内積を計算しなさい．
(1)　$(3, -4, 2), \quad (6, -3, -5)$
(2)　$(-3, -4, 2), \quad (6, -3, 1)$
(3)　$\left(\frac{1}{2}, -\frac{\sqrt{3}}{2}, \frac{1}{2}\right), \quad \left(\frac{1}{2}, -\frac{\sqrt{3}}{2}, -\frac{1}{2}\right)$
(4)　$\left(-\frac{1}{2}, -\frac{\sqrt{3}}{2}, 1\right), \quad \left(\frac{1}{2}, \frac{\sqrt{3}}{2}, 1\right)$

3次元のベクトルの内積 (a, b) についても，つぎの法則が成り立ちます．

180ページの練習問題(上)の答え
$\frac{1}{3}(S_1+\sqrt{S_1 S_2}+S_2)h$

180ページの練習問題(下)の答え
$\pi r\{r+\sqrt{r^2+h^2}\}$

$$(a,b) = (b,a), \quad (a, b+c) = (a,b) + (a,c),$$
$$(\lambda a, b) = (a, \lambda b) = \lambda(a,b)$$

また，2つのベクトルの間の角を θ とすれば
$$(a,b) = \|a\|\,\|b\|\cos\theta$$

証明 三角形 $\triangle Oab$ について，第2余弦定理を適用すれば
$$\cos\theta = \frac{(a,a)+(b,b)-(a-b,a-b)}{2\|a\|\,\|b\|} = \frac{(a,b)}{\|a\|\,\|b\|}$$
Q. E. D.

例題1(本章第1節の問題10と同じ問題) 正六面体 ABCD-A′B′C′D′ について
(1) AC⊥B′D′ (2) A′C⊥BC′, A′C⊥C′D, A′C⊥D′A

証明 $\overrightarrow{AA'}=1$ とし，A′ を原点，A′B′，A′D′，A′A を3次元の座標軸にとります．

(1) $\overrightarrow{AC} = \overrightarrow{A'C} - \overrightarrow{A'A} = (1,1,1) - (0,0,1) = (1,1,0)$
$\overrightarrow{B'D'} = \overrightarrow{A'D'} - \overrightarrow{A'B'} = (0,1,0) - (1,0,0) = (-1,1,0)$
$(\overrightarrow{AC}, \overrightarrow{B'D'}) = ((1,1,0), (-1,1,0)) = -1+1+0 = 0$

(2) $\overrightarrow{A'C} = (1,1,1)$,
$\overrightarrow{BC'} = \overrightarrow{A'C'} - \overrightarrow{A'B} = (1,1,0) - (1,0,1) = (0,1,-1)$
$(\overrightarrow{A'C}, \overrightarrow{BC'}) = ((1,1,1), (0,1,-1)) = 0+1-1 = 0$

のこりの2つもまったく同様． Q. E. D.

181 ページの練習問題の答え
$\sqrt{3},\ \sqrt{3},\ 3,\ \dfrac{\sqrt{5}}{2},\ \sqrt{2},\ \sqrt{2},\ 1$

練習問題

(1)(本章第1節の問題7と同じ問題) 平面 α 上にある三角形 $\triangle ABC$ の垂心 H において，平面 α にたてた垂線上に任意に点 P をとれば，PA と BC は直交する．

(2)(本章第1節の問題8と同じ問題) 平面 α 上にある三角形 $\triangle ABC$ の垂心 H において，平面 α にたてた垂線上に点 P をとったとき，PA と PB が直交すれば，PA と PC も直交する．

182 ページの練習問題（上）の答え
(1) $\sqrt{3}$ (2) 3 (3) $\dfrac{\sqrt{3}}{2}$
(4) $\sqrt{13}$

182 ページの練習問題（下）の答え
(1) 20 (2) -4 (3) $\dfrac{3}{4}$
(4) 0

3次元のベクトルの線形変換

3次元のベクトルの線形変換は行，列が3つずつある 3×3 マトリックス A で表現することができます．

183ページの練習問題の答え

(1) 平面 α を $X_3=0$，△ABC の外心 O を原点とし，$(a,a)=(b,b)=(c,c)=1$ とする．△ABC の各頂点 A, B, C に対応する平面 α 上のベクトルを a, b, c とすれば，
$$\overrightarrow{OA}=(a,0), \quad \overrightarrow{OB}=(b,0),$$
$$\overrightarrow{OC}=(c,0)$$

[3次元のベクトルを，最初の2つの成分からなるベクトルと第3の成分のスカラーとにわける表現法は，むずかしいかもしれませんが，なれると便利です．]

$h=a+b+c$ とおけば，$\overrightarrow{OH}=(h,0)$，$\overrightarrow{OP}=(h,p)$.
$$\overrightarrow{AP}=\overrightarrow{OP}-\overrightarrow{OA}=(h,p)-(a,0)$$
$$=(h-a,p)=(b+c,p),$$
$$\overrightarrow{CB}=\overrightarrow{OB}-\overrightarrow{OC}=(b-c,0)$$
$$(\overrightarrow{AP},\overrightarrow{CB})=((b+c,p),(b-c,0))$$
$$=(b+c,b-c)+0$$
$$=(b,b)-(c,c)$$
$$=1-1=0$$

(2) $\overrightarrow{AP}=(h,p)-(a,0)=(b+c,p)$,
$\overrightarrow{BP}=(h,p)-(b,0)=(a+c,p)$
$\overrightarrow{CP}=(h,p)-(c,0)=(a+b,p)$
このとき
$(\overrightarrow{AP},\overrightarrow{BP})$
$=((b+c,p),(a+c,p))$
$=(b+c,a+c)+p^2$
$=(b,c)+(c,a)+(a,b)+1+p^2$
$=0$
ならば
$(\overrightarrow{AP},\overrightarrow{CP})$
$=((b+c,p),(a+b,p))$
$=(b+c,a+b)+p^2$
$=(b,c)+(c,a)+(a,b)+1+p^2$
$=0$

$$A=\begin{pmatrix} a_{11} & a_{12} & a_{13} \\ a_{21} & a_{22} & a_{23} \\ a_{31} & a_{32} & a_{33} \end{pmatrix}$$

線形変換 A によって $x=\begin{pmatrix} x_1 \\ x_2 \\ x_3 \end{pmatrix}$ が $\xi=\begin{pmatrix} \xi_1 \\ \xi_2 \\ \xi_3 \end{pmatrix}$ に変換されるとき

$$\xi=Ax$$

$$\begin{pmatrix} \xi_1 \\ \xi_2 \\ \xi_3 \end{pmatrix}=\begin{pmatrix} a_{11} & a_{12} & a_{13} \\ a_{21} & a_{22} & a_{23} \\ a_{31} & a_{32} & a_{33} \end{pmatrix}\begin{pmatrix} x_1 \\ x_2 \\ x_3 \end{pmatrix}=\begin{pmatrix} a_{11}x_1+a_{12}x_2+a_{13}x_3 \\ a_{21}x_1+a_{22}x_2+a_{23}x_3 \\ a_{31}x_1+a_{32}x_2+a_{33}x_3 \end{pmatrix}$$

$\xi=Ax$ が線形変換となることは，すぐわかります．

$$A(\alpha x+\beta y)=\alpha Ax+\beta Ay$$

3×3 マトリックスの演算も，2×2 マトリックスの場合と同じようにできます．

$$C=A+B$$

$$\begin{pmatrix} c_{11} & c_{12} & c_{13} \\ c_{21} & c_{22} & c_{23} \\ c_{31} & c_{32} & c_{33} \end{pmatrix}=\begin{pmatrix} a_{11} & a_{12} & a_{13} \\ a_{21} & a_{22} & a_{23} \\ a_{31} & a_{32} & a_{33} \end{pmatrix}+\begin{pmatrix} b_{11} & b_{12} & b_{13} \\ b_{21} & b_{22} & b_{23} \\ b_{31} & b_{32} & b_{33} \end{pmatrix}$$
$$=\begin{pmatrix} a_{11}+b_{11} & a_{12}+b_{12} & a_{13}+b_{13} \\ a_{21}+b_{21} & a_{22}+b_{22} & a_{23}+b_{23} \\ a_{31}+b_{31} & a_{32}+b_{32} & a_{33}+b_{33} \end{pmatrix}$$

$$C=AB$$

$$\begin{pmatrix} c_{11} & c_{12} & c_{13} \\ c_{21} & c_{22} & c_{23} \\ c_{31} & c_{32} & c_{33} \end{pmatrix}=\begin{pmatrix} a_{11} & a_{12} & a_{13} \\ a_{21} & a_{22} & a_{23} \\ a_{31} & a_{32} & a_{33} \end{pmatrix}\begin{pmatrix} b_{11} & b_{12} & b_{13} \\ b_{21} & b_{22} & b_{23} \\ b_{31} & b_{32} & b_{33} \end{pmatrix}$$

$$=\begin{pmatrix} a_{11}b_{11}+a_{12}b_{21}+a_{13}b_{31} & a_{11}b_{12}+a_{12}b_{22}+a_{13}b_{32} & a_{11}b_{13}+a_{12}b_{23}+a_{13}b_{33} \\ a_{21}b_{11}+a_{22}b_{21}+a_{23}b_{31} & a_{21}b_{12}+a_{22}b_{22}+a_{23}b_{32} & a_{21}b_{13}+a_{22}b_{23}+a_{23}b_{33} \\ a_{31}b_{11}+a_{32}b_{21}+a_{33}b_{31} & a_{31}b_{12}+a_{32}b_{22}+a_{33}b_{32} & a_{31}b_{13}+a_{32}b_{23}+a_{33}b_{33} \end{pmatrix}$$

単位マトリックス，ゼロ・マトリックスは，それぞれ

$$I=\begin{pmatrix} 1 & 0 & 0 \\ 0 & 1 & 0 \\ 0 & 0 & 1 \end{pmatrix}, \quad O=\begin{pmatrix} 0 & 0 & 0 \\ 0 & 0 & 0 \\ 0 & 0 & 0 \end{pmatrix}$$

です．

$$IA=AI=A, \quad OA=AO=O$$

練習問題 つぎの2つのマトリックス A, B の積 AB, BA を

計算しなさい.

(1) $A = \begin{pmatrix} 1 & -1 & 1 \\ 1 & 1 & 1 \\ -1 & -1 & 0 \end{pmatrix}$, $B = \begin{pmatrix} 1 & 3 & -2 \\ 4 & 3 & -5 \\ 6 & 2 & -3 \end{pmatrix}$

(2) $A = \begin{pmatrix} 3 & 2 & 0 \\ 1 & -1 & 1 \\ 4 & 0 & -2 \end{pmatrix}$, $B = \begin{pmatrix} 1 & 2 & 4 \\ 3 & -2 & 5 \\ -1 & 6 & 3 \end{pmatrix}$

逆マトリックス A^{-1} を計算する

3×3 マトリックス A の逆マトリックス A^{-1} の計算はかんたんではありません. まず,

$$A = \begin{pmatrix} a_{11} & a_{12} & a_{13} \\ a_{21} & a_{22} & a_{23} \\ a_{31} & a_{32} & a_{33} \end{pmatrix}$$

の余因子マトリックス A^* をつぎのように定義します. 余因子マトリックスは, 英語の Cofactor Matrix の訳語です.

$$A^* = \begin{pmatrix} a_{11}^* & a_{12}^* & a_{13}^* \\ a_{21}^* & a_{22}^* & a_{23}^* \\ a_{31}^* & a_{32}^* & a_{33}^* \end{pmatrix}, \quad a_{ij}^* = (-1)^{i+j} \Delta_{ji} \quad (i, j = 1, 2, 3)$$

ここで, Δ_{ji} は, マトリックス A から j 行, i 列を取り除いた 2×2 マトリックスの行列式とします.

$$A^* = \begin{pmatrix} \begin{vmatrix} a_{22} & a_{23} \\ a_{32} & a_{33} \end{vmatrix} & -\begin{vmatrix} a_{12} & a_{13} \\ a_{32} & a_{33} \end{vmatrix} & \begin{vmatrix} a_{12} & a_{13} \\ a_{22} & a_{23} \end{vmatrix} \\ -\begin{vmatrix} a_{21} & a_{23} \\ a_{31} & a_{33} \end{vmatrix} & \begin{vmatrix} a_{11} & a_{13} \\ a_{31} & a_{33} \end{vmatrix} & -\begin{vmatrix} a_{11} & a_{13} \\ a_{21} & a_{23} \end{vmatrix} \\ \begin{vmatrix} a_{21} & a_{22} \\ a_{31} & a_{32} \end{vmatrix} & -\begin{vmatrix} a_{11} & a_{12} \\ a_{31} & a_{32} \end{vmatrix} & \begin{vmatrix} a_{11} & a_{12} \\ a_{21} & a_{22} \end{vmatrix} \end{pmatrix}$$

$$A^* = \begin{pmatrix} a_{22}a_{33} - a_{23}a_{32} & -a_{12}a_{33} + a_{13}a_{32} & a_{12}a_{23} - a_{13}a_{22} \\ -a_{21}a_{33} + a_{23}a_{31} & a_{11}a_{33} - a_{13}a_{31} & -a_{11}a_{23} + a_{13}a_{21} \\ a_{21}a_{32} - a_{22}a_{31} & -a_{11}a_{32} + a_{12}a_{31} & a_{11}a_{22} - a_{12}a_{21} \end{pmatrix}$$

$$AA^* = \begin{pmatrix} a_{11} & a_{12} & a_{13} \\ a_{21} & a_{22} & a_{23} \\ a_{31} & a_{32} & a_{33} \end{pmatrix} \begin{pmatrix} a_{22}a_{33} - a_{23}a_{32} & -a_{12}a_{33} + a_{13}a_{32} & a_{12}a_{23} - a_{13}a_{22} \\ -a_{21}a_{33} + a_{23}a_{31} & a_{11}a_{33} - a_{13}a_{31} & -a_{11}a_{23} + a_{13}a_{21} \\ a_{21}a_{32} - a_{22}a_{31} & -a_{11}a_{32} + a_{12}a_{31} & a_{11}a_{22} - a_{12}a_{21} \end{pmatrix}$$

3 3次元のベクトルを考える

$$= \begin{pmatrix} \varDelta & 0 & 0 \\ 0 & \varDelta & 0 \\ 0 & 0 & \varDelta \end{pmatrix} = \varDelta \begin{pmatrix} 1 & 0 & 0 \\ 0 & 1 & 0 \\ 0 & 0 & 1 \end{pmatrix} = \varDelta I$$

ここで
$$\varDelta = a_{11}a_{22}a_{33} - a_{11}a_{23}a_{32} - a_{12}a_{21}a_{33} + a_{12}a_{23}a_{31} + a_{13}a_{21}a_{32} \\ - a_{13}a_{22}a_{31}$$

この値 $\varDelta$ は 3×3 マトリックス A の行列式といい，$\varDelta(A)$ という記号を使ってあらわすことにします．

$$\varDelta(A) = a_{11} \begin{vmatrix} a_{22} & a_{23} \\ a_{32} & a_{33} \end{vmatrix} - a_{12} \begin{vmatrix} a_{21} & a_{23} \\ a_{31} & a_{33} \end{vmatrix} + a_{13} \begin{vmatrix} a_{21} & a_{22} \\ a_{31} & a_{32} \end{vmatrix}$$

$$\varDelta(A) = \begin{vmatrix} a_{11} & a_{12} & a_{13} \\ a_{21} & a_{22} & a_{23} \\ a_{31} & a_{32} & a_{33} \end{vmatrix} = a_{11}a_{22}a_{33} - a_{11}a_{23}a_{32} - a_{12}a_{21}a_{33} \\ + a_{12}a_{23}a_{31} + a_{13}a_{21}a_{32} - a_{13}a_{22}a_{31}$$

$\varDelta(A) \neq 0$ のときには，マトリックス A の逆マトリックス A^{-1} は存在し

$$A^{-1} = \frac{1}{\varDelta(A)} A^*$$

$$A = \begin{pmatrix} 3 & 5 & 4 \\ 1 & 7 & -3 \\ -2 & -11 & 4 \end{pmatrix}$$ を例にとって，余因子マトリックス A^* を計算します．

$$a_{11}^* = \varDelta_{11} = \begin{vmatrix} 7 & -3 \\ -11 & 4 \end{vmatrix} = -5,$$

$$a_{12}^* = -\varDelta_{21} = -\begin{vmatrix} 5 & 4 \\ -11 & 4 \end{vmatrix} = -64,$$

$$a_{13}^* = \varDelta_{31} = \begin{vmatrix} 5 & 4 \\ 7 & -3 \end{vmatrix} = -43,$$

$$a_{21}^* = -\varDelta_{12} = -\begin{vmatrix} 1 & -3 \\ -2 & 4 \end{vmatrix} = 2,$$

$$a_{22}^* = \varDelta_{22} = \begin{vmatrix} 3 & 4 \\ -2 & 4 \end{vmatrix} = 20,$$

$$a_{23}^* = -\varDelta_{32} = -\begin{vmatrix} 3 & 4 \\ 1 & -3 \end{vmatrix} = 13,$$

184 ページの練習問題の答え

(1) $AB = \begin{pmatrix} 3 & 2 & 0 \\ 11 & 8 & -10 \\ -5 & -6 & 7 \end{pmatrix}$,

$BA = \begin{pmatrix} 6 & 4 & 4 \\ 12 & 4 & 7 \\ 11 & -1 & 8 \end{pmatrix}$

(2) $AB = \begin{pmatrix} 9 & 2 & 22 \\ -3 & 10 & 2 \\ 6 & -4 & 10 \end{pmatrix}$,

$BA = \begin{pmatrix} 21 & 0 & -6 \\ 27 & 8 & -12 \\ 15 & -8 & 0 \end{pmatrix}$

$$a_{31}^* = \Delta_{13} = \begin{vmatrix} 1 & 7 \\ -2 & -11 \end{vmatrix} = 3,$$

$$a_{32}^* = -\Delta_{23} = -\begin{vmatrix} 3 & 5 \\ -2 & -11 \end{vmatrix} = 23,$$

$$a_{33}^* = \Delta_{33} = \begin{vmatrix} 3 & 5 \\ 1 & 7 \end{vmatrix} = 16$$

$$A = \begin{pmatrix} 3 & 5 & 4 \\ 1 & 7 & -3 \\ -2 & -11 & 4 \end{pmatrix}, \quad A^* = \begin{pmatrix} -5 & -64 & -43 \\ 2 & 20 & 13 \\ 3 & 23 & 16 \end{pmatrix}$$

$AA^* =$
$$\begin{pmatrix} 3\times(-5)+5\times2+4\times3 & 3\times(-64)+5\times20+4\times23 & 3\times(-43)+5\times13+4\times16 \\ 1\times(-5)+7\times2-3\times3 & 1\times(-64)+7\times20-3\times23 & 1\times(-43)+7\times13-3\times16 \\ -2\times(-5)-11\times2+4\times3 & -2\times(-64)-11\times20+4\times23 & -2\times(-43)-11\times13+4\times16 \end{pmatrix}$$

$$= \begin{pmatrix} 7 & 0 & 0 \\ 0 & 7 & 0 \\ 0 & 0 & 7 \end{pmatrix} = 7\begin{pmatrix} 1 & 0 & 0 \\ 0 & 1 & 0 \\ 0 & 0 & 1 \end{pmatrix} = 7I$$

したがって，$K = \dfrac{1}{7}A^*$ とおけば，$AK = \dfrac{1}{7}AA^* = I \Rightarrow A^{-1} = \dfrac{1}{7}A^*$.

$$\begin{pmatrix} 3 & 5 & 4 \\ 1 & 7 & -3 \\ -2 & -11 & 4 \end{pmatrix}^{-1} = \begin{pmatrix} -\dfrac{5}{7} & -\dfrac{64}{7} & -\dfrac{43}{7} \\ \dfrac{2}{7} & \dfrac{20}{7} & \dfrac{13}{7} \\ \dfrac{3}{7} & \dfrac{23}{7} & \dfrac{16}{7} \end{pmatrix}$$

練習問題 つぎのマトリックス A の余因子マトリックス A^* を求め，それを使って逆マトリックス A^{-1} を計算しなさい．

(1) $\begin{pmatrix} 1 & -1 & 1 \\ 1 & 1 & 1 \\ -1 & -1 & 0 \end{pmatrix}$ (2) $\begin{pmatrix} 1 & 3 & -2 \\ 4 & 3 & -5 \\ 6 & 2 & -3 \end{pmatrix}$

(3) $\begin{pmatrix} 3 & 2 & 0 \\ 1 & -1 & 1 \\ 4 & 0 & -2 \end{pmatrix}$ (4) $\begin{pmatrix} 1 & 2 & 4 \\ 3 & -2 & 5 \\ -1 & 6 & 3 \end{pmatrix}$

行列式

マトリックス $A = \begin{pmatrix} a_{11} & a_{12} & a_{13} \\ a_{21} & a_{22} & a_{23} \\ a_{31} & a_{32} & a_{33} \end{pmatrix}$ の行列式 $\Delta(A)$ はふつう $\begin{vmatrix} a_{11} & a_{12} & a_{13} \\ a_{21} & a_{22} & a_{23} \\ a_{31} & a_{32} & a_{33} \end{vmatrix}$ という記号であらわします.

$$\Delta(A) = \begin{vmatrix} a_{11} & a_{12} & a_{13} \\ a_{21} & a_{22} & a_{23} \\ a_{31} & a_{32} & a_{33} \end{vmatrix}$$

$$= a_{11}\begin{vmatrix} a_{22} & a_{23} \\ a_{32} & a_{33} \end{vmatrix} - a_{12}\begin{vmatrix} a_{21} & a_{23} \\ a_{31} & a_{33} \end{vmatrix} + a_{13}\begin{vmatrix} a_{21} & a_{22} \\ a_{31} & a_{32} \end{vmatrix}$$

$\Delta(A)$ は,3×3 マトリックス A の3つの列ベクトル(あるいは行ベクトル)を3辺とする平行六面体の(符号をつけた)体積に等しくなります.〔この証明はむずかしすぎて,ここではふれることができません.勇気のある人は自分で証明を試みてみなさい.〕

3×3 マトリックス A の行列式 $\Delta(A)$ も,2×2 マトリックスの場合と同じような性質をもっています.

$$\Delta(I) = 1, \quad \Delta(AB) = \Delta(A)\Delta(B), \quad \Delta(A^{-1}) = \frac{1}{\Delta(A)}$$

練習問題

(i) つぎの2つのマトリックス A, B について,$\Delta(A)$, $\Delta(B), \Delta(AB), \Delta(BA)$ を別々に計算して,$\Delta(AB) = \Delta(BA) = \Delta(A)\Delta(B)$ が成り立つことを示しなさい.

(1) $A = \begin{pmatrix} 1 & -1 & 1 \\ 1 & 1 & 1 \\ -1 & -1 & 0 \end{pmatrix}, B = \begin{pmatrix} 1 & 3 & -2 \\ 4 & 3 & -5 \\ 6 & 2 & -3 \end{pmatrix}$

(2) $A = \begin{pmatrix} 3 & 2 & 0 \\ 1 & -1 & 1 \\ 4 & 0 & -2 \end{pmatrix}, B = \begin{pmatrix} 1 & 2 & 4 \\ 3 & -2 & 5 \\ -1 & 6 & 3 \end{pmatrix}$

(ii) つぎのマトリックス A について,$\Delta(A), \Delta(A^{-1})$ を

---

187 ページの練習問題の答え

(1) $\begin{pmatrix} 1 & -1 & -2 \\ -1 & 1 & 0 \\ 0 & 2 & 2 \end{pmatrix}$,

$\begin{pmatrix} \frac{1}{2} & -\frac{1}{2} & -1 \\ -\frac{1}{2} & \frac{1}{2} & 0 \\ 0 & 1 & 1 \end{pmatrix}$

(2) $\begin{pmatrix} 1 & 5 & -9 \\ -18 & 9 & -3 \\ -10 & 16 & -9 \end{pmatrix}$,

$\begin{pmatrix} -\frac{1}{33} & -\frac{5}{33} & \frac{3}{11} \\ \frac{6}{11} & -\frac{3}{11} & \frac{1}{11} \\ \frac{10}{33} & -\frac{16}{33} & \frac{3}{11} \end{pmatrix}$

(3) $\begin{pmatrix} 2 & 4 & 2 \\ 6 & -6 & -3 \\ 4 & 8 & -5 \end{pmatrix}$,

$\begin{pmatrix} \frac{1}{9} & \frac{2}{9} & \frac{1}{9} \\ \frac{1}{3} & -\frac{1}{3} & -\frac{1}{6} \\ \frac{2}{9} & \frac{4}{9} & -\frac{5}{18} \end{pmatrix}$

(4) $\begin{pmatrix} -36 & 18 & 18 \\ -14 & 7 & 7 \\ 16 & -8 & -8 \end{pmatrix}$,

存在しない($\Delta(A) = 0$)

計算して，$\varDelta(A^{-1}) = \dfrac{1}{\varDelta(A)}$ が成り立つことを示しなさい．

(1) $\begin{pmatrix} 1 & -1 & 1 \\ 1 & 1 & 1 \\ -1 & -1 & 0 \end{pmatrix}$ (2) $\begin{pmatrix} 1 & 3 & -2 \\ 4 & 3 & -5 \\ 6 & 2 & -3 \end{pmatrix}$

(3) $\begin{pmatrix} 3 & 2 & 0 \\ 1 & -1 & 1 \\ 4 & 0 & -2 \end{pmatrix}$ (4) $\begin{pmatrix} 1 & 2 & 4 \\ 3 & -2 & 5 \\ -1 & 6 & 3 \end{pmatrix}$

連立三元一次方程式を解く

一般的な連立三元一次方程式を考えます．
$$\begin{cases} a_{11}x_1 + a_{12}x_2 + a_{13}x_3 = b_1 \\ a_{21}x_1 + a_{22}x_2 + a_{23}x_3 = b_2 \\ a_{31}x_1 + a_{32}x_2 + a_{33}x_3 = b_3 \end{cases}$$

ここで，
$$x = \begin{pmatrix} x_1 \\ x_2 \\ x_3 \end{pmatrix}, \quad A = \begin{pmatrix} a_{11} & a_{12} & a_{13} \\ a_{21} & a_{22} & a_{23} \\ a_{31} & a_{32} & a_{33} \end{pmatrix}, \quad b = \begin{pmatrix} b_1 \\ b_2 \\ b_3 \end{pmatrix}$$

とおくと，上の連立三元一次方程式はつぎのようにあらわすことができます．

$$Ax = b : \begin{pmatrix} a_{11} & a_{12} & a_{13} \\ a_{21} & a_{22} & a_{23} \\ a_{31} & a_{32} & a_{33} \end{pmatrix} \begin{pmatrix} x_1 \\ x_2 \\ x_3 \end{pmatrix} = \begin{pmatrix} b_1 \\ b_2 \\ b_3 \end{pmatrix}$$

A, b は定マトリックスと定ベクトル，x は未知のベクトルです．

$\varDelta(A) \neq 0$ のとき，マトリックス A の逆マトリックス A^{-1} が存在し，上の連立三元一次方程式の解は
$$x = A^{-1}b$$
つぎの例について，じっさいに計算してみましょう．

$$\begin{pmatrix} 3 & 5 & 4 \\ 1 & 7 & -3 \\ -2 & -11 & 4 \end{pmatrix} \begin{pmatrix} x_1 \\ x_2 \\ x_3 \end{pmatrix} = \begin{pmatrix} 21 \\ -7 \\ 14 \end{pmatrix}$$

$$\begin{pmatrix} x_1 \\ x_2 \\ x_3 \end{pmatrix} = \begin{pmatrix} 3 & 5 & 4 \\ 1 & 7 & -3 \\ -2 & -11 & 4 \end{pmatrix}^{-1} \begin{pmatrix} 21 \\ -7 \\ 14 \end{pmatrix}$$

$$= \begin{pmatrix} -\dfrac{5}{7} & -\dfrac{64}{7} & -\dfrac{43}{7} \\ \dfrac{2}{7} & \dfrac{20}{7} & \dfrac{13}{7} \\ \dfrac{3}{7} & \dfrac{23}{7} & \dfrac{16}{7} \end{pmatrix} \begin{pmatrix} 21 \\ -7 \\ 14 \end{pmatrix} = \begin{pmatrix} -37 \\ 12 \\ 18 \end{pmatrix}$$

検算すると
$$\begin{pmatrix} 3 & 5 & 4 \\ 1 & 7 & -3 \\ -2 & -11 & 4 \end{pmatrix} \begin{pmatrix} x_1 \\ x_2 \\ x_3 \end{pmatrix} = \begin{pmatrix} 3 & 5 & 4 \\ 1 & 7 & -3 \\ -2 & -11 & 4 \end{pmatrix} \begin{pmatrix} -37 \\ 12 \\ 18 \end{pmatrix}$$

$$= \begin{pmatrix} 21 \\ -7 \\ 14 \end{pmatrix}$$

練習問題 つぎの連立三元一次方程式を解きなさい．

(1) $\begin{pmatrix} 1 & -1 & 1 \\ 1 & 1 & 1 \\ -1 & -1 & 0 \end{pmatrix} \begin{pmatrix} x_1 \\ x_2 \\ x_3 \end{pmatrix} = \begin{pmatrix} -6 \\ 6 \\ 4 \end{pmatrix}$

(2) $\begin{pmatrix} 1 & 3 & -2 \\ 4 & 3 & -5 \\ 6 & 2 & -3 \end{pmatrix} \begin{pmatrix} x_1 \\ x_2 \\ x_3 \end{pmatrix} = \begin{pmatrix} 22 \\ 0 \\ 11 \end{pmatrix}$

(3) $\begin{pmatrix} 3 & 2 & 0 \\ 1 & -1 & 1 \\ 4 & 0 & -2 \end{pmatrix} \begin{pmatrix} x_1 \\ x_2 \\ x_3 \end{pmatrix} = \begin{pmatrix} 6 \\ -12 \\ 0 \end{pmatrix}$

188ページの練習問題の答え
(i) (1) $\varDelta(A)=2$, $\varDelta(B)=-33$, $\varDelta(AB)=\varDelta(BA)=-66$
(2) $\varDelta(A)=18$, $\varDelta(B)=0$, $\varDelta(AB)=\varDelta(BA)=0$
(ii) (1) $\varDelta(A)=2$, $\varDelta(A^{-1})=\dfrac{1}{2}$
(2) $\varDelta(A)=-33$, $\varDelta(A^{-1})=-\dfrac{1}{33}$
(3) $\varDelta(A)=18$, $\varDelta(A^{-1})=\dfrac{1}{18}$
(4) $\varDelta(A)=0$, $\varDelta(A^{-1})$ は計算できない

ベクトルで直線，平面をあらわす

3次元の空間のなかの直線 l は一般につぎのようにあらわせます．

$$l: \quad x = a + tu$$

ここで，x はベクトルの変数，t は実数の変数，$a, u\,(u \neq 0)$ は定ベクトルです．

つぎの方程式であらわされる2つの直線 l, m を考えます．
$$l: \quad x = a + tu \quad (u \neq 0)$$
$$m: \quad x = b + tv \quad (v \neq 0)$$
この2つの直線 l, m が平行となるのは，$u = \lambda v \,(\lambda \neq 0)$ となるような実数 λ が存在するときです．

また，l, m が直交するのは，$u \perp v$ の場合です．ベクトルの内積を使ってあらわすと，$(u, v) = 0$．

3次元の空間のなかの平面 α は一般につぎのような方程式であらわせます．
$$\alpha: \quad (a, x) = k$$
ここで，x は変数のベクトル，$a \,(a \neq 0)$ は平面 α に垂直な定ベクトル，k は定数です．

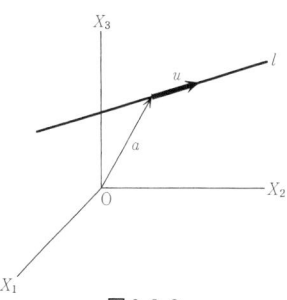

図 8-3-2

このことはつぎのようにして示すことができます．平面 α 上に1つの定点 P_0 をとり，平面 α 上の任意の点を P とします．$\overrightarrow{OP_0} = x_0$，$\overrightarrow{OP} = x$ とすると，平面 α 上のすべての直線はベクトル a と垂直ですから，
$$(a, x - x_0) = 0 \Rightarrow (a, x) = (a, x_0) = k$$
これがベクトルであらわした平面の方程式です．つぎに，これをベクトルの成分であらわしてみます．
$$x = \begin{pmatrix} X \\ Y \\ Z \end{pmatrix}, \quad x_0 = \begin{pmatrix} X_0 \\ Y_0 \\ Z_0 \end{pmatrix}, \quad a = \begin{pmatrix} A \\ B \\ C \end{pmatrix}$$
とすると，上の方程式は
$$A(X - X_0) + B(Y - Y_0) + C(Z - Z_0) = 0$$
または
$$AX + BY + CZ = k$$
となります．

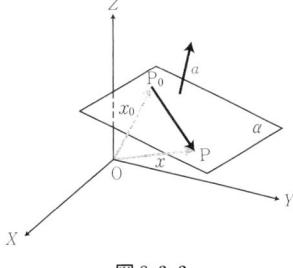

図 8-3-3

2つの平面 α, β の共通集合を $\alpha \cap \beta$ という記号であらわします．
$$\alpha \cap \beta = \{x : x \in \alpha \text{ かつ } x \in \beta\}$$
2つの平面 α, β が平行でないとき，その共通集合 $\alpha \cap \beta$ は直線となります．逆に，任意の直線 l は，2つの平面 α, β の共通集合 $\alpha \cap \beta$ としてあらわすことができます．

平面 α, β がそれぞれつぎの方程式によってあらわされているとすれば

$$(a, x) = c, \quad (b, x) = d$$

a, b はそれぞれ定ベクトル，c, d は定数です．2つのベクトル a, b が同じ直線上にある，つまり，$a = \lambda b$ となるような実数 λ が存在するときには，2つの平面 α, β が一致するか，あるいは共通点をもちません．

　上の性質はすべて，第1節「空間のなかの図形」でお話ししたことから導きだすことができます．しかし，その証明は案外むずかしいので，ここではいちいちお話ししないことにします．興味のある人はぜひ自分で証明を試みてください．以下，いくつかの基本的命題を例題として出しておきましょう．例題では，記号の使い方を少し変えます．座標軸を (X_1, X_2, X_3) ではなく，(X, Y, Z) であらわします．したがって，3次元のベクトルは $x = (x_1, x_2, x_3)$, $a = (a_1, a_2, a_3)$ ではなく，$(x, y, z), (a, b, c)$ とあらわすことにします．数学の記号はあくまでも仮のものですから，問題によって弾力的に記号を使えるようにしておくとのちのち役にたちます．

例題1 平面上にある3つの直線
$$a_1 x + b_1 y + c_1 = 0, \ a_2 x + b_2 y + c_2 = 0, \ a_3 x + b_3 y + c_3 = 0$$
が1点で交わるための必要，十分条件は，
$$\begin{vmatrix} a_1 & b_1 & c_1 \\ a_2 & b_2 & c_2 \\ a_3 & b_3 & c_3 \end{vmatrix} = 0$$

証明 上の3直線の交点を (x_0, y_0) とすれば
$$\begin{pmatrix} a_1 & b_1 & c_1 \\ a_2 & b_2 & c_2 \\ a_3 & b_3 & c_3 \end{pmatrix} \begin{pmatrix} x_0 \\ y_0 \\ 1 \end{pmatrix} = 0$$

したがって，左辺の3×3マトリックスの行列式は0となります．
　　　　　　　　　　　　　　　　　　　　　　　Q.E.D.

例題2 空間のなかの3つの点 $(a_1, b_1, c_1), (a_2, b_2, c_2), (a_3, b_3, c_3)$ を通る平面の方程式は
$$\begin{vmatrix} x - a_1 & y - b_1 & z - c_1 \\ a_2 - a_1 & b_2 - b_1 & c_2 - c_1 \\ a_3 - a_1 & b_3 - b_1 & c_3 - c_1 \end{vmatrix} = 0$$

証明 求める平面の方程式を

190 ページの練習問題の答え
(1) $(-10, 6, 10)$　　(2) $\left(\dfrac{7}{3}, 13, \dfrac{29}{3}\right)$
(3) $(-2, 6, -4)$

$$(*) \quad px+qy+rz = s \quad [(p,q,r) \neq (0,0,0)]$$

とおけば，

$pa_1+qb_1+rc_1 = s,\ pa_2+qb_2+rc_2 = s,\ pa_3+qb_3+rc_3 = s$

式 $(*)$ とこれらの式を辺々引き算すると，

$$p(x-a_1)+q(y-b_1)+r(z-c_1) = 0$$
$$p(a_2-a_1)+q(b_2-b_1)+r(c_2-c_1) = 0$$
$$p(a_3-a_1)+q(b_3-b_1)+r(c_3-c_1) = 0$$

この (p,q,r) にかんする三元連立一次方程式が 0 でない解をもつから，その行列式は 0 に等しくなります． Q. E. D.

練習問題

(1) 2つの直線

$$\begin{pmatrix} x \\ y \\ z \end{pmatrix} = \begin{pmatrix} a_1 \\ b_1 \\ c_1 \end{pmatrix} + t \begin{pmatrix} p_1 \\ q_1 \\ r_1 \end{pmatrix}, \quad \begin{pmatrix} x \\ y \\ z \end{pmatrix} = \begin{pmatrix} a_2 \\ b_2 \\ c_2 \end{pmatrix} + s \begin{pmatrix} p_2 \\ q_2 \\ r_2 \end{pmatrix}$$

が1点で交わるための必要，十分条件は，

$$\begin{vmatrix} a_2-a_1 & p_1 & p_2 \\ b_2-b_1 & q_1 & q_2 \\ c_2-c_1 & r_1 & r_2 \end{vmatrix} = 0$$

である．

(2) 直線

$$\frac{x-a_0}{l} = \frac{y-b_0}{m} = \frac{z-c_0}{n}$$

をふくみ，点 (a_1, b_1, c_1) を通る平面の方程式を求めよ．

練習問題のヒントと略解
(1) 2直線が1点で交わるとすれば，
$$\begin{pmatrix} a_2-a_1 & p_1 & p_2 \\ b_2-b_1 & q_1 & q_2 \\ c_2-c_1 & r_1 & r_2 \end{pmatrix} \begin{pmatrix} 1 \\ -t \\ s \end{pmatrix} = \begin{pmatrix} 0 \\ 0 \\ 0 \end{pmatrix}$$

(2) 求める平面を，$p(x-a_1)+q(y-b_1)+r(z-c_1)=0\ [(p,q,r)\neq(0,0,0)]$ とおけば
$$p(a_0-a_1)+q(b_0-b_1)+r(c_0-c_1) = 0,$$
$$pl+qm+rn = 0$$

$$\begin{pmatrix} x-a_1 & y-b_1 & z-c_1 \\ a_0-a_1 & b_0-b_1 & c_0-c_1 \\ l & m & n \end{pmatrix} \begin{pmatrix} p \\ q \\ r \end{pmatrix} = \begin{pmatrix} 0 \\ 0 \\ 0 \end{pmatrix}$$

$$\Rightarrow \begin{vmatrix} x-a_1 & y-b_1 & z-c_1 \\ a_0-a_1 & b_0-b_1 & c_0-c_1 \\ l & m & n \end{vmatrix} = 0$$

第8章 第3節 3次元のベクトルを考える 問題

3次元のベクトルを使って，つぎの問題を解きなさい．

問題1 2つの平行な平面 α, β が第3の平面 γ と交わるとき，その交線 $l = \alpha \cap \gamma$, $m = \beta \cap \gamma$ は平行となる．

問題2 平面 α とそれに垂直な直線 l がある．他の直線 m が直線 l と平行となるための必要，十分条件は，直線 m と平面 α が直交することである．

問題3（三垂線の定理） 平面 α とその上に直線 l がある．平面 α の外の点 A から平面 α，直線 l に下ろした垂線の足を H, K とすれば，HK は直線 l に垂直となる．

問題4 直線 l で交わる2つの平面 α, β とそのどちらの平面上にもない点 A がある．A から平面 α, β に下ろした垂線の足 H, K をむすぶ線分 HK は直線 l に垂直となる．

問題5 平面 α 上に1点 O と1直線 l がある．O において平面 α にたてた垂線 OH 上に任意にとった点 P から直線 l に下ろした垂線の足 Q は定点となる．

問題6 同一平面上にない4つの点をむすんで得られる「ねじれ四辺形」□ABCD の各辺の中点を P, Q, R, S とするとき，四辺形 □PQRS は平行四辺形となる．

問題7 正四面体 ABCD の相対する辺 AC, BD は直交する．

問題8 任意の四面体 ABCD の相対する辺 AB, CD の中点をむすぶ線分，辺 BC, DA の中点をむすぶ線分，辺 CA, BD の中点をむすぶ線分はすべて同じ点で交わる．

問題9 直線 l の方程式を $x = c + tu$, $(u, u) = 1$ (x は変数のベクトル，c, u は定ベクトル，t は変数) とし，点 A のベクトルを a とするとき，直線 l と点 A の間の距離は $\sqrt{(a-c, a-c) - (a-c, u)^2}$ に等しい．

問題10 平面 α の方程式を $(p, x) = k$, $(p, p) = 1$ (x は変数のベクトル，p は定ベクトル，k は定数) とし，点 A のベクトルを a とするとき，平面 α と点 A の間の距離は $|(p, a) - k|$ に等しい．

問題11 2つのベクトル $a = (a_1, a_2, a_3)$, $b = (b_1, b_2, b_3)$ に対して

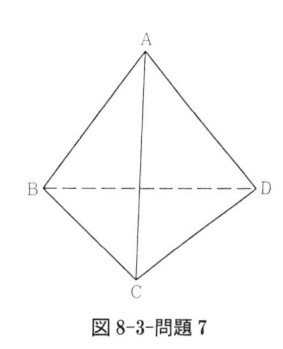

図 8-3-問題 7

$$p = (a_2b_3 - a_3b_2, a_3b_1 - a_1b_3, a_1b_2 - a_2b_1)$$

はそのどちらとも直交する：$(p, a) = (p, b) = 0$.

また，$(a, a) = (b, b) = 1$ とすれば，$(p, p) = 1 - (a, b)^2$.

［このベクトル p を 2 つのベクトル a, b のテンソル積あるいは外積といって，$a \wedge b$ あるいは $a \times b$ などの記号であらわします．テンソル積は複雑な図形の性質をしらべるときに重要な役割をはたします．］

問題 12　2 つの直線

$$l: \quad x = u + ta, \quad m: \quad x = v + tb$$

の間の距離を求めよ．

問題 13　3 次元空間のなかのベクトル $\overrightarrow{OP} = (a, b, c)$ が X, Y, Z 軸となす角をそれぞれ α, β, γ とすれば，

$$\cos\alpha = \frac{a}{\sqrt{a^2+b^2+c^2}}, \quad \cos\beta = \frac{b}{\sqrt{a^2+b^2+c^2}},$$

$$\cos\gamma = \frac{c}{\sqrt{a^2+b^2+c^2}}$$

［$\cos\alpha, \cos\beta, \cos\gamma$ をベクトル $\overrightarrow{OP} = (a, b, c)$ の方向余弦といいます．］

問題 14　空間のなかの 4 つの点 $(a_1, b_1, c_1), (a_2, b_2, c_2), (a_3, b_3, c_3), (a_4, b_4, c_4)$ が同一平面上にあるための必要，十分条件は

$$\begin{vmatrix} a_2-a_1 & b_2-b_1 & c_2-c_1 \\ a_3-a_1 & b_3-b_1 & c_3-c_1 \\ a_4-a_1 & b_4-b_1 & c_4-c_1 \end{vmatrix} = 0$$

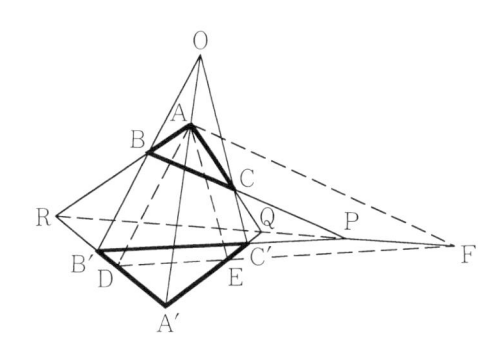

第 9 章
射影幾何へのプレリュード

デザルグの定理は代表的な射影幾何の定理です．

デザルグの定理 2つの三角形 △ABC, △A′B′C′ について，対応する頂点をむすぶ3つの直線 AA′, BB′, CC′ が1点 O で交わるとすれば，対応する3つの辺（またはその延長）が交わる3つの点 P, Q, R は一直線上にある．

証明 デザルグの定理の証明はあまりにもむずかしいので，第2巻『図形を考える―幾何』ではお話ししませんでした．

3つの直線 AA′, BB′, CC′ が図に示されているようなかたちで1点 O で交わる場合について証明します．BC, B′C′ の交点を P とします．A を通って，BB′, CC′ と平行な直線を引き，△A′B′C′ の2つの辺 A′B′, A′C′ と交わる点をそれぞれ D, E とすると

$$\overline{A'B'} : \overline{A'D} = \overline{A'O} : \overline{A'A}, \quad \overline{A'C'} : \overline{A'E} = \overline{A'O} : \overline{A'A}$$
$$\Rightarrow \quad DE \parallel B'C'$$

つぎに，A を通って，BC に平行な直線を引き，DE の延長と交わる点を F とすれば，2つの三角形 △AEF, △CC′P の3つの辺がそれぞれ平行になるから，3つの頂点をむすぶ線分 AC, EC′, FP の延長は1点 Q で交わります．

また，2つの三角形 △ADF, △BB′P の3つの辺がそれぞれ平行になるから，3つの頂点をむすぶ線分 AB, DB′, FP の延長は1点 R で交わります．ゆえに，P, Q, R は一直線上にあります．　　　　　　　　　　　　　　　　　　Q. E. D.

1

射影幾何の例題

　この章では，幾何学のなかでも大切な射影幾何の問題を扱ってみたいと思います．射影幾何を厳密に説明するのはむずかしいので，具体的な問題をいくつか解くことによって，おおまかな感じをつかんでいただければけっこうです．じつは，射影幾何はアフィン幾何を一般化したものなので，射影幾何の問題を考えるときにアフィン変換をもちいることができます．

　ただし，ここで考えるアフィン変換は，つぎの線形変換とします．

$$y = Ax \quad (|A| \neq 0)$$

ここで，x, y は 2 次元のベクトルで，A は 2×2 マトリックスです．

　つぎの例題は相似と比例にかんする基本的な性質にかんする命題で，第 2 巻『図形を考える—幾何』に出てきた問題が中心です．いずれも射影幾何の問題です．

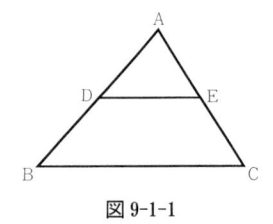

例題 1　三角形 △ABC の 2 辺 AB, AC またはその延長上に D, E をとれば

$$DE \parallel BC \iff \overline{AD}:\overline{AB} = \overline{AE}:\overline{AC} = \overline{DE}:\overline{BC}$$

このとき，△ABC∽△ADE で，相似比は上の共通比と等しくなる．

証明　$\overrightarrow{AB}=b$, $\overrightarrow{AC}=c$, $\overrightarrow{AD}=tb$, $\overrightarrow{AE}=sc$ とおけば

$$\begin{aligned} DE \parallel BC &\iff tb - sc = \lambda(b-c) \\ &\iff (t-\lambda)b + (\lambda-s)c = 0 \\ &\iff t-\lambda = 0,\ \lambda - s = 0 \\ &\iff t = s = \lambda \end{aligned}$$

$$\overline{AD}:\overline{AB} = \overline{AE}:\overline{AC} = \overline{DE}:\overline{BC} = t = s = \lambda$$

Q. E. D.

　この証明で，任意のアフィン変換のマトリックス T が与えられているとき，a, b の代わりに Ta, Tb を考えると，ま

図 9-1-1

ったく同じ関係が成り立つことがわかります．つまり，例題 1 は射影幾何の命題となるわけです．

例題 2 三角形 △ABC の辺 BC 上の任意の点 D と頂点 A とをむすぶ線分 AD を考える．辺 BC に平行な直線が 2 つの辺 AB, AC と交わる点をそれぞれ P, Q とし，線分 AD と交わる点を R とすれば
$$\overline{PR} : \overline{RQ} = \overline{BD} : \overline{DC}$$

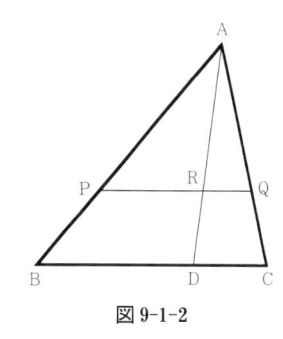

証明 $\overrightarrow{AB}=b$, $\overrightarrow{AC}=c$, $\overrightarrow{AD}=x$, $\overline{AP}:\overline{AB}=t$, $\overline{BD}:\overline{DC}=\lambda$ とおけば

$$\overrightarrow{AP} = tb, \quad \overrightarrow{AQ} = tc, \quad \overrightarrow{AR} = tx, \quad x = \frac{1}{1+\lambda}b + \frac{\lambda}{1+\lambda}c$$

$$\overrightarrow{PR} = \overrightarrow{AR} - \overrightarrow{AP} = t(x-b) = \frac{\lambda t}{1+\lambda}(c-b)$$

$$\overrightarrow{RQ} = \overrightarrow{AQ} - \overrightarrow{AR} = t(c-x) = \frac{t}{1+\lambda}(c-b)$$

したがって，$\overline{PR}:\overline{RQ}=\lambda=\overline{BD}:\overline{DC}$. Q. E. D.

図 9-1-2

例題 3 三角形 △ABC の辺 AB, AC 上の点 P, Q について
$$\overline{AP} : \overline{PB} = \overline{AQ} : \overline{QC} = 1 : k$$
とする．このとき，BQ と CP の交点を R とすれば
$$\overline{PR} : \overline{RC} = \overline{QR} : \overline{RB} = 1 : (1+k)$$

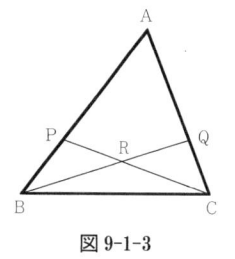

証明 $\overrightarrow{AB}=b$, $\overrightarrow{AC}=c$ とおけば，
$$\overrightarrow{AP} = \frac{1}{1+k}b, \quad \overrightarrow{AQ} = \frac{1}{1+k}c$$

$\overline{PR}:\overline{RC}=t$, $\overline{QR}:\overline{RB}=s$ とおけば

$$\overrightarrow{AR} = \frac{1}{1+t}\overrightarrow{AP} + \frac{t}{1+t}\overrightarrow{AC} = \frac{1}{1+s}\overrightarrow{AQ} + \frac{s}{1+s}\overrightarrow{AB}$$

$$\overrightarrow{AR} = \frac{1}{1+t}\frac{1}{1+k}b + \frac{t}{1+t}c = \frac{1}{1+s}\frac{1}{1+k}c + \frac{s}{1+s}b$$

$$\frac{1}{1+t}\frac{1}{1+k} = \frac{s}{1+s}, \quad \frac{t}{1+t} = \frac{1}{1+s}\frac{1}{1+k} \Rightarrow t = s = \frac{1}{1+k}$$

Q. E. D.

図 9-1-3

例題 4（メネラウスの定理） 任意の直線 l が三角形 △ABC の 3 辺 BC, CA, AB，あるいはその延長と交わる点を P, Q, R とすれば
$$\frac{\overline{BP}}{\overline{CP}}\frac{\overline{CQ}}{\overline{AQ}}\frac{\overline{AR}}{\overline{BR}} = 1$$

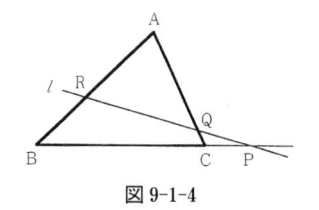

図 9-1-4

証明 $\overrightarrow{AB}=b$, $\overrightarrow{AC}=c$, $\overrightarrow{AP}=p$, $\overrightarrow{AQ}=q$, $\overrightarrow{AR}=r$, $\dfrac{\overline{BP}}{\overline{CP}}=t$, $\dfrac{\overline{CQ}}{\overline{AQ}}=u$, $\dfrac{\overline{AR}}{\overline{BR}}=v$ とおき, 図 9-1-4 の場合を考える(そうでない場合も同じように証明できます).

$$p=-\dfrac{1}{t-1}b+\dfrac{t}{t-1}c, \quad q=\dfrac{1}{1+u}c, \quad r=\dfrac{v}{1+v}b$$

P, Q, R が一直線上にあるから, $p=-(s-1)r+sq$, $s>1$.

$$-\dfrac{1}{t-1}b+\dfrac{t}{t-1}c = -(s-1)\dfrac{v}{1+v}b+s\dfrac{1}{1+u}c$$

$$-\dfrac{1}{t-1}=-(s-1)\dfrac{v}{1+v}, \quad \dfrac{t}{t-1}=s\dfrac{1}{1+u}$$

$$s-1=\dfrac{1}{t-1}\dfrac{1+v}{v}, \quad s=\dfrac{t}{t-1}(1+u) \;\Rightarrow\; tuv=1$$

Q. E. D.

例題 5 (チェバの定理) 三角形 $\triangle ABC$ の 3 つの辺 BC, CA, AB あるいはその延長上に 3 つの点 P, Q, R がある. この 3 つの点 P, Q, R と相対する頂点 A, B, C とをむすぶ線分あるいはその延長が 1 点 O で交わるとすれば

$$\dfrac{\overline{BP}}{\overline{CP}}\dfrac{\overline{CQ}}{\overline{AQ}}\dfrac{\overline{AR}}{\overline{BR}}=1$$

図 9-1-5

証明 $\overrightarrow{AB}=b$, $\overrightarrow{AC}=c$, $\overrightarrow{AP}=p$, $\overrightarrow{AQ}=q$, $\overrightarrow{AR}=r$, $\dfrac{\overline{BP}}{\overline{CP}}=t$, $\dfrac{\overline{CQ}}{\overline{AQ}}=u$, $\dfrac{\overline{AR}}{\overline{BR}}=v$ とおき, 図 9-1-5 の場合を考える.

$$p=\dfrac{1}{1+t}b+\dfrac{t}{1+t}c, \quad q=\dfrac{1}{1+u}c, \quad r=\dfrac{v}{1+v}b$$

AP, BQ, CR が 1 点 O で交わるから

$$\tau p = (1-m)q+mb = (1-n)r+nc$$

をみたすような τ, m, n が存在する.

$$\tau\left(\dfrac{1}{1+t}b+\dfrac{t}{1+t}c\right) = (1-m)\dfrac{1}{1+u}c+mb$$

$$= (1-n)\dfrac{v}{1+v}b+nc$$

$$\tau\dfrac{1}{1+t}=m, \quad \tau\dfrac{t}{1+t}=(1-m)\dfrac{1}{1+u} \;\Rightarrow\; \tau\left(1+\dfrac{tu}{1+t}\right)=1$$

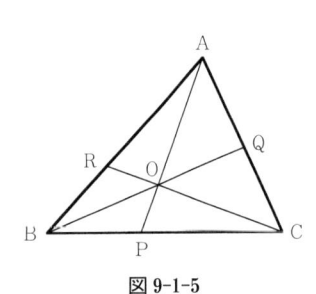

$$\tau \frac{1}{1+t} = (1-n)\frac{v}{1+v}, \ \tau \frac{t}{1+t} = n \ \Rightarrow \ \tau\left\{1 + \frac{1}{(1+t)v}\right\} = 1$$

ゆえに，$tuv = 1$. Q. E. D.

例題 6 2つの辺 AD, BC が平行となるような四辺形 □ABCD の対角線の交点 E を通って平行辺 BC に平行な直線が 2つの辺 AB, DC と交わる点をそれぞれ P, Q とすれば，E は線分 PQ の中点となる．

証明 例題 1 の結果を使って

$$PE \parallel BC \ \Rightarrow \ \overline{PE} : \overline{BC} = \overline{AE} : \overline{AC}$$
$$EQ \parallel BC \ \Rightarrow \ \overline{EQ} : \overline{BC} = \overline{DE} : \overline{DB}$$

$\overline{AE} : \overline{AC} = \overline{DE} : \overline{DB}$ だから，

$$\overline{PE} : \overline{BC} = \overline{EQ} : \overline{BC} \ \Rightarrow \ \overline{PE} = \overline{EQ}$$

Q. E. D.

例題 7 三角形 △ABC の 2つの辺 AB, AC の上に任意に P, Q をとり，PQ が辺 BC と平行になるようにする．BQ, CP の交点を R とし，AR の延長が BC と交わる点を S とすれば，S は BC の中点となる．

証明 $\overrightarrow{AB} = b$, $\overrightarrow{AC} = c$, $\overrightarrow{AP} = p$, $\overrightarrow{AQ} = q$, $\overrightarrow{AR} = r$, $\overrightarrow{AS} = s$ とおけば

$$p = tb, \ q = tc, \ r = (1-u)b + uq = (1-v)c + vp$$
$$(0 < t, u, v < 1)$$

$$\Rightarrow \ u = v = \frac{1}{1+t}, \ r = \frac{t}{1+t}b + \frac{t}{1+t}c$$

$$\Rightarrow \ s = \frac{1}{2}b + \frac{1}{2}c$$

Q. E. D.

例題 8 2つの三角形 △ABC, △A′B′C′ の 3組の辺 BC と B′C′, CA と C′A′, AB と A′B′ がそれぞれ平行で，2組の対応する頂点をむすぶ直線 AA′, BB′ が点 O で交わるとすれば，残りの 1組の頂点をむすぶ直線 CC′ も同じ点 O を通る．

証明 $\overrightarrow{AB} = b$, $\overrightarrow{AC} = c$, $\overrightarrow{AA'} = a$ とおけば，2つの三角形 △ABC, △A′B′C′ は相似だから

$$\overrightarrow{AB'} = a + \lambda b, \quad \overrightarrow{AC'} = a + \lambda c$$

点 O が 2つの直線 AA′, BB′ 上にあることから

$$\overrightarrow{AO} = ta = b + u\{(a + \lambda b) - b\} \ \Rightarrow \ t = u = \frac{1}{1-\lambda}$$

［ここで，AA′, BB′ が交わるから，$1 - \lambda \neq 0$］．したがって

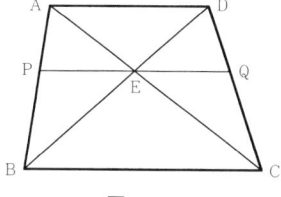

図 9-1-6

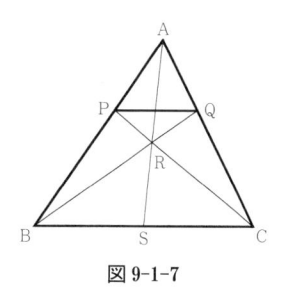

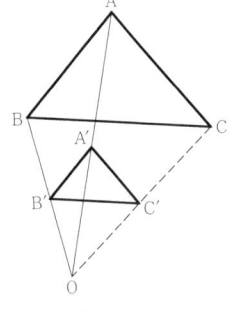

図 9-1-7

図 9-1-8

1 射影幾何の例題

$$\vec{AO} = ta = c + u\{(a+\lambda c) - c\}$$

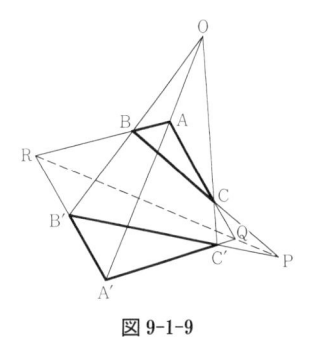

すなわち，直線 CC′ が点 O を通ることがわかります．

Q. E. D.

例題 9（デザルグの定理） 2つの三角形 △ABC, △A′B′C′ について，対応する頂点をむすぶ 3 つの直線 AA′, BB′, CC′ が 1 点 O で交わるとすれば，対応する 3 つの辺（またはその延長）が交わる 3 つの点 P, Q, R は一直線上にある．

証明 本章の扉で一度証明しましたが，ここではベクトルを使って証明します．$\vec{OA}=a$, $\vec{OB}=b$, $\vec{OC}=c$ とおけば

$$\vec{OA'} = \alpha a, \qquad \vec{OB'} = \beta b, \qquad \vec{OC'} = \gamma c \qquad (\alpha, \beta, \gamma \text{ は実数})$$

$\vec{OP}=p$, $\vec{OQ}=q$, $\vec{OR}=r$ とおけば

$$p = (1-t)b + tc = (1-\tau)\beta b + \tau\gamma c \qquad (t, \tau \text{ は実数})$$

$$\tau = \frac{1-\beta}{\gamma-\beta}, \quad t = \frac{1-\beta}{\gamma-\beta}\gamma \quad \Rightarrow \quad p = \frac{1-\gamma}{\beta-\gamma}\beta b + \frac{1-\beta}{\gamma-\beta}\gamma c$$

同じように，

$$q = \frac{1-\alpha}{\gamma-\alpha}\gamma c + \frac{1-\gamma}{\alpha-\gamma}\alpha a, \qquad r = \frac{1-\beta}{\alpha-\beta}\alpha a + \frac{1-\alpha}{\beta-\alpha}\beta b$$

$$p - q = \lambda(q - r), \qquad \lambda = \frac{\dfrac{1-\gamma}{\beta-\gamma}}{\dfrac{1-\alpha}{\alpha-\beta}}$$

Q. E. D.

デザルグ（Gérard Desargues, 1593〜1662）は，17 世紀の前半に活躍したフランスの数学者です．デカルトとも親しく，解析幾何の分野で重要な貢献をしました．とくに，1639 年に刊行された円錐曲線にかんする著書は，射影幾何学の始まりといわれています．しかし，この書物はたいへん難解で，その意味が理解されるようになったのは，それから 200 年経って，同じフランスの数学者ミシェル・シャールの解説を通じてでした．

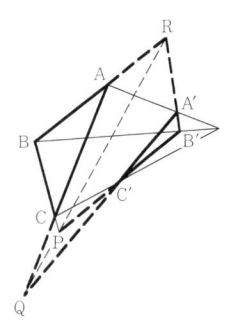

図 9-1-9

図 9-1-10

練習問題

(1) 2 つの三角形 △ABC, △A′B′C′ について，対応する頂点をむすぶ 3 つの直線 AA′, BB′, CC′ が図 9-1-10 に示されているようなかたちで 1 点 O で交わる場合について，デザルグの定理を証明しなさい．

(2) 2つの平行な直線上にそれぞれ A, B, C と A′, B′, C′ がある．このとき，2組の直線 AA′, BB′ および BB′, CC′ の交点 P, Q が一致するための必要，十分な条件は
$$\overline{AB} : \overline{BC} = \overline{A'B'} : \overline{B'C'}$$

答え　略

2

パスカルの定理

　パスカルの定理は2つありますが，どちらも，デザルグの定理と同じように証明がたいへんむずかしい定理です．

パスカルの第1定理　2つの直線 l, l' 上にそれぞれ3つの点 A, B, C および A′, B′, C′ がある．このとき，BC′ と B′C, CA′ と C′A, AB′ と A′B またはその延長の交点をそれぞれ P, Q, R とすれば，この3つの点 P, Q, R は一直線上にある．

パスカルの第2定理　円に内接する六角形 ABCDEF について，相対する3組の2辺，AB と DE, BC と EF, CD と FA またはその延長の交点 P, Q, R は一直線上にある．

パスカルの定理を証明する

　パスカルの定理は，デザルグの定理と同じように，その証明がむずかしいので，第2巻『図形を考える―幾何』ではお話ししませんでした．

第1定理の証明　AB′ と A′C またはその延長が交わる点を X, A′C と BC′ またはその延長が交わる点を Y, AB′ と BC′ またはその延長が交わる点を Z とします．

　三角形 △XYZ の各辺またはその延長を3つの直線 B′PC, C′QA, A′RB で切ると考えて，メネラウスの定理を適用すれば，つぎの3つの関係式が求められます．

$$\frac{\overline{B'Z}}{\overline{B'X}} \cdot \frac{\overline{CX}}{\overline{CY}} \cdot \frac{\overline{PY}}{\overline{PZ}} = 1, \quad \frac{\overline{C'Y}}{\overline{C'Z}} \cdot \frac{\overline{AZ}}{\overline{AX}} \cdot \frac{\overline{QX}}{\overline{QY}} = 1,$$

$$\frac{\overline{A'X}}{\overline{A'Y}} \cdot \frac{\overline{BY}}{\overline{BZ}} \cdot \frac{\overline{RZ}}{\overline{RX}} = 1$$

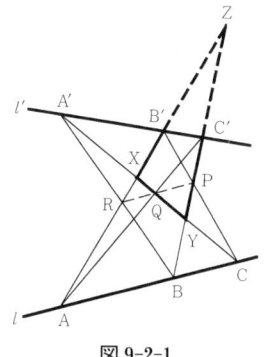

図 9-2-1

また，2つの直線 ABC, A'B'C' で切ると考えて
$$\frac{\overline{AZ}}{\overline{AX}}\frac{\overline{CX}}{\overline{CY}}\frac{\overline{BY}}{\overline{BZ}}=1, \quad \frac{\overline{A'X}}{\overline{A'Y}}\frac{\overline{C'Y}}{\overline{C'Z}}\frac{\overline{B'Z}}{\overline{B'X}}=1$$
この5つの関係式から，$\dfrac{\overline{PY}}{\overline{PZ}}\dfrac{\overline{RZ}}{\overline{RX}}\dfrac{\overline{QX}}{\overline{QY}}=1$.

メネラウスの定理の逆を適用すれば，3つの点 P, Q, R が一直線上にあることがわかります．　　　　　　　　　Q. E. D.

第2定理の証明　△FCQ の外接円をえがき，BC, EF の延長との交点をそれぞれ S, T とします．四辺形 □FCSQ, □ABCF はともに円に内接するから，
$$\angle SQF = \angle BCF = \angle RAF \implies QS \parallel AB$$
同じようにして，TS ∥ EB, TQ ∥ DE.

したがって，2つの三角形 △BER, △STQ の3つの辺がそれぞれ平行になるから，対応する頂点をむすんだ2直線 BS, ET の交点 P とのこりの対応する2頂点 Q, R とは一直線上にあることがわかります．

　　　　　　　　　　　　　　　　　　　　　　　Q. E. D.

図 9-2-2

パスカルの第2定理と射影幾何 ☆

　パスカルの第2定理は，円に内接する六角形にかんする定理ですので，厳密にいうと射影幾何の命題ではありません．円のアフィン変換をほどこすと一般に楕円になって，円ではなくなってしまうからです．パスカルの第2定理は，つぎのように表現すれば，射影幾何の命題となります．

パスカルの第2定理の一般化　楕円に内接する六角形 ABCDEF について，相対する3組の2辺，AB と DE，BC と EF, CD と FA またはその延長の交点 P, Q, R は一直線上にある．

証明　楕円の方程式がつぎのようにあらわされているとします．
$$(x, y) A \begin{pmatrix} x \\ y \end{pmatrix} = 1$$
ここで，$A = \begin{pmatrix} a & b \\ b & c \end{pmatrix}$ はポジティヴ・デフィニットなマトリックスです．したがって，適当な直交変換 T によって

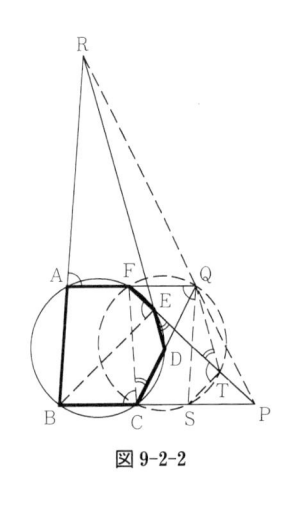

図 9-2-3

$$A = T^{-1}\begin{pmatrix} u & 0 \\ 0 & v \end{pmatrix}T \qquad (u, v > 0)$$

とあらわすことができます.

$$B = \begin{pmatrix} \sqrt{u} & 0 \\ 0 & \sqrt{v} \end{pmatrix}T$$

とおけば，$A = B'B$. アフィン変換 $\begin{pmatrix} \xi \\ \eta \end{pmatrix} = B\begin{pmatrix} x \\ y \end{pmatrix}$ をほどこすと，上の楕円の方程式は

$$(\xi, \eta)\begin{pmatrix} \xi \\ \eta \end{pmatrix} = (x, y)B'B\begin{pmatrix} x \\ y \end{pmatrix} = (x, y)A\begin{pmatrix} x \\ y \end{pmatrix} = 1$$

すなわち，もとの楕円はアフィン変換 $\begin{pmatrix} \xi \\ \eta \end{pmatrix} = B\begin{pmatrix} x \\ y \end{pmatrix}$ によって原点 O を中心とする半径 1 の円になることがわかります. $\overrightarrow{OP} = p$, $\overrightarrow{OQ} = q$, $\overrightarrow{OR} = r$ に対して，パスカルの第 2 定理を適用すれば，3 つのベクトル Bp, Bq, Br の端点が一直線上にあることがわかります．ゆえに，p, q, r の端点 P, Q, R も一直線上にあります． Q. E. D.

第 10 章
球面幾何

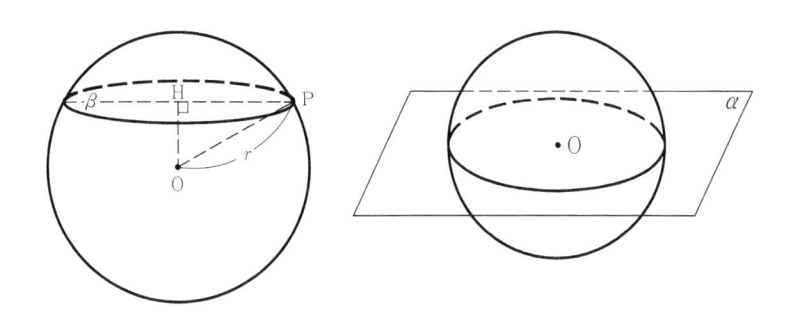

　3次元空間のなかで，1点Oからの距離がある一定の長さrの点Pの集合が球です．Oを球の中心，rを球の半径といいます．

　球の中心Oを通る平面αが球と交わってできる円を，球の大円といいます．一方，小円は，球の中心Oを通らない平面βが球と交わってできる円です．球の中心Oから平面βに下ろした垂線の足をHとすれば，Hは，小円の中心となります．小円上の任意の点Pをとれば，△OPHは直角三角形となり，$\overline{\mathrm{HP}}=\sqrt{\overline{\mathrm{OP}}^2-\overline{\mathrm{OH}}^2}<\overline{\mathrm{OP}}$．小円の半径はかならず，大円の半径$r$より小さくなるわけです．

　大円は，球面上で直線の役割をはたします．球面上にある2つの点A, Bの間の球面距離$d(\mathrm{A}, \mathrm{B})$は，A, Bを通る大円を考えて，弧ABの長さと定義します．ここでは，たんにA, B間の距離ということにします．A, Bを通る大円は平面$\mathrm{A}\cup\mathrm{B}\cup\mathrm{O}$上にあるから，弧ABの長さは一意的に決まります．したがって，$d(\mathrm{A}, \mathrm{B})$も一意的に決まってきます．ラジアンで測った∠AOBの大きさをθとおけば

$$d(\mathrm{A}, \mathrm{B}) = r\theta$$

　A, Bを通る大円に垂直な球の直径をこの大円の軸といい，その両端P, Qを極といいます．大円を赤道と考えれば，北極，南極が極になるわけです．小円についても，同じようにして，軸，極を定義することができます．ただし，小円の極

というとき，2つの極のうち，小円に近い極を指すのがふつうです．大円あるいは小円の各点は，それぞれの極から同じ距離にあります．赤道や緯線上の各点が，北極または南極から同じ距離にあることを意味するわけです．［球の英語はSphere，大円，小円はGreat Circle, Small Circle，球面距離はSpherical Distanceです．軸，極はAxis, Poleです．北極，南極の英語はNorth Pole, South Poleです．］

1

球面三角形

球の大円，小円，極

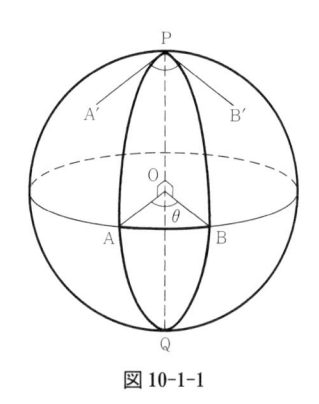

図 10-1-1

中心 O，半径 1 の球面上の 2 点 A, B を通る大円の極 P における 2 つの大円 PA, PB の接線を PA′, PB′ とすれば，
$$d(A, B) = \theta = \angle AOB = \angle A'PB'$$

証明 $\angle A'PO = \angle AOP = \dfrac{\pi}{2}$, $\angle B'PO = \angle BOP = \dfrac{\pi}{2}$
$\Rightarrow$ PA′ ∥ OA, PB′ ∥ OB $\Rightarrow$ $\angle A'PB' = \angle AOB$
$\hfill$ Q. E. D.

以下，半径 1 の球を考えることにします．

図 10-1-1 で，もう 1 つの極を Q としたとき，2 つの大円 PAQ, PBQ にはさまれた月形 PAQBP の面積 $S(A, B)$ は
$$S(A, B) = 2\theta$$

証明 球面の全面積を S とおけば，$S(A, B) = \dfrac{\theta}{2\pi}S$．球の表面積 S は 4π に等しいから，$S(A, B) = 2\theta$．$\hfill$ Q. E. D.

球面三角形

3 つの大円にかこまれた図形を球面三角形といいます．2 つずつとった大円の交点 A, B, C が球面三角形の頂点となり，

この球面三角形を △ABC と記します．ここで，いつも半径 1 の球を考えることにすれば，球面三角形 △ABC の角 A, B, C の大きさは，それぞれ相対する辺 BC, CA, AB の長さとなります．球面三角形 △ABC の角 A, B, C の大きさ A, B, C は，それぞれの角をはさむ 2 つの辺——大円——の間の角として定義されます．

定理 球面三角形 △ABC の面積 S は
$$S = A+B+C-\pi$$
に等しい．[右辺は，球面三角形 △ABC の球面余剰といわれるものです．]

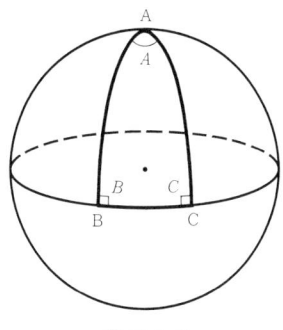

図 10-1-2

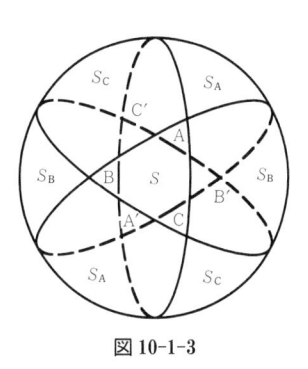

証明 たとえば，頂点 A が BC をふくむ大円の極になっている場合を考えれば
$$B = C = \frac{\pi}{2} \Rightarrow A+B+C-\pi = A$$
他方，
$$S = \frac{A}{2\pi} \times \frac{1}{2} \times 4\pi = A \Rightarrow S = A = A+B+C-\pi$$

一般の球面三角形 △ABC については，まず，各辺を延長し大円として，球面を 8 つの部分に分割します．各辺を延長した大円は，A, B, C の他に A', B', C' で交わります．このときにできる球面三角形 △A'B'C' は △ABC と同じ面積です．のこりの部分の面積は，図 10-1-3 に示されているように，S_A, S_B, S_C がそれぞれ 2 つずつあります．

$$S+S_A = \frac{A}{2\pi} \times 4\pi = 2A, \quad S+S_B = \frac{B}{2\pi} \times 4\pi = 2B,$$
$$S+S_C = \frac{C}{2\pi} \times 4\pi = 2C$$
$$3S+S_A+S_B+S_C = 2(A+B+C)$$

図 10-1-3

他方，
$$2(S+S_A+S_B+S_C) = 4\pi \Rightarrow S+S_A+S_B+S_C = 2\pi$$
したがって，
$$2S = 2(A+B+C-\pi) \Rightarrow S = A+B+C-\pi$$
Q. E. D.

多面体にかんするオイラーの定理——ラグランジュのエレガントな証明

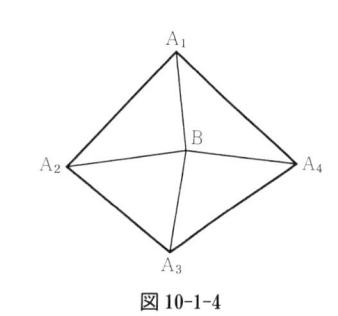

さきに，多面体の面の数 f，稜の数 e，頂点の数 v の間には，つぎのオイラーの関係式が成立することをみました．
$$f-e+v = 2$$

ラグランジュによるエレガントな証明 多面体 $F_1F_2\cdots F_f$ の各面を三角形に分割しても，オイラー数 $f-e+v$ は不変に保たれます．

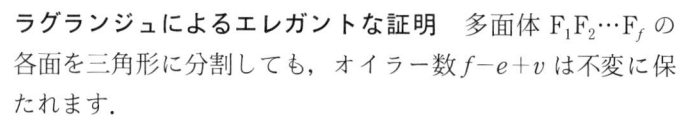

このことは，つぎのようにしてたしかめることができます．いま，多面体の1つの面をとり，その頂点を $A_1, A_2, \cdots, A_{n-1}, A_n$ とします．この面のなかに1点 B をとり，B を新しく頂点に加えた多面体を考えます．このとき，n 個の三角形 $BA_1A_2, BA_2A_3, \cdots, BA_nA_1$ の面が新しく付け加えられます．このとき，面の数 f，稜の数 e，頂点の数 v の増加をそれぞれ，$\Delta f, \Delta e, \Delta v$ とすれば，
$$\Delta f = n-1, \quad \Delta e = n, \quad \Delta v = 1$$
したがって，
$$\Delta(f-e+v) = \Delta f - \Delta e + \Delta v = (n-1)-n+1 = 0$$
すなわち，オイラー数は変わりません．他の面についても，同じ操作をすればよいわけです．したがって，最初から各面が三角形の場合を考えればよい．

多面体を球に投影しても，オイラー数は $f-e+v$ は不変に保たれるから，半径1の球面上にあると考えてよい．多面体 $F_1F_2\cdots F_f$ の各面を球面三角形 $\triangle A_jB_jC_j$ であらわし，その内角を A_j, B_j, C_j とし，面積を S_j とする．ここで，$j=1, \cdots, f$．
$$S_j = A_j + B_j + C_j - \pi$$
$$4\pi = \sum_{j=1,\cdots,f} S_j = \sum_{j=1,\cdots,f} (A_j+B_j+C_j-\pi)$$
$$= \sum_{j=1,\cdots,f} (A_j+B_j+C_j) - f\pi$$
$\sum_{j=1,\cdots,f}(A_j+B_j+C_j)$ は，各頂点に注目すれば
$$\sum_{j=1,\cdots,f}(A_j+B_j+C_j) = v\times 2\pi$$
したがって，

図 10-1-4

$$4\pi = v \times 2\pi - f\pi \quad \Rightarrow \quad 2 = v - \frac{f}{2}$$

辺の数 e を数えるとき，つぎのことに注目します．
（ⅰ） 各面には 3 つの辺がある．
（ⅱ） 各辺がちょうど 2 つの面によって共有されている．
したがって，

$$e = \frac{3f}{2} \quad \Rightarrow \quad f - e + v = f - \frac{3f}{2} + v = v - \frac{f}{2} = 2$$

Q. E. D.

❖ 第1章　連立二元一次方程式と線形変換

問題1 $A^2 = \begin{pmatrix} a & b \\ c & d \end{pmatrix}\begin{pmatrix} a & b \\ c & d \end{pmatrix}$
$= \begin{pmatrix} a^2+bc & b(a+d) \\ c(a+d) & d^2+bc \end{pmatrix} = \begin{pmatrix} 0 & 0 \\ 0 & 0 \end{pmatrix}$

$a^2+bc = d^2+bc = 0, \quad b(a+d) = c(a+d) = 0$

(i) $b=0$ のとき, $a=d=0$.
(ii) $b \neq 0$ のとき, $a=-d$, $bc=-a^2$.

したがって, (i),(ii) を合わせて, $A = \begin{pmatrix} a & b \\ c & -a \end{pmatrix}$, $bc=-a^2$.

問題2
$A^2 = I$
$\Rightarrow \begin{pmatrix} a & b \\ c & d \end{pmatrix}\begin{pmatrix} a & b \\ c & d \end{pmatrix} = \begin{pmatrix} a^2+bc & b(a+d) \\ c(a+d) & d^2+bc \end{pmatrix}$
$= \begin{pmatrix} 1 & 0 \\ 0 & 1 \end{pmatrix}$

$a^2+bc = d^2+bc = 1, \quad b(a+d) = c(a+d) = 0$

(i) $a+d \neq 0$ のとき, $b=c=0$, $a=\pm 1$, $d=\pm 1 \Rightarrow A = \begin{pmatrix} \pm 1 & 0 \\ 0 & \pm 1 \end{pmatrix}$.

(ii) $a+d=0$ のとき, $d=-a$, $bc=1-a^2 \Rightarrow A = \begin{pmatrix} a & b \\ c & -a \end{pmatrix} [bc=1-a^2]$.

問題3
$A^2 = -I$
$\Rightarrow \begin{pmatrix} a & b \\ c & d \end{pmatrix}\begin{pmatrix} a & b \\ c & d \end{pmatrix} = \begin{pmatrix} a^2+bc & b(a+d) \\ c(a+d) & d^2+bc \end{pmatrix}$
$= \begin{pmatrix} -1 & 0 \\ 0 & -1 \end{pmatrix}$

$a^2+bc = d^2+bc = -1, \quad b(a+d) = c(a+d) = 0$

(i) $a+d \neq 0$ のとき, $b=c=0$, $a^2=d^2=-1$ となって, 矛盾. [複素数のマトリックスは考えないことにしているからです.]

(ii) $a+d=0$ のとき, $d=-a$, $bc=-(1+a^2) \Rightarrow A = \begin{pmatrix} a & b \\ c & -a \end{pmatrix}$, $bc=-(1+a^2)$.

問題4
$A^2 - A = 0$
$\Rightarrow \left(A - \frac{1}{2}I\right)^2 = \frac{1}{4}I$
$\Rightarrow A - \frac{1}{2}I = \frac{1}{2}\begin{pmatrix} \pm 1 & 0 \\ 0 & \pm 1 \end{pmatrix}, \frac{1}{2}\begin{pmatrix} a & b \\ c & -a \end{pmatrix}$
$(bc = 1-a^2)$
$\Rightarrow A = \frac{1}{2}\begin{pmatrix} 1\pm 1 & 0 \\ 0 & 1\pm 1 \end{pmatrix}, \frac{1}{2}\begin{pmatrix} 1+a & b \\ c & 1-a \end{pmatrix}$
$(bc = 1-a^2)$

$A = \begin{pmatrix} 1 & 0 \\ 0 & 1 \end{pmatrix}, \begin{pmatrix} 0 & 0 \\ 0 & 0 \end{pmatrix}, \frac{1}{2}\begin{pmatrix} 1+a & b \\ c & 1-a \end{pmatrix}$
$(bc = 1-a^2)$

問題5 $X^2 + pX + qI = 0$
$\Rightarrow \left(X + \frac{p}{2}I\right)^2 = \frac{p^2-4q}{4}I$

(i) $p^2-4q > 0$ のとき
$X + \frac{p}{2}I = \frac{\sqrt{p^2-4q}}{2}\begin{pmatrix} \pm 1 & 0 \\ 0 & \pm 1 \end{pmatrix}, \frac{\sqrt{p^2-4q}}{2}\begin{pmatrix} a & b \\ c & -a \end{pmatrix}$
$(bc=1-a^2)$

$X = \begin{pmatrix} \dfrac{-p \pm \sqrt{p^2-4q}}{2} & 0 \\ 0 & \dfrac{-p \pm \sqrt{p^2-4q}}{2} \end{pmatrix}$

あるいは

$X = \begin{pmatrix} \dfrac{-p+\sqrt{p^2-4q}\,a}{2} & \dfrac{\sqrt{p^2-4q}\,b}{2} \\ \dfrac{\sqrt{p^2-4q}\,c}{2} & \dfrac{-p-\sqrt{p^2-4q}\,a}{2} \end{pmatrix}$
$(bc=1-a^2)$

(ii) $p^2 - 4q = 0$ のとき
$X + \frac{p}{2}I = \begin{pmatrix} a & b \\ c & -a \end{pmatrix}$ $(bc = -a^2)$

$$\Rightarrow \quad X = \begin{pmatrix} -\dfrac{p}{2}+a & b \\ c & -\dfrac{p}{2}-a \end{pmatrix} \quad (bc=-a^2)$$

(iii) $p^2-4q<0$ のとき

$$X+\dfrac{p}{2}I = \dfrac{\sqrt{4q-p^2}}{2}\begin{pmatrix} a & b \\ c & -a \end{pmatrix} \quad [bc=-(1+a^2)]$$

$$X = \begin{pmatrix} \dfrac{-p+\sqrt{4q-p^2}\,a}{2} & \dfrac{\sqrt{4q-p^2}\,b}{2} \\ \dfrac{\sqrt{4q-p^2}\,c}{2} & \dfrac{-p-\sqrt{4q-p^2}\,a}{2} \end{pmatrix}$$
$$[bc=-(1+a^2)]$$

問題 6 つぎの等式を使えばよい．
$$(I-A)(I+A+A^2+\cdots+A^{n-1})=I-A^n$$

❖ 第2章 ベクトルの考え方

問題 1 (1) $I'I=I$. (2) $A'A=I \Rightarrow (A'A)^{-1}=A^{-1}(A^{-1})'=I$. [ここで，$(AB)'=B'A'$，$(A')^{-1}=(A^{-1})'$ に留意する.]
(3) $A'A=I$, $B'B=I \Rightarrow (AB)'(AB)=B'A'AB=B'IB=B'B=I$.
[線形変換の集まり上の3つの条件をみたすとき，群(Group)をなすといいます．直交変換の集まりがつくる直交変換群は，空間の構造をしらべるさいに重要な役割をはたします．]

問題 2
$$A'A=I$$
$$\Rightarrow \begin{pmatrix} a & c \\ b & d \end{pmatrix}\begin{pmatrix} a & b \\ c & d \end{pmatrix} = \begin{pmatrix} a^2+c^2 & ab+cd \\ ab+cd & b^2+d^2 \end{pmatrix}$$
$$= \begin{pmatrix} 1 & 0 \\ 0 & 1 \end{pmatrix}$$
$$\Rightarrow a^2+c^2=1,\ b^2+d^2=1,\ ab+cd=0$$

このとき $\varDelta(A)=\varDelta(A')$，$\varDelta(I)=1$ であるから，$\varDelta(A)=\pm 1$.

(i) $\varDelta(A)=ad-bc=1$ の場合．
$a=0$ のとき，
$$c=\pm 1,\ d=0,\ b=\pm 1,\ bc=-1$$
$$\Rightarrow A = \begin{pmatrix} 0 & -1 \\ 1 & 0 \end{pmatrix},\ \begin{pmatrix} 0 & 1 \\ -1 & 0 \end{pmatrix}$$

$a\ne 0$ のとき，
$$b = -\dfrac{cd}{a}$$

$$\Rightarrow \left(-\dfrac{cd}{a}\right)^2+d^2=1$$
$$\Rightarrow d=a,\ b=-c$$
あるいは $d=-a,\ b=c$

$d=-a,\ b=c$ ならば，$ad-bc=-(a^2+b^2)$ となるから，$ad-bc=1$ が成り立たず不適である．よって，$A=\begin{pmatrix} a & b \\ -b & a \end{pmatrix}$，$a^2+b^2=1$.

$a=0$ のときと $a\ne 0$ のときを合わせても，A は下のかたちにあらわせる．
$$A = \begin{pmatrix} a & b \\ -b & a \end{pmatrix} \quad (a^2+b^2=1)$$

(ii) $\varDelta(A)=ad-bc=-1$ の場合も(i)と同様に考えれば，A が下のかたちにあらわせることがわかる．
$$A = \begin{pmatrix} a & b \\ b & -a \end{pmatrix} \quad (a^2+b^2=1)$$

逆に，上の(i)の場合の A と(ii)の場合の A が直交変換となること，すなわち $A'A=I$ となることは，計算をすればかんたんにわかる．

❖ 第3章 ベクトルと幾何

問題 (I)

問題 1 頂点 A を原点にとり，$b=\overrightarrow{AB}$，$c=\overrightarrow{AC}$ とおけば
$$\overrightarrow{AD} = \dfrac{c}{2}, \quad \overrightarrow{AE} = \dfrac{1}{2}\left(b+\dfrac{c}{2}\right) = \dfrac{b}{2}+\dfrac{c}{4}$$
$\overrightarrow{AP}=\lambda\left(\dfrac{b}{2}+\dfrac{c}{4}\right) (\lambda>0)$ が辺 BC 上にあるためには，
$$\lambda\left(\dfrac{b}{2}+\dfrac{c}{4}\right) = (1-t)b+tc$$
$$\Rightarrow \dfrac{\lambda}{2}+\dfrac{\lambda}{4} = 1$$
$$\Rightarrow \lambda = \dfrac{4}{3},\ t = \dfrac{1}{3}$$
$$\Rightarrow \overrightarrow{AP} = \dfrac{2}{3}b+\dfrac{1}{3}c$$
$$\Rightarrow \overrightarrow{BP} = \dfrac{1}{3}\overrightarrow{BC}$$

問題 2 頂点 A を原点にとり，$b=\overrightarrow{AB}$，$c=\overrightarrow{AC}$ と

おく．∠A の二等分線は $\dfrac{b}{\|b\|}+\dfrac{c}{\|c\|}$ のつくる直線となり，$\dfrac{b}{\|b\|}-\dfrac{c}{\|c\|}$ がこの二等分線に垂直なベクトルとなることはつぎの計算からわかる．
$$\left(\dfrac{b}{\|b\|}+\dfrac{c}{\|c\|},\dfrac{b}{\|b\|}-\dfrac{c}{\|c\|}\right)=\dfrac{(b,b)}{\|b\|^2}-\dfrac{(c,c)}{\|c\|^2}=0$$
$\overrightarrow{AD}=\lambda\left(\dfrac{b}{\|b\|}+\dfrac{c}{\|c\|}\right)(\lambda>0)$ とおけば，CD が AD に垂直となるときには
$$\lambda\left(\dfrac{b}{\|b\|}+\dfrac{c}{\|c\|}\right)=c+t\left(\dfrac{b}{\|b\|}-\dfrac{c}{\|c\|}\right)$$
をみたすような t が存在する．
$$\dfrac{\lambda-t}{\|b\|}b=\left(1-\dfrac{\lambda+t}{\|c\|}\right)c$$
$$\Rightarrow\quad t=\lambda=\dfrac{\|c\|}{2}$$
$$\Rightarrow\quad \overrightarrow{AD}=\lambda\left(\dfrac{b}{\|b\|}+\dfrac{c}{\|c\|}\right)=\dfrac{1}{2}\left(\dfrac{\|c\|}{\|b\|}b+c\right)$$
$\overrightarrow{AE}=\dfrac{1}{2}(b+c)$ だから，$\overrightarrow{DE}=\overrightarrow{AE}-\overrightarrow{AD}=\dfrac{1}{2}\left(1-\dfrac{\|c\|}{\|b\|}\right)b$．したがって，DE は AB に平行となり，$\overrightarrow{DE}=\dfrac{1}{2}(\|b\|-\|c\|)=\dfrac{1}{2}(\overrightarrow{AB}-\overrightarrow{AC})$．

問題 3 頂点 A を原点にとり，$b=\overrightarrow{AB}$，$c=\overrightarrow{AC}$ とおき，$\overrightarrow{AB}=\overrightarrow{AC}=1$ となるようにすれば，$(b,b)=(c,c)=1$，$(b,c)=0$．

つぎの関係からわかるように，$\overrightarrow{DB}=b-\dfrac{1}{2}c$ と垂直な直線 AE はベクトル $b+2c$ と平行となる．
$$(\overrightarrow{DB},b+2c)=\left(b-\dfrac{1}{2}c,b+2c\right)$$
$$=(b,b)+\dfrac{3}{2}(b,c)-(c,c)=0$$
$$\overrightarrow{AE}=\dfrac{1}{3}b+\dfrac{2}{3}c,$$
$$\overrightarrow{DE}=\overrightarrow{AE}-\overrightarrow{AD}=\left(\dfrac{1}{3}b+\dfrac{2}{3}c\right)-\dfrac{1}{2}c=\dfrac{1}{6}(2b+c),$$
$$\overrightarrow{DC}=\dfrac{1}{2}c$$
$$\cos\angle CDE=\dfrac{(2b+c,c)}{\|2b+c\|\|c\|}=\dfrac{1}{\sqrt{5}}$$

$$\overrightarrow{BD}=\dfrac{1}{2}c-b=\dfrac{1}{2}(c-2b),\quad \overrightarrow{AD}=\dfrac{1}{2}c$$
$$\Rightarrow\quad \cos\angle ADB=\dfrac{(c-2b,c)}{\|c-2b\|\|c\|}=\dfrac{1}{\sqrt{5}}$$
ゆえに，$\angle ADB=\angle CDE$．

問題 4 頂点 A を原点にとり，$b=\overrightarrow{AB}$，$c=\overrightarrow{AC}$，$p=\overrightarrow{AP}$，$q=\overrightarrow{AQ}$ とおけば
$$(p,b)=(q,c)=0,\quad (p,c)=(q,b)$$
$\overrightarrow{AM}=m$ とおけば，$m=\dfrac{1}{2}(p+q)$．
$$(m,b-c)=\dfrac{1}{2}(p+q,b-c)$$
$$=\dfrac{1}{2}\{(p,b)+(q,b)-(p,c)-(q,c)\}=0$$
ゆえに，MA⊥BC．

問題 5 頂点 A を原点にとり，$b=\overrightarrow{AB}$，$c=\overrightarrow{AC}$，$\overrightarrow{AE}=\lambda b$，$\overrightarrow{AD}=\mu c$ とおけば
$$(b-\mu c,c)=0,\quad (c-\lambda b,b)=0$$
$$\Rightarrow\quad (b,c)=\mu(c,c)=\lambda(b,b)$$
$$\overrightarrow{AM}=\dfrac{1}{2}(b+c),\quad \overrightarrow{AN}=\dfrac{1}{2}(\lambda b+\mu c)$$
$$\overrightarrow{NM}=\overrightarrow{AM}-\overrightarrow{AN}=\dfrac{1}{2}\{(1-\lambda)b+(1-\mu)c\},$$
$$\overrightarrow{DE}=\lambda b-\mu c$$
$$(\overrightarrow{NM},\overrightarrow{DE})=\left(\dfrac{1}{2}\{(1-\lambda)b+(1-\mu)c\},\lambda b-\mu c\right)$$
$$=\dfrac{1}{2}\{(b-\mu c,\lambda b)-(c-\lambda b,\mu c)\}$$
$$=\dfrac{1}{2}\{\lambda(b,b)-\lambda\mu(b,c)-\mu(c,c)+\lambda\mu(b,c)\}=0$$

問題 6 頂点 A を原点にとり，$b=\overrightarrow{AB}$，$c=\overrightarrow{AC}$ とおけば，$(b,b)=9(c,c)$．D は辺 BC を 3 : 1 の比で内分するから，$\overrightarrow{AD}=\dfrac{1}{4}b+\dfrac{3}{4}c$．

ところで，$\left(b-3c,\dfrac{1}{4}b+\dfrac{3}{4}c\right)=0$．したがって，$\overrightarrow{AD}$ と直交するベクトルは $b-3c$ を実数倍したものとなるから，$\overrightarrow{BH}=t(b-3c)$．$\overrightarrow{AH}=\lambda\overrightarrow{AD}$ とおけるから
$$\overrightarrow{AB}+\overrightarrow{BH}=\overrightarrow{AH}$$
$$\Rightarrow\quad b+t(b-3c)=\lambda\left(\dfrac{1}{4}b+\dfrac{3}{4}c\right)\quad(\lambda>0)$$

215

$$\Rightarrow \quad 1+t = \frac{1}{4}\lambda, \quad t = -\frac{1}{4}\lambda$$

$$\Rightarrow \quad t = -\frac{1}{2}, \quad \lambda = 2$$

$$\Rightarrow \quad \overrightarrow{AD} = \overrightarrow{DH}$$

問題 7 外接円の中心 O を原点とし，半径を 1 とする．$a=\overrightarrow{OA}$, $b=\overrightarrow{OB}$, $c=\overrightarrow{OC}$ とおけば，$h=\overrightarrow{OH}=a+b+c$, HK⊥BC.

$\overrightarrow{OK}=z=a+t(h-a)=a+t(b+c)$ とおけば

$$\overrightarrow{OK}^2 = (a+t(b+c), a+t(b+c)) = 1$$

$$\Rightarrow \quad t = -\frac{(a, b+c)}{1+(b, c)}$$

$$\overrightarrow{BK}^2 = (a+t(b+c)-b, a+t(b+c)-b)$$
$$= 2\{1-(a+t(b+c), b)\}$$
$$= 2\{1-(a, b)-t(b+c, b)\}$$
$$= 2[1-(a, b)-t\{1+(b, c)\}]$$
$$= 2\{1+(a, c)\}$$

$$\overrightarrow{BH}^2 = (h-b, h-b) = (a+c, a+c) = 2\{1+(a, c)\}$$

$$\Rightarrow \quad \overrightarrow{BK} = \overrightarrow{BH}$$

ゆえに，△HBK は二等辺三角形となり，$\overrightarrow{HD}=\overrightarrow{DK}$.

問題 8 $a=\overrightarrow{CA}$, $b=\overrightarrow{CB}$, $p=\overrightarrow{CP}$ とおけば

$$(a, a) = (b, b), \quad (a, b) = 0, \quad p = (1-t)a+tb$$
$$(0<t<1)$$

$$\overrightarrow{AP}^2 + \overrightarrow{BP}^2 = (p-a, p-a) + (p-b, p-b)$$
$$= \{t^2+(1-t)^2\}(a-b, a-b)$$
$$= \{t^2+(1-t)^2\}\{(a, a)+(b, b)\}$$
$$= 2\{t^2+(1-t)^2\}(a, a)$$

$$\overrightarrow{CP}^2 = (p, p) = ((1-t)a+tb, (1-t)a+tb)$$
$$= (1-t)^2(a, a) + t^2(b, b)$$
$$= \{t^2+(1-t)^2\}(a, a)$$

ゆえに，$\overrightarrow{AP}^2+\overrightarrow{BP}^2=2\overrightarrow{CP}^2$.

問題 9 A を原点とし，$b=\overrightarrow{AB}$, $c=\overrightarrow{AC}$ とおけば

$$(b, c) = 0, \quad \overrightarrow{BC} = c-b, \quad \overrightarrow{AM} = \frac{1}{2}(b+c)$$

$\overrightarrow{AH}=(1-t)b+tc \ (0<t<1)$ とおけば

$$(\overrightarrow{AH}, \overrightarrow{BC}) = 0 \Rightarrow t = \frac{(b, b)}{(b, b)+(c, c)}$$

$$\overrightarrow{AH} = \frac{(c, c)}{(b, b)+(c, c)}b + \frac{(b, b)}{(b, b)+(c, c)}c$$

$$\overrightarrow{MH}$$
$$= \overrightarrow{AH} - \overrightarrow{AM}$$
$$= \left\{\frac{(c, c)}{(b, b)+(c, c)}b + \frac{(b, b)}{(b, b)+(c, c)}c\right\} - \frac{1}{2}(b+c)$$

$$= \frac{1}{2}\left\{\frac{(c, c)-(b, b)}{(b, b)+(c, c)}b + \frac{(b, b)-(c, c)}{(b, b)+(c, c)}c\right\}$$

$$\overrightarrow{MH}^2 = \frac{1}{4}\left[\left\{\frac{(c, c)-(b, b)}{(b, b)+(c, c)}\right\}^2(b, b)\right.$$
$$\left. + \left\{\frac{(b, b)-(c, c)}{(b, b)+(c, c)}\right\}^2(c, c)\right]$$

$$= \frac{1}{4}\frac{\{(b, b)-(c, c)\}^2}{(b, b)+(c, c)}$$

$$\overrightarrow{BC}^2 \times \overrightarrow{MH}^2 = \{(b, b)+(c, c)\} \times \frac{1}{4}\frac{\{(b, b)-(c, c)\}^2}{(b, b)+(c, c)}$$

$$= \frac{1}{4}\{(b, b)-(c, c)\}^2$$

$$\overrightarrow{AB}^2 - \overrightarrow{AC}^2 = (b, b)-(c, c)$$

ゆえに，$\overrightarrow{AB}^2-\overrightarrow{AC}^2=2\times\overrightarrow{BC}\times\overrightarrow{MH}$.

問題 10 2 つの対角線 AC, BD の交点 O を原点とし，$a=\overrightarrow{OA}$, $b=\overrightarrow{OB}$ とおけば

$$(a, b) = 0, \quad \overrightarrow{OC} = -\lambda a, \quad \overrightarrow{OD} = -\mu b$$
$$(\lambda, \mu > 0)$$

$$\overrightarrow{AB}^2 = (b-a, b-a) = (a, a)+(b, b)$$
$$\overrightarrow{CD}^2 = (\mu b-\lambda a, \mu b-\lambda a) = \lambda^2(a, a)+\mu^2(b, b)$$
$$\overrightarrow{AD}^2 = (\mu b+a, \mu b+a) = (a, a)+\mu^2(b, b)$$
$$\overrightarrow{BC}^2 = (\lambda a+b, \lambda a+b) = \lambda^2(a, a)+(b, b)$$

ゆえに，$\overrightarrow{AB}^2+\overrightarrow{CD}^2=(\lambda^2+1)(a, a)+(\mu^2+1)(b, b)$
$=\overrightarrow{AD}^2+\overrightarrow{BC}^2$.

問題 11 $a=\overrightarrow{DA}$, $c=\overrightarrow{DC}$, $p=\overrightarrow{DP}$ とおけば

$$(a, c) = 0, \quad \overrightarrow{DB} = a+c$$

$$\overrightarrow{PA}^2 = (p-a, p-a) = (p, p)-2(p, a)+(a, a)$$
$$\overrightarrow{PB}^2 = (p-a-c, p-a-c)$$
$$= (p, p)-2(p, a)-2(p, c)+(a, a)+(c, c)$$
$$\overrightarrow{PC}^2 = (p-c, p-c) = (p, p)-2(p, c)+(c, c)$$
$$\overrightarrow{PD}^2 = (p, p)$$

$$\overrightarrow{PA}^2+\overrightarrow{PC}^2$$
$$= 2(p, p)-2(p, a)-2(p, c)+(a, a)+(c, c)$$
$$= \overrightarrow{PB}^2+\overrightarrow{PD}^2$$

問題 12 △ABC の外心 O を原点とし，外接円の半径を 1 とし，つぎのようにあらわす．

$$a = \overrightarrow{OA}, \quad b = \overrightarrow{OB}, \quad c = \overrightarrow{OC},$$
$$u = \overrightarrow{AD}, \quad tu = \overrightarrow{AE}$$

$$\overrightarrow{AB}^2 = (b-a, b-a) = (b, b)-2(a, b)+(a, a)$$
$$= 2\{1-(a, b)\}$$
$$\overrightarrow{AC}^2 = (c-a, c-a) = (c, c)-2(a, c)+(a, a)$$
$$= 2\{1-(a, c)\}$$

$$(*) \quad u = \frac{\sqrt{1-(a,c)}}{\sqrt{1-(a,b)}+\sqrt{1-(a,c)}}(b-a)$$
$$+\frac{\sqrt{1-(a,b)}}{\sqrt{1-(a,b)}+\sqrt{1-(a,c)}}(c-a)$$
$$(a+tu, a+tu) = 1 \Rightarrow t = \frac{-2(a,u)}{(u,u)}$$

式($*$)を用いると
$$-(a,u) = \sqrt{1-(a,b)}\sqrt{1-(a,c)}$$
$$\overrightarrow{AD}^2 \times \overrightarrow{AE}^2 = (u,u) \times t^2(u,u)$$
$$= 4\{1-(a,b)\}\{1-(a,c)\}$$

ゆえに，$\overrightarrow{AB} \times \overrightarrow{AC} = \overrightarrow{AD} \times \overrightarrow{AE}$.

問題 13 $b = \overrightarrow{AB}$, $c = \overrightarrow{AC}$, $\overrightarrow{AP} = \lambda b$ ($0 < \lambda < 1$) とおけば，$\overrightarrow{AQ} = \lambda c$.

$\overrightarrow{AR}$ はつぎの方程式を t, s について解けばよい．
$$\overrightarrow{AR} = (1-t)b + t\lambda c = (1-s)\lambda b + sc$$
$$\Rightarrow 1-t = (1-s)\lambda, \quad t\lambda = s$$
$$\Rightarrow t = \frac{1}{1+\lambda}, \quad 1-t = \frac{\lambda}{1+\lambda}$$
$$\Rightarrow \overrightarrow{AR} = \frac{\lambda}{1+\lambda}(b+c)$$
$$\Rightarrow \overrightarrow{AS} = \frac{1}{2}(b+c)$$

問題 14 $a = \overrightarrow{EA}$, $b = \overrightarrow{EB}$ とおく．AD ∥ BC だから，$\overrightarrow{EC} = -ka$ とすれば，$\overrightarrow{ED} = -\frac{1}{k}b$．$p = \overrightarrow{EP}$, $q = \overrightarrow{EQ}$ とおけば
$$p = \frac{k}{k+1}a + \frac{1}{k+1}b,$$
$$q = \frac{k}{k+1}\left(-\frac{1}{k}b\right) + \frac{1}{k+1}(-ka)$$
$$= -\frac{k}{k+1}a - \frac{1}{k+1}b$$

したがって，$p + q = 0$.

問題 15 四角形 □PQRS は平行四辺形となるから [78ページの練習問題(1)参照]，N は PR, QS のそれぞれの中点になる．対角線 AC, BD の交点 O を原点として，$a = \overrightarrow{OA}$, $b = \overrightarrow{OB}$ とおけば
$$\overrightarrow{OC} = -\lambda a, \quad \overrightarrow{OD} = -\mu b \quad (\lambda, \mu > 0)$$
$$\overrightarrow{OL} = \frac{1}{2}(\overrightarrow{OA} + \overrightarrow{OC}) = \frac{1-\lambda}{2}a,$$
$$\overrightarrow{OM} = \frac{1}{2}(\overrightarrow{OB} + \overrightarrow{OD}) = \frac{1-\mu}{2}b$$

ここで LM の中点のベクトルを求めると

$$\frac{1}{2}(\overrightarrow{OL} + \overrightarrow{OM}) = \frac{1}{2}\left(\frac{1-\lambda}{2}a + \frac{1-\mu}{2}b\right)$$
$$= \frac{1-\lambda}{4}a + \frac{1-\mu}{4}b$$
$$\overrightarrow{OP} = \frac{1}{2}(a+b), \quad \overrightarrow{OR} = \frac{1}{2}(-\lambda a - \mu b)$$
$$\frac{1}{2}(\overrightarrow{OP} + \overrightarrow{OR}) = \frac{1}{2}\left\{\frac{1}{2}(a+b) + \frac{1}{2}(-\lambda a - \mu b)\right\}$$
$$= \frac{1-\lambda}{4}a + \frac{1-\mu}{4}b$$

N は PR の中点であるから，$\overrightarrow{ON} = \frac{1-\lambda}{4}a + \frac{1-\mu}{4}b$.

ゆえに，N が LM の中点と一致するので，L, M, N は一直線上にある．

問 題 (II)

問題 1 A から底辺 BC に下ろした垂線の足 H を原点とする．
$$a = \overrightarrow{HA}, \quad b = \overrightarrow{HB}, \quad c = \overrightarrow{HC},$$
$$p = \overrightarrow{HP} = (1-t)a + tb \quad (0 \leq t \leq 1)$$
$$q = \overrightarrow{HQ} = tb, \quad s = \overrightarrow{HS} = (1-t)a + tc, \quad \overrightarrow{HR} = tc$$
$$\overrightarrow{PQ} = (1-t)\|a\|, \quad \overrightarrow{QR} = t(\|b\| + \|c\|)$$
$$[\Box PQRS] = \overrightarrow{PQ} \times \overrightarrow{QR} = (1-t)t\|a\|(\|b\| + \|c\|)$$
$$= \left\{\frac{1}{4} - \left(\frac{1}{2} - t\right)^2\right\}\|a\|(\|b\| + \|c\|)$$

□PQRS の面積の最大値は，$t = \frac{1}{2}$ のときで，
$$[\Box PQRS] = \frac{1}{4}\|a\|(\|b\| + \|c\|) = \frac{1}{2}\triangle ABC.$$

問題 2 2つの直線 OX, OY 上に点 B, C をつぎのようにとる．
$$a = \overrightarrow{OA}, \quad b = \overrightarrow{OB}, \quad c = \overrightarrow{OC},$$
$$(b,b) = (c,c) = 1, \quad (b,c) = 0$$
$\overrightarrow{OP} = p = xb$, $\overrightarrow{OQ} = q = yc$ とおけば，
$$\overrightarrow{AP}^2 + \overrightarrow{PQ}^2 + \overrightarrow{QA}^2$$
$$= (xb-a, xb-a) + (yc-xb, yc-xb)$$
$$+ (a-yc, a-yc)$$
$$= 2\left[\left\{x - \frac{(a,b)}{2}\right\}^2 + \left\{y - \frac{(a,c)}{2}\right\}^2\right.$$
$$\left. + (a,a) - \frac{(a,b)^2}{4} - \frac{(a,c)^2}{4}\right]$$

$x = \frac{(a,b)}{2}$, $y = \frac{(a,c)}{2}$ のとき，最小値 $2\left\{(a,a) - \right.$

217

$\left.\dfrac{(a,b)^2}{4}-\dfrac{(a,c)^2}{4}\right\}$ をとる．

問題 3 C を原点とし，$a=\overrightarrow{CA}$, $b=\overrightarrow{CB}$, $p=\overrightarrow{CP}$, $q=\overrightarrow{CQ}$ とおけば

$(a,b)=0$, $\quad p=ta$, $\quad q=sb$ $\quad (0<t,s<1)$

$\overrightarrow{AQ}^2+\overrightarrow{BP}^2-\overrightarrow{PQ}^2 = (q-a,q-a)+(p-b,p-b)$
$\qquad\qquad\qquad -(q-p,q-p)$
$\qquad = (sb-a,sb-a)+(ta-b,ta-b)$
$\qquad\qquad -(sb-ta,sb-ta)$
$\qquad = (a,a)+(b,b)$

問題 4 円の中心 O を原点，半径を 1 とする．$a=\overrightarrow{OA}$, $b=\overrightarrow{OB}$, $p=\overrightarrow{OP}$ とおけば

$(a,a),(b,b)>1$, $\quad (p,p)=1$

$\overrightarrow{PA}^2+\overrightarrow{PB}^2 = (p-a,p-a)+(p-b,p-b)$
$\qquad = 2(p,p)-2(p,a+b)+(a,a)+(b,b)$
$\qquad = 2\left(p-\dfrac{a+b}{2}, p-\dfrac{a+b}{2}\right)$
$\qquad\qquad +\dfrac{1}{2}(a-b,a-b)$

線分 AB の中点と O をむすぶ直線が円 O と交わる点 P_0 が求める点となる．

問題 5 円の中心 O を原点，半径を 1 とする．
$a=\overrightarrow{OA}$, $\quad p=\overrightarrow{OP}$, $\quad q=\overrightarrow{OQ}=\lambda p$,
$\qquad r=\overrightarrow{OR}=\mu a$

とおけば，$(a,a)=1$, $(q,q)=1$, $\lambda=\dfrac{1}{\|p\|}>1$, $\mu=(p,a)<1$. $\|r-p\|=\|q-p\|$ なので $\mu^2=\dfrac{2}{\lambda}-1$. QR の延長上の点 X について，$x=\overrightarrow{OX}=q+t(r-q)$ とおけば，$t=\dfrac{\lambda}{\lambda-1}$ のとき，$(x,a)=0$, $(x,x)=1$. X は AB に垂直な半径の端点 (P と反対側) となる．

問題 6 円 O の半径を 1 とし，$a=\overrightarrow{OA}$, $p=\overrightarrow{OP}$, $q=\overrightarrow{OQ}$ とおけば

$(a,a)>1$, $\quad (q,q)=1$, $\quad (p-q,q)=0$

$\overrightarrow{PA}=\overrightarrow{PQ}$
$\Rightarrow (p-a,p-a)=(p-q,p-q)$
$\Rightarrow (p,p)-2(a,p)+(a,a)=(p,p)-1$
$\Rightarrow (a,p)=\dfrac{1}{2}\{(a,a)+1\}$

$(a,p-c)=0$, $\quad c=\dfrac{1}{2}\left\{1+\dfrac{1}{(a,a)}\right\}a$

求める軌跡は，AO に垂直な直線となる．

問題 7 線分 AB の中点 O を原点，$\overrightarrow{AB}=2$ とし，$\overrightarrow{OA}=a$, $\overrightarrow{OB}=-a$, $(a,a)=1$, $(c,a)=0$, $(c,c)=1$ となるような c を適当にとれば

$\overrightarrow{OP}=p=a+tc$, $\quad \overrightarrow{OQ}=q=-a+sc$ $\quad (t,s>0)$
$\qquad (p,p)=1+t^2$, $\quad (q,q)=1+s^2$

円 P, 円 Q はそれぞれ A, B で直線 l に接するから，
$\overrightarrow{PQ}=\overrightarrow{PR}+\overrightarrow{QR}=\overrightarrow{PA}+\overrightarrow{QB}$.

$(p-q,p-q)=(t+s)^2$, $\quad (p,q)=(a+tc,-a+sc)$
$\Rightarrow 4+(t-s)^2=(t+s)^2$, $\quad (p,q)=ts-1$
$\Rightarrow ts=1$, $\quad (p,q)=0$

円 P, Q の接点 R のベクトルを $x=\overrightarrow{OR}$ であらわせば，$x=\dfrac{s}{t+s}p+\dfrac{t}{t+s}q$.

$(x,x) = \left(\dfrac{s}{t+s}p+\dfrac{t}{t+s}q, \dfrac{s}{t+s}p+\dfrac{t}{t+s}q\right)$
$\qquad = \dfrac{s^2(1+t^2)}{(t+s)^2}+\dfrac{t^2(1+s^2)}{(t+s)^2}=1$

求める軌跡は，AB を直径とする円である．

問題 8 A を原点とし，$b=\overrightarrow{AB}$, $c=\overrightarrow{AC}$, $\overrightarrow{AP}=tb$, $\overrightarrow{AQ}=sc$ とおけば

$(b,c)=0$, $\quad (tb-sc,b-c)=0$
$\Rightarrow t(b,b)+s(c,c)=0$

したがって，$(b,b)=\dfrac{K}{t}$, $(c,c)=-\dfrac{K}{s}$ となるような実数 K が存在する．$x=\overrightarrow{AR}$ とおけば，

$(1-\lambda)b+\lambda sc=(1-\mu)c+\mu tb$
$\Rightarrow \lambda=\dfrac{1-t}{1-ts}$, $\mu=\dfrac{1-s}{1-ts}$

$x=\dfrac{t(1-s)}{1-ts}b+\dfrac{s(1-t)}{1-ts}c$

$\left(x-\dfrac{b+c}{2}, x-\dfrac{b+c}{2}\right)$
$\qquad = (x,x)-(x,b+c)+\left(\dfrac{b+c}{2},\dfrac{b+c}{2}\right)$

$(x,x) = \left\{\dfrac{t(1-s)}{1-ts}\right\}^2(b,b)+\left\{\dfrac{s(1-t)}{1-ts}\right\}^2(c,c)$
$\qquad = \left\{\dfrac{t(1-s)^2}{(1-ts)^2}-\dfrac{s(1-t)^2}{(1-ts)^2}\right\}K=\dfrac{t-s}{1-ts}K$

$(x,b+c)=\dfrac{t(1-s)}{1-ts}(b,b)+\dfrac{s(1-t)}{1-ts}(c,c)$
$\qquad = \left(\dfrac{1-s}{1-ts}-\dfrac{1-t}{1-ts}\right)K=\dfrac{t-s}{1-ts}K$

$$\left(x-\frac{b+c}{2},x-\frac{b+c}{2}\right)=\left(\frac{b+c}{2},\frac{b+c}{2}\right)$$

求める軌跡は，BC を直径とする円である．

問題 9 A を原点とし，$\overrightarrow{\rm AB}=1$ とする．$b=\overrightarrow{\rm AB}$，$p=\overrightarrow{\rm AP}$ とおけば，$(b,b)=1$．

$$\overline{\rm BH}^2=1-\frac{(p,b)^2}{(p,p)},\quad \overline{\rm AP}^2=(p,p)$$

$$\overline{\rm BH}^2=\overline{\rm AP}^2\ \Rightarrow\ 1-\frac{(p,b)^2}{(p,p)}=(p,p)$$
$$\Rightarrow\ (p,p)^2+(p,b)^2=(p,p)$$

A において AB に立てた垂線上に $\overrightarrow{\rm AC}=1$ となるような点 C をとり，$c=\overrightarrow{\rm AC}$ とおけば

$$(b,c)=0,\quad (c,c)=1$$

$$\cos\angle{\rm PAB}=\frac{(p,b)}{\sqrt{(p,p)}\sqrt{(b,b)}}=\frac{(p,b)}{\sqrt{(p,p)}},$$

$$\cos\angle{\rm PAC}=\frac{(p,c)}{\sqrt{(p,p)}\sqrt{(c,c)}}=\frac{(p,c)}{\sqrt{(p,p)}}$$

$\angle{\rm PAB}+\angle{\rm PAC}=\dfrac{\pi}{2}$ より，$\cos\angle{\rm PAC}=\sin\angle{\rm PAB}$ であるから，

$$\cos^2\angle{\rm PAB}+\cos^2\angle{\rm PAC}=1$$
$$\Rightarrow\ (p,b)^2+(p,c)^2=(p,p)$$

したがって，$(p,p)=(p,c)$．

$$\left(p-\frac{c}{2},p-\frac{c}{2}\right)=(p,p)-2\left(p,\frac{c}{2}\right)+\left(\frac{c}{2},\frac{c}{2}\right)$$
$$\Rightarrow\ \left(p-\frac{c}{2},p-\frac{c}{2}\right)=\left(\frac{c}{2},\frac{c}{2}\right)$$

求める軌跡は，AC を直径とする半円（B の側）である．

問題 10 C を原点とし，$a=\overrightarrow{\rm CA}$，$b=\overrightarrow{\rm CB}$，$p=\overrightarrow{\rm CP}$，$x=\overrightarrow{\rm CQ}$ とおけば

$$(p,a)=(p,b)=0,$$
$$(x-a,p-a)=(x-b,p-b)=0$$
$$(x,p-a)+(a,a)=(x,p-b)+(b,b)$$
$$\Rightarrow\ (x,b-a)+(a,a)-(b,b)=0$$
$$(x-(a+b),b-a)=0$$

$\overrightarrow{\rm CD}=a+b$ とおくと，求める軌跡は，D において AB に立てた垂線である．

問題 11 A を原点とし，円 O の半径を 1 とし，$a=\overrightarrow{\rm AO}$，$p=\overrightarrow{\rm AP}$，$q=\overrightarrow{\rm AQ}$ とおく．

$$(p-a,p-a)=1,\quad p=kq$$

線分 AO 上に $\overrightarrow{\rm AO}=k\overrightarrow{\rm AB}$ をみたすような点 B をとり，$\overrightarrow{\rm AB}=b$ とおけば，$a=kb$．

$$k^2(q-b,q-b)=(kq-kb,kq-kb)$$
$$=(p-a,p-a)=1$$
$$\Rightarrow\ (q-b,q-b)=\frac{1}{k^2}$$

求める軌跡は，B を中心とする半径 $\dfrac{1}{k}$ の円である．

❖ 第 4 章　回転と直交変換

問題 1 円の中心 O を原点，半径が 1 とする．O から AB に下ろした垂線が円と交わる点を C とする．
$$a=\overrightarrow{\rm OA},\quad b=\overrightarrow{\rm OB},\quad p=\overrightarrow{\rm OP},\quad c=\overrightarrow{\rm OC},$$
$$(a,a)=(b,b)=(c,c)=(p,p)=1$$
$$\angle{\rm COA}=\angle{\rm BOC}=\alpha,$$
$$\angle{\rm POC}=\theta\quad (0<\alpha<\theta)$$
$$\cos\angle{\rm APB}=\frac{(p-a,p-b)}{\sqrt{(p-a,p-a)}\sqrt{(p-b,p-b)}}$$

回転のマトリックスを $T(\varphi)=\begin{pmatrix}\cos\varphi & -\sin\varphi \\ \sin\varphi & \cos\varphi\end{pmatrix}$ であらわす．

$$a=T(-\alpha)c,\quad b=T(\alpha)c,\quad p=T(\theta)c$$

つぎの公式はよく使う．
$$c'T(\varphi)c=(c,c)\cos\varphi$$

これは，じっさいに計算すればわかる．

$$(c_1,c_2)\begin{pmatrix}\cos\varphi & -\sin\varphi \\ \sin\varphi & \cos\varphi\end{pmatrix}\begin{pmatrix}c_1 \\ c_2\end{pmatrix}$$
$$=(c_1,c_2)\begin{pmatrix}c_1\cos\varphi-c_2\sin\varphi \\ c_1\sin\varphi+c_2\cos\varphi\end{pmatrix}=(c_1^2+c_2^2)\cos\varphi$$

$$(p-a,p-b)=(T(\theta)c-T(-\alpha)c,T(\theta)c-T(\alpha)c)$$
$$=c'\{T(-\theta)-T(\alpha)\}\{T(\theta)-T(\alpha)\}c$$
$$=c'\{I+T(2\alpha)-T(\alpha+\theta)-T(\alpha-\theta)\}c$$
$$=1+\cos 2\alpha-\cos(\theta+\alpha)-\cos(\theta-\alpha)$$
$$=2\cos^2\alpha-2\cos\alpha\cos\theta$$
$$=2\cos\alpha(\cos\alpha-\cos\theta)$$
$$=4\cos\alpha\sin\frac{\theta+\alpha}{2}\sin\frac{\theta-\alpha}{2}$$

$$(p-a,p-a)=(T(\theta)c-T(-\alpha)c,T(\theta)c-T(-\alpha)c)$$
$$=c'\{T(-\theta)-T(\alpha)\}\{T(\theta)-T(-\alpha)\}c$$
$$=c'(2I-T(-\theta-\alpha)-T(\theta+\alpha))c$$
$$=2\{1-\cos(\theta+\alpha)\}$$
$$=4\sin^2\frac{\theta+\alpha}{2}$$

$$(p-b,p-b)=(T(\theta)c-T(\alpha)c,T(\theta)c-T(\alpha)c)$$
$$=c'\{T(-\theta)-T(-\alpha)\}\{T(\theta)-T(\alpha)\}c$$

$$\begin{aligned}
&= c'\{2I - T(-\theta+\alpha) - T(\theta-\alpha)\}c \\
&= 2\{1 - \cos(\theta-\alpha)\} \\
&= 4\sin^2\frac{\theta-\alpha}{2}
\end{aligned}$$

$$\cos \angle \text{APB} = \frac{4\cos\alpha \sin\dfrac{\theta+\alpha}{2} \sin\dfrac{\theta-\alpha}{2}}{4\sin\dfrac{\theta+\alpha}{2}\sin\dfrac{\theta-\alpha}{2}} = \cos\alpha$$

$$\Rightarrow \quad \angle \text{APB} = \alpha, \pi-\alpha$$

問題 2 線分 AB が円周角 $\dfrac{\pi}{3}$ の弦となるような円 O をとり，その半径を 1 として，問題 1 と同じような記号を使う．円の中心 O から弦 AB に下ろした垂線が円と交わる点を C とすれば，$\angle \text{COA} = \angle \text{BOC} = \dfrac{\pi}{3}$. $\angle \text{POC} = \theta \left(0 < \dfrac{\pi}{3} < \theta\right)$ とおくと

$$a = T\left(-\frac{\pi}{3}\right)c, \quad b = T\left(\frac{\pi}{3}\right)c, \quad p = T(\theta)c,$$
$$(c,c) = 1$$

半径 OC を中心 O をこえて延長した直線が円 O と交わる点を E とおけば

$$\cos \angle \text{APE} = \frac{(p+c, p-a)}{\sqrt{(p-a, p-a)}\sqrt{(p+c, p+c)}}$$

$$\begin{aligned}
(p+c, p-a) &= \left(T(\theta)c + c,\ T(\theta)c - T\left(-\frac{\pi}{3}\right)c\right) \\
&= c'\{T(-\theta) + I\}\left\{T(\theta) - T\left(-\frac{\pi}{3}\right)\right\}c \\
&= c'\left\{I + T(\theta) - T\left(-\theta - \frac{\pi}{3}\right)\right. \\
&\qquad \left. - T\left(-\frac{\pi}{3}\right)\right\}c \\
&= 1 + \cos\theta - \cos\left(\theta + \frac{\pi}{3}\right) - \cos\frac{\pi}{3} \\
&= 2\cos^2\frac{\theta}{2} - 2\cos\left(\frac{\theta}{2} + \frac{\pi}{3}\right)\cos\frac{\theta}{2} \\
&= 2\cos\frac{\theta}{2}\left\{\cos\frac{\theta}{2} - \cos\left(\frac{\theta}{2} + \frac{\pi}{3}\right)\right\} \\
&= 2\cos\frac{\theta}{2}\sin\left(\frac{\theta}{2} + \frac{\pi}{6}\right)
\end{aligned}$$

$$\begin{aligned}
(p+c, p+c) &= (T(\theta)c + c,\ T(\theta)c + c) \\
&= c'\{T(-\theta) + I\}\{T(\theta) + I\}c \\
&= c'\{2I + T(-\theta) + T(\theta)\}c \\
&= 2(1 + \cos\theta)
\end{aligned}$$

$$= 4\cos^2\frac{\theta}{2}$$

$$\begin{aligned}
(p-a, p-a) &= \left(T(\theta)c - T\left(-\frac{\pi}{3}\right)c,\ T(\theta)c - T\left(-\frac{\pi}{3}\right)c\right) \\
&= c'\left\{T(-\theta) - T\left(\frac{\pi}{3}\right)\right\}\left\{T(\theta) - T\left(-\frac{\pi}{3}\right)\right\}c \\
&= c'\left\{2I - T\left(-\theta - \frac{\pi}{3}\right) - T\left(\theta + \frac{\pi}{3}\right)\right\}c \\
&= 2\left\{1 - \cos\left(\theta + \frac{\pi}{3}\right)\right\} \\
&= 4\sin^2\left(\frac{\theta}{2} + \frac{\pi}{6}\right)
\end{aligned}$$

$$\cos \angle \text{APE} = \frac{2\cos\dfrac{\theta}{2}\sin\left(\dfrac{\theta}{2} + \dfrac{\pi}{6}\right)}{4\cos\dfrac{\theta}{2}\sin\left(\dfrac{\theta}{2} + \dfrac{\pi}{6}\right)} = \frac{1}{2}$$

$$\Rightarrow \quad \angle \text{APE} = \frac{\pi}{3}$$

したがって，EP ∥ QR となるから，$\overrightarrow{PQ} = l$ とおくと，定点 E から正三角形 △PQR の第 3 辺 QR に下ろした垂線は一定の長さ $\dfrac{\sqrt{3}}{2}l$ をもつ．すなわち，QR は E を中心として半径 $\dfrac{\sqrt{3}}{2}l$ の円に接する．

問題 3 円 O の中心を原点とし，半径を 1 とする．
$$a = \overrightarrow{\text{OA}}, \quad p = \overrightarrow{\text{OP}}, \quad x = \overrightarrow{\text{OQ}},$$
$$(a,a) > 1, \quad (p,p) = 1$$

$$T = T\left(\frac{\pi}{3}\right) = \begin{pmatrix} \cos\dfrac{\pi}{3} & -\sin\dfrac{\pi}{3} \\ \sin\dfrac{\pi}{3} & \cos\dfrac{\pi}{3} \end{pmatrix} = \begin{pmatrix} \dfrac{1}{2} & -\dfrac{\sqrt{3}}{2} \\ \dfrac{\sqrt{3}}{2} & \dfrac{1}{2} \end{pmatrix}$$

とおけば

$$\begin{aligned}
x - a &= T(p - a) \\
\Rightarrow \quad p &= T^{-1}x + (I - T^{-1})a = T^{-1}x + Ta \\
(p, p) &= (T^{-1}x + Ta,\ T^{-1}x + Ta) \\
&= (T(T^{-1}x + Ta),\ T(T^{-1}x + Ta)) \\
&= (x + T^2a,\ x + T^2a) \\
&= (x - T^{-1}a,\ x - T^{-1}a)
\end{aligned}$$

$(p, p) = 1 \Rightarrow (x - T^{-1}a,\ x - T^{-1}a) = 1$

$\overrightarrow{\text{OO}'} = T^{-1}a$ とおくと，求める軌跡は，O' を中心とする半径 1 の円となる．$T = T\left(-\dfrac{\pi}{3}\right)$ の場合もあ

り得る．

問題 4 頂点 R を考える．円 O の中心を原点とし，半径を 1 とする．
$$a = \overrightarrow{OA}, \quad p = \overrightarrow{OP}, \quad x = \overrightarrow{OR},$$
$$(a,a) > 1, \quad (p,p) = 1$$

$$T = T\left(\frac{\pi}{2}\right) = \begin{pmatrix} \cos\frac{\pi}{2} & -\sin\frac{\pi}{2} \\ \sin\frac{\pi}{2} & \cos\frac{\pi}{2} \end{pmatrix} = \begin{pmatrix} 0 & -1 \\ 1 & 0 \end{pmatrix} \text{ とお}$$

けば
$$x - a = T(p-a) \Rightarrow p = T^{-1}x + (I - T^{-1})a$$
(p,p)
$= (T^{-1}x + (I - T^{-1})a, T^{-1}x + (I - T^{-1})a)$
$= (T\{T^{-1}x + (I - T^{-1})a\}, T\{T^{-1}x + (I - T^{-1})a\})$
$= (x + (T-I)a, x + (T-I)a)$
$(p,p) = 1 \Rightarrow (x - (I-T)a, x - (I-T)a) = 1$
$\overrightarrow{OO'} = (I-T)a$ とおくと，求める軌跡は，O′を中心とする半径 1 の円となる．$T = T\left(-\frac{\pi}{2}\right)$ の場合もあり得る．頂点 Q についても同様である．

問題 5 A から直線 l に下ろした垂線の足 O を原点とし，$\overrightarrow{OA} = 1$ とする．
$$a = \overrightarrow{OA}, \quad p = \overrightarrow{OP}, \quad x = \overrightarrow{OQ},$$
$$(a,a) = 1, \quad (p,a) = 0$$

$$T = T\left(\frac{\pi}{3}\right) = \begin{pmatrix} \cos\frac{\pi}{3} & -\sin\frac{\pi}{3} \\ \sin\frac{\pi}{3} & \cos\frac{\pi}{3} \end{pmatrix} = \begin{pmatrix} \frac{1}{2} & -\frac{\sqrt{3}}{2} \\ \frac{\sqrt{3}}{2} & \frac{1}{2} \end{pmatrix}$$

とおけば
$$x - a = T(p-a)$$
$$\Rightarrow p = T^{-1}x + (I - T^{-1})a = T^{-1}x + Ta$$
$(p,a) = 0$
$\Rightarrow (T^{-1}x + Ta, a) = (T^{-1}x, a) + (Ta, a)$
$$= (x, Ta) + \frac{1}{2} = 0$$

$$(x, Ta) = -\frac{1}{2}$$

求める軌跡は直線となる．$T = T\left(-\frac{\pi}{3}\right)$ の場合もあり得る．

問題 6 三角形 △ABC の外心 O を原点とし，外接円の半径を 1 とする．
$$a = \overrightarrow{OA}, \quad b = \overrightarrow{OB}, \quad c = \overrightarrow{OC}$$

$$(a,a) = (b,b) = (c,c) = 1$$
$$b = T\left(\frac{2\pi}{3}\right)a, \quad c = T\left(\frac{4\pi}{3}\right)a \Rightarrow a+b+c = 0$$
$x = \overrightarrow{OP}$ とおけば
$$\overrightarrow{AP}^2 = (x-a, x-a) = (x,x) - 2(x,a) + 1$$
$$\overrightarrow{BP}^2 = (x-b, x-b) = (x,x) - 2(x,b) + 1$$
$$\overrightarrow{CP}^2 = (x-c, x-c) = (x,x) - 2(x,c) + 1$$
$$\overrightarrow{AP}^2 = \overrightarrow{BP}^2 + \overrightarrow{CP}^2$$
$$\Rightarrow (x,x) - 2(x, b+c-a) + 1 = 0$$
$a+b+c=0$ を使って，$(x+2a, x+2a) = 3$．
$\overrightarrow{OK} = -2a$ とおくと，求める軌跡は，K を中心とする半径 $\sqrt{3}$ の円となる．

問題 7 三角形 △ABC の外心 O を原点とする．
$$a = \overrightarrow{OA}, \quad b = \overrightarrow{OB}, \quad c = \overrightarrow{OC},$$
$$(a,a) = (b,b) = (c,c) = 1$$
$$b = T\left(\frac{2\pi}{3}\right)a, \quad c = T\left(\frac{4\pi}{3}\right)a \Rightarrow a+b+c = 0$$
$x = \overrightarrow{OP}$ とおけば，$\overrightarrow{AP}^2 + \overrightarrow{BP}^2 + \overrightarrow{CP}^2 = k^2 \Rightarrow 3(x,x) - 2(x, a+b+c) + 3 = k^2$．

$$(x,x) = \frac{k^2}{3} - 1$$

求める軌跡は，△ABC の外心 O を中心とする半径 $\sqrt{\frac{k^2}{3} - 1}$ の円となる．

問題 8 点 O を原点とし，$a = \overrightarrow{OA}, (a,a) = 1$ となるように座標軸をとる．O, A を通る円 Z が直線 OX, OY と交わる点をそれぞれ P, Q とし
$$z = \overrightarrow{OZ}, \quad p = \overrightarrow{OP}, \quad q = \overrightarrow{OQ}$$
とおけば，$p = tT(\alpha)a, \quad q = sT(-\alpha)a \left(t, s > 0, \ \alpha = \frac{1}{2}\angle XOY\right)$.

$(z,z) = (z-a, z-a) = (z-p, z-p) = (z-q, z-q)$
$(T(\alpha)a, T(\alpha)a) = (a,a) = 1$ に留意すれば
$$(z,a) = \frac{1}{2},$$
$$t = 2(z, T(\alpha)a), \quad s = 2(z, T(-\alpha)a)$$
$$\overrightarrow{OP} + \overrightarrow{OQ} = t + s = 2(z, T(\alpha)a) + 2(z, T(-\alpha)a)$$
$$= 2(z, \{T(\alpha) + T(-\alpha)\}a)$$
$\{T(\alpha) + T(-\alpha)\}a = 2a\cos\alpha$ だから
$$\overrightarrow{OP} + \overrightarrow{OQ} = 4\cos\alpha(z,a) = 2\cos\alpha \text{ (一定)}$$

❖ 第5章 円錐曲線を変換する

問題 1 $\begin{pmatrix} \xi \\ \eta \end{pmatrix} = \begin{pmatrix} 2 & 1 \\ 3 & 4 \end{pmatrix} \begin{pmatrix} x \\ y \end{pmatrix}$ とおくと，

$$\begin{pmatrix} x \\ y \end{pmatrix} = \frac{1}{5} \begin{pmatrix} 4 & -1 \\ -3 & 2 \end{pmatrix} \begin{pmatrix} \xi \\ \eta \end{pmatrix}$$

(i)

$(x, y) \begin{pmatrix} x \\ y \end{pmatrix} = 25$

$\Rightarrow \dfrac{1}{25}(\xi, \eta) \begin{pmatrix} 4 & -3 \\ -1 & 2 \end{pmatrix} \begin{pmatrix} 4 & -1 \\ -3 & 2 \end{pmatrix} \begin{pmatrix} \xi \\ \eta \end{pmatrix} = 25$

$\Rightarrow \dfrac{1}{25}(\xi, \eta) \begin{pmatrix} 25 & -10 \\ -10 & 5 \end{pmatrix} \begin{pmatrix} \xi \\ \eta \end{pmatrix} = 25$

$\Rightarrow 5\xi^2 - 4\xi\eta + \eta^2 = 125$

(ii)

$(x, y) \begin{pmatrix} 9 & 0 \\ 0 & 16 \end{pmatrix} \begin{pmatrix} x \\ y \end{pmatrix} = 144$

$\Rightarrow \dfrac{1}{25}(\xi, \eta) \begin{pmatrix} 4 & -3 \\ -1 & 2 \end{pmatrix} \begin{pmatrix} 9 & 0 \\ 0 & 16 \end{pmatrix} \begin{pmatrix} 4 & -1 \\ -3 & 2 \end{pmatrix} \begin{pmatrix} \xi \\ \eta \end{pmatrix} = 144$

$\Rightarrow (\xi, \eta) \begin{pmatrix} 288 & -132 \\ -132 & 73 \end{pmatrix} \begin{pmatrix} \xi \\ \eta \end{pmatrix} = 3600$

$\Rightarrow 288\xi^2 - 264\xi\eta + 73\eta^2 = 3600$

(iii)

$(x, y) \begin{pmatrix} 9 & 0 \\ 0 & -16 \end{pmatrix} \begin{pmatrix} x \\ y \end{pmatrix} = 144$

$\Rightarrow \dfrac{1}{25}(\xi, \eta) \begin{pmatrix} 4 & -3 \\ -1 & 2 \end{pmatrix} \begin{pmatrix} 9 & 0 \\ 0 & -16 \end{pmatrix} \begin{pmatrix} 4 & -1 \\ -3 & 2 \end{pmatrix} \begin{pmatrix} \xi \\ \eta \end{pmatrix} = 144$

$\Rightarrow (\xi, \eta) \begin{pmatrix} 0 & 60 \\ 60 & -55 \end{pmatrix} \begin{pmatrix} \xi \\ \eta \end{pmatrix} = 3600$

$\Rightarrow 24\xi\eta - 11\eta^2 = 720$

(iv)

$(x, y) \begin{pmatrix} 0 & 0 \\ 0 & 1 \end{pmatrix} \begin{pmatrix} x \\ y \end{pmatrix} - 4(1, 0) \begin{pmatrix} x \\ y \end{pmatrix} = 0$

$\Rightarrow \dfrac{1}{25}(\xi, \eta) \begin{pmatrix} 4 & -3 \\ -1 & 2 \end{pmatrix} \begin{pmatrix} 0 & 0 \\ 0 & 1 \end{pmatrix} \begin{pmatrix} 4 & -1 \\ -3 & 2 \end{pmatrix} \begin{pmatrix} \xi \\ \eta \end{pmatrix}$
$\quad - \dfrac{4}{5}(1, 0) \begin{pmatrix} 4 & -1 \\ -3 & 2 \end{pmatrix} \begin{pmatrix} \xi \\ \eta \end{pmatrix} = 0$

$\Rightarrow (\xi, \eta) \begin{pmatrix} 9 & -6 \\ -6 & 4 \end{pmatrix} \begin{pmatrix} \xi \\ \eta \end{pmatrix} - (80, -20) \begin{pmatrix} \xi \\ \eta \end{pmatrix} = 0$

$\Rightarrow 9\xi^2 - 12\xi\eta + 4\eta^2 - 80\xi + 20\eta = 0$

問題 2 (p, q) を通る直線の方程式は一般に，つぎのようにあらわされる．

$$y - q = t(x - p) \Rightarrow y = tx + (q - tp)$$

円錐曲線の方程式に代入すれば

$ax^2 + 2bx\{tx + (q-tp)\} + c\{tx + (q-tp)\}^2$
$\quad + 2mx + 2n\{tx + (q-tp)\} + l = 0$

$(a + 2bt + ct^2)x^2 + 2\{(b+ct)(q-tp) + m + nt\}x$
$\quad + \{c(q-tp)^2 + 2n(q-tp) + l\} = 0$

直線 $y = tx + (q-tp)$ が円錐曲線に接するための必要，十分な条件は，この x にかんする二次方程式の判別式が 0 に等しいことである．

$\dfrac{D}{4} = \{(b+ct)(q-tp) + m + nt\}^2$
$\quad - (a + 2bt + ct^2)\{c(q-tp)^2 + 2n(q-tp) + l\}$
$\quad = 0$

$(b^2 - ac)(q-tp)^2 + 2\{(b+ct)(m+nt) - (a+2bt$
$\quad + ct^2)n\}(q-tp) + (m+nt)^2 - (a+2bt+ct^2)l = 0$

t について整理すれば，t の二次方程式となる．この二次方程式の 2 根を t_1, t_2 とおくと，2 接線が直交するとき，$t_1 t_2 = -1$．この二次方程式の t^2 の係数と定数項はそれぞれ

$$(b^2 - ac)p^2 - 2(cm - bn)p + n^2 - cl,$$
$$(b^2 - ac)q^2 - 2(an - bm)q + m^2 - al$$

二次方程式の根と係数の関係より，(p, q) から円錐曲線に引いた 2 つの接線が直交するために必要，十分な条件は

$(b^2 - ac)p^2 - 2(cm - bn)p + n^2 - cl$
$\quad + (b^2 - ac)q^2 - 2(an - bm)q + m^2 - al = 0$

これは円の方程式となる．

❖ 第6章 線形代数の整理

問題 1 $A = \begin{pmatrix} a & b \\ c & d \end{pmatrix}$ を，行列式が 1 となるような直交変換とすれば

$A'A = I$

$\Rightarrow \begin{pmatrix} a & b \\ c & d \end{pmatrix}' \begin{pmatrix} a & b \\ c & d \end{pmatrix} = \begin{pmatrix} a^2 + c^2 & ab + cd \\ ab + cd & b^2 + d^2 \end{pmatrix}$
$\qquad\qquad\qquad\qquad\quad = \begin{pmatrix} 1 & 0 \\ 0 & 1 \end{pmatrix}$

$a^2 + c^2 = 1, \quad b^2 + d^2 = 1, \quad ab + cd = 0$

$a \neq 0$ の場合は，$d = ka$ とおけば $b = -kc$．

$$\begin{vmatrix} a & b \\ c & d \end{vmatrix} = \begin{vmatrix} a & -kc \\ c & ka \end{vmatrix} = k(a^2+c^2) = k \;\Rightarrow\; k=1$$

$a=\cos\alpha$ とおけば,
$$c = \sin\alpha \;\Rightarrow\; A = \begin{pmatrix} \cos\alpha & -\sin\alpha \\ \sin\alpha & \cos\alpha \end{pmatrix} = T(\alpha)$$

$a=0$ の場合は $ad-bc=1$ であることに注意すれば, $a=d=0$, $b=\mp 1$, $c=\pm 1$ (複号同順). これは $A = \begin{pmatrix} \cos\alpha & -\sin\alpha \\ \sin\alpha & \cos\alpha \end{pmatrix}$ の特別な場合である.

回転の集合が群をなすことは, つぎの関係から明らかである.
$$T(0) = I, \quad T(\alpha)T(\beta) = T(\alpha+\beta),$$
$$T(\alpha)^{-1} = T(-\alpha)$$

回転が交換可能であることは, つぎの関係から明らかである.
$$T(\alpha)T(\beta) = T(\alpha+\beta) = T(\beta+\alpha) = T(\beta)T(\alpha)$$

問題 2
$$AT = TA$$
$$\Rightarrow \begin{pmatrix} a & b \\ c & d \end{pmatrix}\begin{pmatrix} \frac{\sqrt{2}}{2} & -\frac{\sqrt{2}}{2} \\ \frac{\sqrt{2}}{2} & \frac{\sqrt{2}}{2} \end{pmatrix}$$
$$= \begin{pmatrix} \frac{\sqrt{2}}{2} & -\frac{\sqrt{2}}{2} \\ \frac{\sqrt{2}}{2} & \frac{\sqrt{2}}{2} \end{pmatrix}\begin{pmatrix} a & b \\ c & d \end{pmatrix}$$
$$\Rightarrow \begin{pmatrix} a+b & -a+b \\ c+d & -c+d \end{pmatrix} = \begin{pmatrix} a-c & b-d \\ a+c & b+d \end{pmatrix}$$
$$\Rightarrow d=a, \; b=-c$$

よって, $\Delta(A)=1$ より,
$$A = \begin{pmatrix} a & -c \\ c & a \end{pmatrix}, \quad a^2+c^2=1$$

問題 1 から, 上のかたちのマトリックス A の集合は回転群と一致する.

問題 3 $A = \begin{pmatrix} a & b \\ c & d \end{pmatrix}$ の特性方程式は
$$\begin{vmatrix} a-\lambda & b \\ c & d-\lambda \end{vmatrix} = \lambda^2 - (a+d)\lambda + ad-bc = 0$$

この二次方程式が唯一の特性根 λ をもつための必要, 十分な条件は, 判別式 D がゼロとなることである.
$$D = (a+d)^2 - 4(ad-bc) = 0$$
$$\Rightarrow (a-d)^2 + 4bc = 0 \;\Rightarrow\; d = a \pm 2\sqrt{-bc}$$

ゆえに,
$$A = \begin{pmatrix} a & b \\ c & a+2\sqrt{-bc} \end{pmatrix}, \begin{pmatrix} a & b \\ c & a-2\sqrt{-bc} \end{pmatrix}$$
$$(bc \leq 0)$$

問題 4
$$f(A) = \begin{pmatrix} a & b \\ c & d \end{pmatrix}^2 - (a+d)\begin{pmatrix} a & b \\ c & d \end{pmatrix}$$
$$\quad + (ad-bc)\begin{pmatrix} 1 & 0 \\ 0 & 1 \end{pmatrix}$$
$$= \begin{pmatrix} a^2+bc & b(a+d) \\ c(a+d) & d^2+bc \end{pmatrix} - (a+d)\begin{pmatrix} a & b \\ c & d \end{pmatrix}$$
$$\quad + (ad-bc)\begin{pmatrix} 1 & 0 \\ 0 & 1 \end{pmatrix} = \begin{pmatrix} 0 & 0 \\ 0 & 0 \end{pmatrix}$$

問題 5 $A = \begin{pmatrix} a & b \\ c & d \end{pmatrix}$ の特性根 λ_1, λ_2 はつぎの特性方程式の根として求められる.
$$\begin{vmatrix} a-\lambda & b \\ c & d-\lambda \end{vmatrix} = \lambda^2 - (a+d)\lambda + ad-bc = 0$$
$$\lambda_1 = \frac{a+d}{2} + \sqrt{\left(\frac{a-d}{2}\right)^2 + bc},$$
$$\lambda_2 = \frac{a+d}{2} - \sqrt{\left(\frac{a-d}{2}\right)^2 + bc}$$

したがって,
$$\lambda_1 > 0, \quad \lambda_1 - a = -\frac{a-d}{2} + \sqrt{\left(\frac{a-d}{2}\right)^2 + bc} > 0$$
$$\begin{pmatrix} b \\ \lambda_1 - a \end{pmatrix} = \begin{pmatrix} b \\ -\frac{a-d}{2} + \sqrt{\left(\frac{a-d}{2}\right)^2 + bc} \end{pmatrix}$$

は特性根 λ_1 に対する各成分が正の特性ベクトルとなる.

❖ 第7章 回転と複素数

問題 1
$$(z-a)(\bar{z}-\bar{a}) = (z-b)(\bar{z}-\bar{b}) = (z-c)(\bar{z}-\bar{c})$$
$$= R^2$$

はじめに, $a=0$ の場合を考える. ガウス平面上の直線に対して垂直な直線は, 虚数 i を掛けることによって求められるから, 2つの辺 ab, bc の垂直二等分線の交点を z とおけば
$$z = \left(\frac{1}{2} + it\right)b = b + \left(\frac{1}{2} + is\right)(c-b)$$
$$(t, s \text{ は実数})$$

$$ibt+i(b-c)s=\frac{1}{2}c, \quad -i\bar{b}t-i(\bar{b}-\bar{c})s=\frac{1}{2}\bar{c}$$

$$t=\frac{i(2c\bar{c}-\bar{b}c-b\bar{c})}{2(\bar{b}c-b\bar{c})} \Rightarrow z=\frac{(\bar{b}-\bar{c})bc}{\bar{b}c-b\bar{c}}$$

一般の $\triangle abc$ の外心 z については,上に求めた式で,$z \to z-a$,$b \to b-a$,$c \to c-a$ の置き換えを考えると,

$$z-a=\frac{(\bar{b}-\bar{c})(b-a)(c-a)}{(\bar{b}-\bar{a})(c-a)-(b-a)(\bar{c}-\bar{a})}$$

この関係式を整理すれば,求める関係式となる.

問題 2 頂点 A を原点とし,∠A の二等分線 AD を実軸にとり,B, C, D に対応する複素数を b, c, d とおけば

$$b=k\bar{c} \quad (k, t, d \text{ は実数},\ k>0)$$
$$(1-t)k\bar{c}+tc=d \quad (0<t<1)$$

両辺の共役数をとれば

$$(1-t)kc+t\bar{c}=d$$

この 2 つの方程式を $c, \bar{c}$ にかんする連立二元一次方程式と考えると

$$\begin{pmatrix} t & (1-t)k \\ (1-t)k & t \end{pmatrix}\begin{pmatrix} c \\ \bar{c} \end{pmatrix}=\begin{pmatrix} d \\ d \end{pmatrix}$$

$$\Delta=\begin{vmatrix} t & (1-t)k \\ (1-t)k & t \end{vmatrix}=t^2-(1-t)^2k^2$$

もしかりに,$\Delta \neq 0$ とすると,$c=\bar{c}=\dfrac{t-(1-t)k}{\Delta}d$.

c が実数となり,矛盾する.したがって,$\Delta=t^2-(1-t)^2k^2=0 \Rightarrow \dfrac{t}{1-t}=k \Rightarrow \dfrac{\overline{DB}}{\overline{DC}}=\dfrac{\overline{AB}}{\overline{AC}}$.

問題 3 $\overline{AB}>\overline{AC}$ の場合を考える.頂点 A を原点とし,∠A の外角の二等分線 AD を実軸にとり,B, C, D に対応する複素数を b, c, d とおけば

$$b=-k\bar{c} \quad (k, t, d \text{ は実数},\ k>0)$$
$$(t-1)k\bar{c}+tc=d \quad (t>1)$$

両辺の共役数をとれば

$$(t-1)kc+t\bar{c}=d$$

この 2 つの方程式を $c, \bar{c}$ にかんする連立二元一次方程式と考えると

$$\begin{pmatrix} t & (t-1)k \\ (t-1)k & t \end{pmatrix}\begin{pmatrix} c \\ \bar{c} \end{pmatrix}=\begin{pmatrix} d \\ d \end{pmatrix}$$

$$\Delta=\begin{vmatrix} t & (t-1)k \\ (t-1)k & t \end{vmatrix}=t^2-(t-1)^2k^2$$

もしかりに,$\Delta \neq 0$ とすると,$c=\bar{c}=\dfrac{t-(t-1)k}{\Delta}d$.

c が実数となり,矛盾する.したがって,$\Delta=t^2-(t-1)^2k^2=0 \Rightarrow \dfrac{t}{t-1}=k \Rightarrow \dfrac{\overline{DB}}{\overline{DC}}=\dfrac{\overline{AB}}{\overline{AC}}$.

問題 4 A, B, C, P, Q, R に対応する複素数を a, b, c, p, q, r とし

$$s_a=\sqrt{(b-c)(\bar{b}-\bar{c})}, \quad s_b=\sqrt{(c-a)(\bar{c}-\bar{a})},$$
$$s_c=\sqrt{(a-b)(\bar{a}-\bar{b})}$$

とおく.問題 3 の結果を使うと $\overline{BP}:\overline{PC}=s_c:s_b$.

したがって点 P は線分 BC を $s_c:s_b$ の比に外分するので,

$$p-a=\frac{s_b}{s_b-s_c}(b-a)+\frac{s_c}{s_c-s_b}(c-a)$$

$$q-a=\frac{s_c}{s_c-s_a}(c-a), \quad r-a=\frac{s_b}{s_b-s_a}(b-a)$$

$$p-q=\frac{s_b}{s_b-s_c}(b-a)+\left(\frac{s_c}{s_c-s_b}-\frac{s_c}{s_c-s_a}\right)(c-a)$$

$$r-q=\frac{s_b}{s_b-s_a}(b-a)-\frac{s_c}{s_c-s_a}(c-a)$$

$$\frac{p-q}{r-q}$$

$$=\frac{\dfrac{s_b}{s_b-s_c}(b-a)+\left(\dfrac{s_c}{s_c-s_b}-\dfrac{s_c}{s_c-s_a}\right)(c-a)}{\dfrac{s_b}{s_b-s_a}(b-a)-\dfrac{s_c}{s_c-s_a}(c-a)}$$

$$=\frac{(s_b-s_a)s_b(s_c-s_a)(b-a)-s_c(s_b-s_a)(c-a)}{(s_b-s_c)s_b(s_c-s_a)(b-a)-s_c(s_b-s_c)(c-a)}$$

$$=\frac{s_b-s_a}{s_b-s_c}$$

$\dfrac{p-q}{r-q}$ は実数となり,p, q, r が一直線にあることがわかる.

問題 5 △ABC の外心を原点として,外接円の半径が 1 になるようにガウス平面をとる.A, B, C, H, D に対応する複素数を a, b, c, h, d とおけば

$$a\bar{a}=b\bar{b}=c\bar{c}=1, \quad h=a+b+c, \quad d=\frac{1}{2}(b+c)$$

$$h-a=b+c=2d \Rightarrow \overline{AH}=2\overline{OD}$$

問題 6 △ABC の外心を原点として,外接円の半径が 1 になるようにガウス平面をとる.A, B, C, H, D に対応する複素数を a, b, c, h, d とおけば

$$a\bar{a}=b\bar{b}=c\bar{c}=1, \quad h=a+b+c$$

本章第 2 節の例題 5 の結果を使って,$d=\dfrac{1}{2}\Big(a+$

$$b+c-\frac{bc}{a}\biggr).$$

いま HD を D をこえて $\overline{\text{HD}}$ だけ延長した点を考えて，$k=d+(d-h)$ とおけば

$$k = \left(a+b+c-\frac{bc}{a}\right)-(a+b+c) = -\frac{bc}{a}$$

$$k-b = -\frac{(a+c)b}{a}, \quad k-c = -\frac{(a+b)c}{a}$$

$$\kappa = \frac{k-b}{k-c} : \frac{a-b}{a-c} = \frac{(a+c)(a-c)b}{(a+b)(a-b)c}$$

$\bar{a}=\dfrac{1}{a}$, $\bar{b}=\dfrac{1}{b}$, $\bar{c}=\dfrac{1}{c}$ に注意して

$$\bar{\kappa} = \frac{(\bar{a}+\bar{c})(\bar{a}-\bar{c})\bar{b}}{(\bar{a}+\bar{b})(\bar{a}-\bar{b})\bar{c}} = \frac{\left(\dfrac{1}{a}+\dfrac{1}{c}\right)\left(\dfrac{1}{a}-\dfrac{1}{c}\right)\dfrac{1}{b}}{\left(\dfrac{1}{a}+\dfrac{1}{b}\right)\left(\dfrac{1}{a}-\dfrac{1}{b}\right)\dfrac{1}{c}}$$

$$= \frac{(c+a)(c-a)b}{(b+a)(b-a)c} = \kappa$$

$\kappa=\dfrac{k-b}{k-c}:\dfrac{a-b}{a-c}$ が実数となるから，本章第 2 節の命題 4 によって，複素数 k に対応するガウス平面上の点は，線分 AD の延長が外接円 O と交わる点 K となる．

問題 7　△ABC の外心を原点として，外接円の半径が 1 になるようにガウス平面をとる．A, B, C, H に対応する複素数を a, b, c, h とおけば

$$a\bar{a} = b\bar{b} = c\bar{c} = 1, \quad h = a+b+c$$

A から辺 BC に下ろした垂線を AD とし，垂線の足 D をこえて，等しい長さだけ延長した点を K とする．D, K に対応する複素数を d, k とおけば

$$d = \frac{1}{2}\left(a+b+c-\frac{bc}{a}\right),$$

$$k = d+(d-a) = b+c-\frac{bc}{a}$$

△HBC の外接円が，△ABC と合同な三角形 △KBC の外接円と一致することを示せばよい．このためには，4 点 b, c, h, k の非調和比 $\kappa=\dfrac{h-b}{h-c}:\dfrac{k-b}{k-c}$ が実数となることを示せばよい．

$$\kappa = \frac{h-b}{h-c}:\frac{k-b}{k-c} = \frac{(a+b+c)-b}{(a+b+c)-c} : \frac{\left(b+c-\dfrac{bc}{a}\right)-b}{\left(b+c-\dfrac{bc}{a}\right)-c}$$

$$= \frac{(a+c)(a-c)b}{(a+b)(a-b)c}$$

$$\bar{\kappa} = \frac{(\bar{a}+\bar{c})(\bar{a}-\bar{c})\bar{b}}{(\bar{a}+\bar{b})(\bar{a}-\bar{b})\bar{c}} = \frac{\left(\dfrac{1}{a}+\dfrac{1}{c}\right)\left(\dfrac{1}{a}-\dfrac{1}{c}\right)\dfrac{1}{b}}{\left(\dfrac{1}{a}+\dfrac{1}{b}\right)\left(\dfrac{1}{a}-\dfrac{1}{b}\right)\dfrac{1}{c}}$$

$$= \frac{(a+c)(a-c)b}{(a+b)(a-b)c} = \kappa$$

問題 8　△ABC の外心を原点として，外接円の半径が 1 になるようにガウス平面をとる．A, B, C, P, Q, R, H に対応する複素数を a, b, c, p, q, r, h とおけば

$$a\bar{a} = b\bar{b} = c\bar{c} = 1, \quad h = a+b+c$$

$$p = \frac{1}{2}\left(a+b+c-\frac{bc}{a}\right), \quad q = \frac{1}{2}\left(a+b+c-\frac{ca}{b}\right),$$

$$r = \frac{1}{2}\left(a+b+c-\frac{ab}{c}\right)$$

△ABC の垂心 H が △PQR の内心となることを証明するためには，∠HPQ＝∠HPR となること，すなわち $\kappa=\dfrac{h-p}{q-p}:\dfrac{r-p}{h-p}$ が実数となることを示せばよい．

$$h-p = (a+b+c)-\frac{1}{2}\left(a+b+c-\frac{bc}{a}\right)$$

$$= \frac{1}{2}\left(a+b+c+\frac{bc}{a}\right) = \frac{1}{2}\frac{(a+b)(a+c)}{a}$$

$$q-p = \frac{1}{2}\left(a+b+c-\frac{ca}{b}\right)-\frac{1}{2}\left(a+b+c-\frac{bc}{a}\right)$$

$$= \frac{1}{2}\frac{(b+a)(b-a)c}{ba}$$

$$r-p = \frac{1}{2}\left(a+b+c-\frac{ab}{c}\right)-\frac{1}{2}\left(a+b+c-\frac{bc}{a}\right)$$

$$= \frac{1}{2}\frac{(c+a)(c-a)b}{ca}$$

$$\kappa = \frac{h-p}{q-p}:\frac{r-p}{h-p} = \frac{(h-p)^2}{(q-p)(r-p)}$$

$$= \frac{\dfrac{1}{4}\left\{\dfrac{(a+b)(a+c)}{a}\right\}^2}{\dfrac{1}{4}\dfrac{(b+a)(b-a)c}{ba}\dfrac{(c+a)(c-a)b}{ca}}$$

$$= \frac{(b+a)(c+a)}{(b-a)(c-a)}$$

$$\bar{\kappa} = \frac{(\bar{b}+\bar{a})(\bar{c}+\bar{a})}{(\bar{b}-\bar{a})(\bar{c}-\bar{a})} = \frac{\left(\frac{1}{b}+\frac{1}{a}\right)\left(\frac{1}{c}+\frac{1}{a}\right)}{\left(\frac{1}{b}-\frac{1}{a}\right)\left(\frac{1}{c}-\frac{1}{a}\right)}$$

$$= \frac{(b+a)(c+a)}{(b-a)(c-a)} = \kappa$$

後半も同じようにして証明できる.

問題 9 対角線の交点 P を原点とするガウス平面をとり，A, B, C, D に対応する複素数を a, b, c, d とおけば，$c=ta$，$d=sb$ (t, s は実数).

2 つの対角線 AC, BD が直交するから，$b=ika$ (k は実数) [これまで，何回も出てきたように，純虚数 i を掛けることは，$90°=\frac{\pi}{2}$ 回転することを意味するから].

$$\kappa = \frac{b-a}{c-a} : \frac{b-d}{c-d} = \frac{ika-a}{ta-a} : \frac{ika-iska}{ta-iska}$$

$$= \frac{(ik-1)(t-isk)}{(t-1)ik(1-s)} = \frac{k(t+s)+i(t-sk^2)}{(t-1)k(1-s)}$$

四角形 □ABCD は円に内接するから，$\kappa = \frac{b-a}{c-a} : \frac{b-d}{c-d}$ は実数となり，$t=sk^2$. 辺 BC の中点 M に対応する複素数を m とおけば，$m = \frac{c+b}{2} = \frac{t+ik}{2}a$.

$$\frac{d-a}{m} = \frac{iska-a}{\frac{t+ik}{2}a} = \frac{2(isk-1)}{t+ik}$$

$$= \frac{2\{(sk^2-t)+ik(1+st)\}}{t^2+k^2} = \frac{2k(1+st)}{t^2+k^2}i$$

したがって，MP と AD は直交し，M は R と一致する.

問題 10 △ABC の外心を原点として，外接円の半径が 1 になるようにガウス平面をとる．A, B, C に対応する複素数を a, b, c とおけば，$a\bar{a}=b\bar{b}=c\bar{c}=1$.

D, E, M, P, R が同じ円の上にあることを示せばよい．これらの点に対応する複素数を d, e, m, p, r とおき，垂心 H に対応する複素数を h とおけば

$$h = a+b+c,$$

$$d = \frac{1}{2}\left(a+b+c-\frac{bc}{a}\right) = \frac{h}{2}-\frac{1}{2}\frac{bc}{a},$$

$$e = \frac{1}{2}\left(a+b+c-\frac{ca}{b}\right) = \frac{h}{2}-\frac{1}{2}\frac{ca}{b},$$

$$m = \frac{a+c}{2} = \frac{h}{2}-\frac{b}{2}, \qquad p = \frac{a}{2}+\frac{a+b+c}{2} = \frac{a}{2}+\frac{h}{2},$$

$$r = \frac{c}{2}+\frac{a+b+c}{2} = \frac{c}{2}+\frac{h}{2}$$

$k = \frac{h}{2} = \frac{a+b+c}{2}$ とおけば

$$d-k = -\frac{1}{2}\frac{bc}{a}, \quad e-k = -\frac{1}{2}\frac{ca}{b}, \quad m-k = -\frac{b}{2},$$

$$p-k = \frac{a}{2}, \quad r-k = \frac{c}{2}$$

$$(d-k)(\overline{d-k}) = (e-k)(\overline{e-k}) = (m-k)(\overline{m-k})$$
$$= (p-k)(\overline{p-k}) = (r-k)(\overline{r-k})$$
$$= \frac{1}{4}$$

問題 11 円の中心を原点として，半径が 1 になるようにガウス平面をとる．4 つの点 A, B, C, D に対応する複素数を a, b, c, d とおけば，$a\bar{a}=b\bar{b}=c\bar{c}=d\bar{d}=1$.

4 つのシムソン線は，つぎの複素数 k に対応するガウス平面上の点 K を通る.

$$k = \frac{1}{2}(a+b+c+d)$$

A から △BCD の辺 BC, CD に下ろした垂線の足を p, q とすれば

$$p = \frac{1}{2}\left(a+b+c-\frac{bc}{a}\right), \qquad q = \frac{1}{2}\left(a+c+d-\frac{cd}{a}\right)$$

$$k-p = \frac{1}{2}(a+b+c+d)-\frac{1}{2}\left(a+b+c-\frac{bc}{a}\right)$$

$$= \frac{1}{2}\left(d+\frac{bc}{a}\right)$$

$$k-q = \frac{1}{2}(a+b+c+d)-\frac{1}{2}\left(a+c+d-\frac{cd}{a}\right)$$

$$= \frac{1}{2}\left(b+\frac{cd}{a}\right)$$

ここで，$\frac{k-p}{k-q} = \frac{ad+bc}{ab+cd} = \lambda$ とおくと，

$$\bar{\lambda} = \frac{\bar{a}\bar{d}+\bar{b}\bar{c}}{\bar{a}\bar{b}+\bar{c}\bar{d}} = \frac{\frac{1}{a}\frac{1}{d}+\frac{1}{b}\frac{1}{c}}{\frac{1}{a}\frac{1}{b}+\frac{1}{c}\frac{1}{d}} = \frac{bc+ad}{cd+ab} = \lambda$$

λ は実数となり，k, p, q は一直線上にある．すなわち，K は A から △BCD に下ろしたシムソン線上にある．他のシムソン線についても同様.

問題 12 三角形 $\triangle ABC$ の外接円の中心を原点として，その半径が 1 になるようにガウス平面をとる．A, B, C, D, H に対応する複素数を a, b, c, d, h とおく．

$$a\bar{a} = b\bar{b} = c\bar{c} = 1, \quad h = a+b+c,$$
$$d = \frac{1}{2}\left(a+b+c-\frac{bc}{a}\right)$$
$$h-a = b+c,$$
$$h-d = \frac{1}{2}\left(a+b+c+\frac{bc}{a}\right) = \frac{(c+a)(a+b)}{2a}$$
$$\overline{AH} \times \overline{DH} = \|h-a\| \|h-d\|$$
$$= \frac{\|(b+c)(c+a)(a+b)\|}{\|2a\|}$$
$$= \frac{1}{2}\|(b+c)(c+a)(a+b)\|$$

同じようにして，$\overline{BH} \times \overline{EH} = \overline{CH} \times \overline{FH} = \frac{1}{2}\|(b+c)(c+a)(a+b)\|$.

問題 13 O を原点とし，直線 OX, OY 上に 2 つの複素数 a, b をつぎのようにとる．
$$a\bar{a} = b\bar{b} = 1$$
p から直線 OX に下ろした垂線の足を xa (x は実数) とおけば，p と直線 OX の間の距離 t はつぎの関係式をみたす．
$$p - xa = ita \quad \Rightarrow \quad \bar{p} - x\bar{a} = -it\bar{a}$$
t, x にかんする連立二元一次方程式の解を求めると，
$$t = \frac{\bar{a}p - a\bar{p}}{2i}.$$

同じようにして，p と直線 OY の間の距離 s は，
$$s = \frac{\bar{b}p - b\bar{p}}{2i}.$$
$$t + s = \frac{(\bar{a}+\bar{b})p - (a+b)\bar{p}}{2i} = k$$

$p = x+iy$, $a+b = u+iv$ とおけば，
$$\frac{(\bar{a}+\bar{b})p - (a+b)\bar{p}}{2i}$$
$$= \frac{(u-iv)(x+iy) - (u+iv)(x-iy)}{2i} = uy - vx$$

したがって，
$$\frac{(\bar{a}+\bar{b})p - (a+b)\bar{p}}{2i} = k \quad \Rightarrow \quad uy - vx = k$$

これは，直線の方程式である．

2 つの直線 OX, OY から他の直線 OY, OX に下ろした垂線の長さが k となるような点をそれぞれ A, B とすれば，求める軌跡は直線 AB となる．

問題 14 A を原点，AB を実軸とし，$\overline{AB}=1$ となるようにガウス平面をとり，B, P, H に対応する複素数を b, p, h とすれば，$b=1$, $h=xp$, $b-xp=-itp$ (t, x は実数)．
$$1 - x\bar{p} = it\bar{p} \quad \Rightarrow \quad x = \frac{p+\bar{p}}{2p\bar{p}}, \quad t = \frac{p-\bar{p}}{2ip\bar{p}}$$
$$\overline{PA} = \overline{BH} \quad \Rightarrow \quad t = 1 \quad \Rightarrow \quad p - \bar{p} = 2ip\bar{p}$$
$$\left(p - \frac{i}{2}\right)\left(\bar{p} + \frac{i}{2}\right) = p\bar{p} + \frac{1}{4} + \frac{i}{2}(p-\bar{p}) = \frac{1}{4}$$

求める軌跡は $\dfrac{i}{2}$ を中心とする半径 $\dfrac{1}{2}$ の円となる．

問題 15 円 O の中心を原点とし，半径が 1 になるようにガウス平面をとる．A, P, Q に対応する複素数を a, p, x とおけば，$a\bar{a} > 1$, $p\bar{p} = 1$, $x-a = \tau\left(\dfrac{\pi}{3}\right)(p-a)$.

$c = \left\{1 - \tau\left(\dfrac{\pi}{3}\right)\right\}a$ とおけば，$(x-c)(\bar{x}-\bar{c}) = \tau\left(\dfrac{\pi}{3}\right)\tau\left(-\dfrac{\pi}{3}\right)p\bar{p} = 1$.

求める軌跡は，$c = \left\{1 - \tau\left(\dfrac{\pi}{3}\right)\right\}a$ を中心とする半径 1 の円である．

問題 16 円 O の中心を原点とし，半径を 1 とする．直線 OA を実軸にとって，A, P, Q に対応する複素数を a, p, x とおけば
$$a > 1, \quad p\bar{p} = 1, \quad x-a = t\tau(\alpha)(p-a) \quad (t>0)$$
したがって
$$\overline{AP} \times \overline{AQ} = k$$
$$\Rightarrow \quad t = \frac{k}{\|p-a\|^2}$$
$$\Rightarrow \quad x = a + \frac{p-a}{\|p-a\|^2}k\tau(\alpha)$$

つぎに，$p = 1, -1$ の場合を考えて，それぞれの x の値を b_1, b_2 とおき，その算術平均を c とする．
$$b_1 = a - \frac{1}{a-1}k\tau(\alpha), \quad b_2 = a - \frac{1}{a+1}k\tau(\alpha)$$
$$c = \frac{b_1+b_2}{2} = a - \frac{a}{a^2-1}k\tau(\alpha)$$
$$x - c = \left\{\frac{p-a}{\|p-a\|^2} + \frac{a}{a^2-1}\right\}k\tau(\alpha)$$

$$\|x-c\|^2 = \left\{\frac{1+(p+\bar{p}-2a)\dfrac{a}{a^2-1}}{\|p-a\|^2}+\frac{a^2}{(a^2-1)^2}\right\}k^2$$

$$= \left\{-\frac{1}{a^2-1}\frac{1-(p+\bar{p})a+a^2}{\|p-a\|^2}+\frac{a^2}{(a^2-1)^2}\right\}k^2$$

$$= \left\{-\frac{1}{a^2-1}\frac{\|p-a\|^2}{\|p-a\|^2}+\frac{a^2}{(a^2-1)^2}\right\}k^2$$

$$= \frac{k^2}{(a^2-1)^2}$$

求める軌跡は,$c=a-\dfrac{a}{a^2-1}k\tau(\alpha)$ を中心として,半径 $\dfrac{k}{a^2-1}$ の円となる.

❖ 第8章 第1節 空間のなかの図形

問題1 $l=\alpha\cap\gamma$,$m=\beta\cap\gamma$ は同一平面上にある.しかも,$\alpha\|\beta$ だから,$l\cap m=\emptyset$.したがって,$l\|m$.

問題2 $A=l\cap\alpha$,$B=m\cap\alpha$ とおく.$m\|l$ とすれば,B を通る平面 α 上の任意の直線 n に対して,$n'\|n$ となるような A を通る平面 α 上の直線 n' をとると

$$\angle mBn = \angle lAn' = \frac{\pi}{2}$$

逆に,$m\perp\alpha$ のとき,平面 $m\cup A$ 上に A を通って直線 m に平行な直線 l' を引けば

$$l' \ni A,\ l'\perp\alpha \Rightarrow l'=l \Rightarrow m\|l$$

問題3 $A=l\cap\alpha$,$B=l\cap\beta$ とおく.もしかりに,$l\perp\alpha$,$\beta\|\alpha$ であって,$\beta\perp l$ でないとすると,平面 β 上に,$\angle CBA<\dfrac{\pi}{2}$ となるような点 C が存在する.

3点 A,B,C からつくられる平面 $A\cup B\cup C$ 上で考えると,直線 BC と平面 α との交点が存在することになって,$\beta\|\alpha$ の仮定と矛盾する.

逆に,$l\perp\alpha$,$l\perp\beta$ であって,$\beta\|\alpha$ でないとすると,交線 $m=\beta\cap\alpha$ が存在する.このとき,m 上に任意の点 C をとると,$CB\perp BA$,$CA\perp BA$ となって矛盾する.

問題4 A を通り,直線 l に平行な直線を m とすれば

$$m\|l,\ AH\perp\alpha \Rightarrow m\perp AH$$
$$m\|l,\ AK\perp\beta \Rightarrow m\perp AK$$

したがって,直線 m は AH, AK のつくる平面に垂直となる:$m\perp AH\cup AK$.

$l\|m$ だから,$m\perp AH\cup AK \Rightarrow l\perp HK$.

問題5 3平面 α,β,γ の交点 O において,平面 γ に立てた垂線を l' とすれば,直線 l' は点 O において平面 γ に垂直な平面 α,β 上にあるから,直線 l と一致する.$[l'\subset\alpha,\ l'\subset\beta\Rightarrow l'=\alpha\cap\beta=l.]$

問題6 問題5より,$l=\alpha\cap\beta$,$\alpha\perp\gamma$,$\beta\perp\gamma\Rightarrow l\perp\gamma$.

2つの直線 m,n は平面 γ の上にあり,しかも l は平面 γ に垂直だから,2直線 m,n もまた l に垂直となる.$[m,n\subset\gamma,\ l\perp\gamma\Rightarrow l\perp m,\ l\perp n.]$

問題7 AH(あるいはその延長)と BC の交点を D とおけば,三垂線の定理によって

$$PH\perp\alpha,\ HD\perp BC\ \Rightarrow\ PD\perp BC$$

また,

$$BC\perp PD,\ BC\perp AD\ \Rightarrow\ BC\perp PD\cup AD$$

$PA\subset PD\cup AD$ だから,$BC\perp PA$.

問題8 問題7によって,$PA\perp BC$.

$$PA\perp PB\ \Rightarrow\ PA\perp BC\cup PB$$

$PC\subset BC\cup PB$ だから,$PA\perp PC$.

問題9 $PO\perp\alpha$,$PQ\perp l\Rightarrow OQ\perp l$.したがって,O から直線 l に下ろした垂線の足を A とおけば,Q=A.

問題10 (1) $AC\|A'C'$,$A'C'\perp B'D'$ に注目すればよい.

(2) $BC'\perp B'C'$.また $BC'\perp B'A'$.よって,BC' は平面 $B'C'\cup B'A'$ と垂直になるから,$BC'\perp A'C$.他についても同様.

問題11 点 A と直線 BD からつくられる平面を考えると,PS は △ABD の 2辺の中点 P,S をむすぶ線分だから,$PS\|BD$,$\overline{PS}=\dfrac{1}{2}\overline{BD}$.同じように,$QR\|BD$,$\overline{QR}=\dfrac{1}{2}\overline{BD}$.

したがって,$PS\|QR$,$\overline{PS}=\overline{QR}$ となり □PQRS は平行四辺形となる.

問題12 $\alpha=A\cup B\cup C$,$\beta=A'\cup B'\cup C'$ とおけば,$\alpha\neq\beta$.

BC,$B'C'$ は1点 P で交わるから,$P\in\alpha\cap\beta$.同じように,$Q\in\alpha\cap\beta$,$R\in\alpha\cap\beta$.

すなわち,3点 P,Q,R は1直線 $\alpha\cap\beta$ 上にある.

❖ 第8章 第3節　3次元のベクトルを考える

問題1　平行な平面 α, β がそれぞれ $(p, x-a)=0$, $(p, x-b)=0$ であらわされるとし，平面 γ の方程式を $(q, x-c)=0$ とする．直線 $l=\alpha\cap\gamma$ 上に任意に2つの点 x, y をとれば
$$(p, x-a) = 0, \quad (q, x-c) = 0,$$
$$(p, y-a) = 0, \quad (q, y-c) = 0$$
$$\Rightarrow \quad (p, x-y) = 0, \quad (q, x-y) = 0$$
同じように，直線 $m=\beta\cap\gamma$ 上に任意に2つの点 u, v をとれば
$$(p, u-v) = 0, \quad (q, u-v) = 0$$
p, q はお互いに比例していないと仮定してよいから，$x-y \parallel u-v$．

問題2　平面 α の方程式を $(p, x-a)=0$ とすれば，直線 l は $x=b+tp$ となる．直線 m の方程式を $x=c+tq$ とすれば，
$$l \parallel m \iff p=\lambda q \iff m \perp \alpha$$

問題3　平面 α, 直線 l の方程式をそれぞれ，$(p, x-c)=0$, $x=c+tq$, $(p, p)=(q, q)=1$ とおけば，$(p, q)=0$．A, H, K のベクトルをそれぞれ a, h, k とおけば
$$h = a-sp, \quad (p, h-c) = 0$$
$$\Rightarrow \quad s = (p, a-c)$$
$$\Rightarrow \quad h = a-(p, a-c)p$$
$$k = c+tq, \quad (q, k-a) = 0$$
$$\Rightarrow \quad t = (q, a-c)$$
$$\Rightarrow \quad k = c+(q, a-c)q$$
$$h-k = a-c-(p, a-c)p-(q, a-c)q$$
$$\Rightarrow \quad (q, h-k) = 0$$

問題4　直線 l の方程式を $x=c+tu$ とし，平面 α, β の方程式をそれぞれ $(p, x-c)=0$, $(q, x-c)=0$, $(p, p)=(q, q)=1$ とおけば，$(p, u)=(q, u)=0$．

A, H, K のベクトルを a, h, k とすれば，問題3のような計算をして，$h=a+(p, c-a)p$, $k=a+(q, c-a)q$.
$$h-k = (p, c-a)p-(q, c-a)q \Rightarrow (h-k, u) = 0$$

問題5　点 O を原点にとり，平面 α の方程式を $(a, x)=0$ とし，直線 l の方程式を $x=c+tu$, $(u, u)=1$ とすれば，$(a, u)=0$．P, Q のベクトルを p, q とおけば
$$p = \lambda a, \quad q = c+su, \quad (p-q, u) = 0$$
$$\Rightarrow \quad (\lambda a-c-su, u) = 0$$
$$\Rightarrow \quad s = (\lambda a-c, u) = -(c, u)$$
$$\Rightarrow \quad q = c-(c, u)u \text{（一定）}$$

問題6　A, B, C, D, P, Q, R, S のベクトルをそれぞれ a, b, c, d, p, q, r, s とすれば
$$p=\frac{a+b}{2}, \quad q=\frac{b+c}{2}, \quad r=\frac{c+d}{2}, \quad s=\frac{d+a}{2}$$
$$\Rightarrow \quad q-r=\frac{b-d}{2}, \quad p-s=\frac{b-d}{2}$$
$$\Rightarrow \quad \text{PS} \parallel \text{QR}, \quad \overline{\text{PS}} = \overline{\text{QR}}$$
$$\Rightarrow \quad \square\text{PQRS は平行四辺形}$$

問題7　正四面体 ABCD の1つの頂点 D を原点とし，各辺の長さが1となるような座標軸をとる．各頂点 A, B, C のベクトルを a, b, c とおけば
$$(a, a) = (b, b) = (c, c) = (a-b, a-b)$$
$$= (b-c, b-c) = (c-a, c-a) = 1$$
$$(a, b) = (b, c) = (c, a) = \frac{1}{2}$$
$$\Rightarrow \quad (\overrightarrow{\text{AC}}, \overrightarrow{\text{BD}}) = (c-a, -b) = -(c, b)+(a, b)$$
$$= -\frac{1}{2}+\frac{1}{2} = 0$$

問題8　四面体 ABCD の各頂点 A, B, C, D のベクトルを a, b, c, d とおく．辺 AB, CD の中点をむすぶ線分の中点は，$\frac{1}{2}\left(\frac{a+b}{2}+\frac{c+d}{2}\right)=\frac{a+b+c+d}{4}$．問題の線分はすべて，この点を通る．$\left[\frac{a+b+c+d}{4}\right.$ に対応する点は四面体 ABCD の重心．$\left.\right]$

問題9　点 A から直線 l に下ろした垂線の足 H のベクトルを $h=c+su$ とおけば
$$(a-h, u) = (a-c-su, u) = 0$$
$$\Rightarrow \quad s = (a-c, u)$$
$$(a-h, a-h) = (a-c, a-c)-2s(a-c, u)+s^2(u, u)$$
$$= (a-c, a-c)-(a-c, u)^2$$

問題10　点 A から平面 α に下ろした垂線の足 H のベクトルは，$\overrightarrow{\text{AH}}=t$ とおくと，$h=a-tp$ とおける．
$$(p, h) = (p, a-tp) = k \Rightarrow t = (p, a)-k$$

問題11　$(p, a) = (a_2b_3-a_3b_2)a_1+(a_3b_1-a_1b_3)a_2$
$$+(a_1b_2-a_2b_1)a_3 = 0$$
$$(p, b) = (a_2b_3-a_3b_2)b_1+(a_3b_1-a_1b_3)b_2$$
$$+(a_1b_2-a_2b_1)b_3 = 0$$
$(a, a) = (b, b) = 1$ とすれば，$a_1^2+a_2^2+a_3^2=b_1^2+b_2^2+b_3^2$

$=1$ であるから
$$\begin{aligned}(p,p) &= (a_2b_3-a_3b_2)^2+(a_3b_1-a_1b_3)^2\\&\quad+(a_1b_2-a_2b_1)^2\\&=a_1^2(1-b_1^2)+a_2^2(1-b_2^2)+a_3^2(1-b_3^2)\\&\quad-2(a_2b_2a_3b_3+a_3b_3a_1b_1+a_1b_1a_2b_2)\\&=(a_1^2+a_2^2+a_3^2)-(a_1b_1+a_2b_2+a_3b_3)^2\\&=1-(a,b)^2\end{aligned}$$

問題 12 ベクトル a,b のどちらとも直交し，長さが 1 であるようなベクトルを p とすれば，$(p,a)=(p,b)=0$, $(p,p)=1$. 直線 l,m の間の距離は，直線 l,m 上にある 2 つの点 $u+t'a, v+s'b$ をむすぶ線分が 2 つのベクトル a,b に垂直なときに得られる．
$$u+t'a+\lambda p = v+s'b$$

この式の両辺の p との内積を考えると
$$(p,u)+t'(p,a)+\lambda(p,p) = (p,v)+s'(p,b)$$
$$\Rightarrow \quad \lambda = (p,v-u)$$

直線 l,m の間の距離は，$|\lambda|=|(p,v-u)|$ となる．

問題 13 P から X 軸に下ろした垂線の足を H とすれば，$\angle\text{POH}=\alpha$, $\angle\text{PHO}=90°$,
$$\overline{\text{OP}} = \sqrt{a^2+b^2+c^2}, \quad \overline{\text{OH}} = a$$
$$\Rightarrow \quad \cos\alpha = \frac{\overline{\text{OH}}}{\overline{\text{OP}}} = \frac{a}{\sqrt{a^2+b^2+c^2}}$$

他の成分についても同様．〔ただし，符号の条件をたしかめる必要がある．〕

問題 14 この節の例題 2 の結果をそのまま適用すればよい．

宇沢弘文(1928〜2014)
東京大学理学部数学科卒業,スタンフォード大学助教授,シカゴ大学教授,東京大学教授,新潟大学教授,中央大学教授など歴任.
専攻―経済学
主著―『自動車の社会的費用』
『経済学の考え方』
『社会的共通資本』(以上,岩波新書)
『二十世紀を超えて』
『始まっている未来 新しい経済学は可能か』
『宇沢弘文著作集――新しい経済学を求めて』(全12巻)
『経済解析 基礎篇』
『経済解析 展開篇』(以上,岩波書店)

図形を変換する――線形代数
新装版 好きになる数学入門4

2015年9月18日 第1刷発行

著 者　宇沢弘文
　　　　うざわひろふみ

発行者　岡本　厚

発行所　株式会社 岩波書店
　　　　〒101-8002 東京都千代田区一ツ橋 2-5-5
　　　　電話案内 03-5210-4000
　　　　http://www.iwanami.co.jp/

印刷製本・法令印刷　カバー・精興社

ⓒ ㈲宇沢国際学館 2015
ISBN 978-4-00-029844-5　　Printed in Japan

Ⓡ〈日本複製権センター委託出版物〉　本書を無断で複写複製(コピー)することは,著作権法上の例外を除き,禁じられています.本書をコピーされる場合は,事前に日本複製権センター(JRRC)の許諾を受けてください.
JRRC　Tel 03-3401-2382　http://www.jrrc.or.jp/　E-mail jrrc_info@jrrc.or.jp

新装版

好きになる数学入門 全6巻

数学はつまらない，わからない．それは考える力を育てずに，ただ覚えこもうとするからかも．数学は，はるか昔から人間の活動と深く結びつき，ほんとうは誰でもわかるものなのです．経済学者として大きな業績をのこした著者が，誰もが数学好きになってくれるよう願って書いた，ひと味違う数学の本．好評にこたえて新装再刊．

B5変型・並製カバー・平均228頁・定価(本体2600円＋税)

1　方程式を解く
　　── 代　数

方程式がわかれば数学好きになれます．数学の歴史を楽しく読みすすめながら，むずかしい算数の問題も実感をもって理解できます．

2　図形を考える
　　── 幾　何

幾何は，わかればとびきり楽しい分野です．アポロニウスの十大問題に挑戦してみましょう．数学史の話もたくさん入っています．

3　代数で幾何を解く
　　── 解析幾何

座標と代数を使うと，むずかしい幾何の問題も，かんたんに解けてしまいます．2次曲線の性質もどんどんわかって楽しくなります．

4　図形を変換する
　　── 線形代数

線形代数を使うと，連立方程式は計算がかんたんになり，その意味がよくわかります．あなたの数学の世界はさらに広がっていきます．

5　関数をしらべる
　　── 微分法

単純な関数のグラフの傾きを計算することから，微分の考え方を理解します．いろいろな関数のグラフが描け，曲線の性質もわかります．

6　微分法を応用する
　　── 解　析

積分の考え方と計算法を身につけ，さまざまな図形の面積や回転体の体積を求めます．そしてニュートンの万有引力の法則を導きます．

(2015年9月現在)